Heinz Stark

Marketing und Kundenmanagement

Strategien und Instrumente erfolgreicher Kundengewinnung und Kundenpflege

Heinz Stark

Marketing und Kundenmanagement

Strategien und Instrumente erfolgreicher Kundengewinnung und Kundenpflege

HOLZMANN. MEDIEN

Hinweis für Dozentinnen und Dozenten:

Sämtliche in diesem Lehrbuch enthaltenen Arbeitsblätter und Vorlagen erhalten Sie auf Anforderung beim Verlag.

Holzmann Medien GmbH & Co. KG

Buchverlag | Gewerbestr. 2 | 86825 Bad Wörishofen

Tel. 08247/354124

Fax 08247/354190

buch@holzmann-medien.de

www.holzmann-medienshop.de

Aus Gründen der besseren Lesbarkeit wird auf eine geschlechtliche Differenzierung in den Formulierungen verzichtet. Wir bitten, sämtliche Bezeichnungen (z. B. Handwerker, Mitarbeiter, Unternehmer etc.) im Sinne der Gleichbehandlung für alle Geschlechter zu interpretieren und anzuwenden.

3., überarbeitete Auflage 2023

Lektorat: Achim Sacher, Holzmann Medien | Buchverlag
Herstellung: Markus Kratofil, Holzmann Medien | Buchverlag
Druck: Druckerei Steinmeier | Deiningen

Bildquellen (S. 125): ©assdigital/fotolia.de
(S. 162): ©vectorlib.com/fotolia.de
(S. 287): ©Umberta Andrea Simonis, Simonis Serviceagentur/Augsburg

ISBN (Print): 978-3-7783-1686-3 | Artikel-Nr. 1816.03
ISBN (E-Book): 978-3-7783-1687-0 | Artikel-Nr. 1816.97

Vorwort der Herausgeber

Am 1. April 2011 ist die nach § 42 des Gesetzes zur Ordnung des Handwerks (HwO) erlassene bundesweite Verordnung über die Prüfung zum anerkannten Fortbildungsabschluss „Geprüfter Betriebswirt/Geprüfte Betriebswirtin nach der Handwerksordnung“ in Kraft getreten. Damit werden die bisherigen Regelungen bei den einzelnen Handwerkskammern durch eine bundeseinheitliche Rechtsverordnung ersetzt.

Gemäß den Intensionen des Zentralverbands des Deutschen Handwerks liegt das Ziel der neuen, bundeseinheitlichen Fortbildungsmaßnahme „... in der Vertiefung des betriebswirtschaftlich-strategischen Verständnisses der Unternehmensführung. Im Vergleich zu den bisherigen Kammerregelungen ist die bundeseinheitliche Verordnung stärker auf eine Reflexion komplexer wirtschaftlicher Zusammenhänge und auf die Entwicklung konkreter Unternehmensstrategien ausgerichtet“. Das heißt: Die Fortbildungsteilnehmer sollen vor allem noch besser befähigt werden,

- das Unternehmen als ein vernetztes System von kundenorientierten Geschäftsprozessen zu verstehen, zu gestalten, zu planen und zu steuern,
- ganzheitlich kundenorientierte Unternehmensstrategien zu entwickeln und
- diese in operativ erfolgreiche Produkte, Dienstleistungen und Maßnahmen innerhalb und außerhalb des Unternehmens gewinnwirksam umzusetzen.

Die hierzu erforderlichen Methoden-, Führungs- und Sozialkompetenzen sind Gegenstand dieser Fortbildungsmaßnahme und prägen Inhalt und Struktur des neuen Rahmenlehrplans, der unter Federführung des Zentralverbandes des Deutschen Handwerks (ZDH), Berlin, erarbeitet wurde. Dem Expertengremium gehörten Vertreter von Handwerkskammern und dem Bundesinstitut für Berufsbildung (BIBB) an. Der neue Rahmenlehrplan sichert bei der Fortbildung zum/r „Geprüfte/n Betriebswirt/in nach der HwO“ bundesweit vergleichbare Standards. Dies ist ein wichtiger Beitrag, die hohe Qualität der beruflichen Aufstiegsfortbildung in Handwerk und Mittelstand zu gewährleisten.

Die Prüfung zum „Geprüfter Betriebswirt/Geprüfte Betriebswirtin nach der HwO“ ist in die vier handlungsorientierten Prüfungsteile Unternehmensstrategie, Unternehmensführung, Personalmanagement und Innovationsmanagement gegliedert, deren Prüfungsinhalte von der Zentralstelle für die Weiterbildung im Handwerk e. V. (ZWH) in der „Information zur Umsetzung der Verordnung Geprüfte/r Betriebswirt/in nach der Handwerksordnung“ (November 2011) wie folgt umschrieben werden:

„Im Prüfungsteil **Unternehmensstrategie** geht es darum, dass die Prüfungsteilnehmer zeigen, dass sie volkswirtschaftliche und gesellschaftliche Rahmenbedingungen im Hinblick auf die eigene Unternehmensstrategie erfassen und bewerten können. Außerdem sollen die künftigen Betriebswirte/-innen befähigt sein, rechtliche Rahmenbedingungen für unternehmerisches Handeln und strategische Entscheidungen zu bewerten und zu berücksichtigen sowie eine geeignete Unternehmensstrategie zu entwickeln und zu planen.

Im Prüfungsteil **Unternehmensführung** soll die Unternehmensstrategie durch Maßnahmen der Unternehmensführung und -organisation sowie der Markt- und Kundenorientierung nachhaltig umgesetzt und durch die Gestaltung der Unternehmensrechnung die wesentlichen Grundlagen des Jahresabschlusses und seiner Analyse sowie für die Kosten- und Leistungsrechnung und die Finanzwirtschaft gelegt werden. Zudem soll die Wertschöpfung durch kontinuierliche Verbesserung der Geschäftsprozesse optimiert werden.

Die Prüfungsteilnehmer sollen im Prüfungsteil **Personalmanagement** nachweisen, dass sie mit Blick auf die Unternehmensstrategie eine nachhaltige und ethisch verantwortungsvolle Personalplanung und -gewinnungspolitik realisieren sowie Personalführung und -entwicklung entsprechend den individuellen und den Unternehmensinteressen motivierend gestalten können.

Eine komplexe betriebswirtschaftliche Problemstellung eines Unternehmens soll im Prüfungsteil **Innovationsmanagement** mit einem Lösungsentwurf (Projektarbeit) erarbeitet und präsentiert werden. Dabei sind Bezüge zur Unternehmensstrategie, die Auswirkungen auf die operative Unternehmensführung haben und einen Innovationsbedarf zur Umsetzung der Unternehmensstrategie beinhalten, darzustellen.

Damit wird deutlich, dass im Vergleich zur bisherigen Verordnung im bundesweiten Fortbildungsabschluss die **Ausrichtung auf strategisches Handeln** einen besonderen Stellenwert einnimmt, der in allen Prüfungsteilen zum Tragen kommt."

Auf diese neuen, verstärkt handlungsorientierten Anforderungen sind auch die Lehr- und Lernunterlagen auszurichten. Daher haben Herausgeber und Verlag die vorliegende Schriftenreihe „Kompetenzen zum Erfolg" konzipiert. Aufbau und Inhalt entsprechen den Vorgaben des Rahmenlehrplans und den oben dargestellten Prüfungsinhalten.

Die Lehr- und Lernbuchreihe **„Kompetenzen zum Erfolg"** besteht aus zehn inhaltlich abgestimmten Bänden entsprechend den vier Prüfungsteilen der neuen Verordnung:

Band 1: **Volkswirtschaft** – Rahmenbedingungen für eine Unternehmensstrategie

Band 2: **Unternehmensrecht** – Zivilrecht, Arbeits-, Steuer- und Handwerksrecht

Band 3: **Unternehmensstrategie** – Instrumente und Methoden zur Strategieentwicklung

Band 4: **Unternehmensführung und -organisation** - Betriebliche Abläufe erfolgreich gestalten

Band 5: **Unternehmensrechnung** - Finanzwirtschaft, Jahresabschluss, Kostenrechnung

Band 6: **Marketing und Kundenmanagement** - Strategien und Instrumente erfolgreicher Kundengewinnung und Kundenpflege

Band 7: **Wertschöpfung** - Instrumente, Methoden und Analysen zur Prozessoptimierung

Band 8: **Personalmanagement (Teil I)** - Personal planen und gewinnen

Band 9: **Personalmanagement (Teil II)** - Personal führen und entwickeln

Band 10: **Innovationsmanagement** - Betriebliche Probleme strategisch lösen

Bei der inhaltlichen Gestaltung der einzelnen Bände wurde auf eine handlungsorientierte Wissensvermittlung sehr großen Wert gelegt. Daher ist fast ausnahmslos jedem Kapitel eine Handlungssituation (Fallbeispiel) vorangestellt, deren Probleme vom Lernenden anhand der darauf folgenden Ausführungen im Selbststudium oder unter Anleitung eines/r Dozenten/Dozentin gelöst werden können. Auch im Text sind zahlreiche problemorientierte Handlungssituationen eingebaut, zu deren Lösung sich der/die Lernende das erforderliche Problemlösungswissen erwerben und seine/ihre (Fach-)Kompetenz einsetzen muss. Zur Überprüfung der erworbenen Kompetenz wird jedes Kapitel mit einer umfassenden Handlungssituation/Fallstudie abgeschlossen, wobei auch hier die unternehmensstrategischen Aspekte besonders berücksichtigt wurden.

Ergänzend zu den Lehr- und Lernbüchern der Schriftenreihe werden den Dozenten/Dozentinnen in den Handwerksakademien zusätzlich fachspezifische Unterlagen zur handlungsorientierten Unterrichtsgestaltung, zur Vertiefung der Wissensvermittlung und zur Verwendung in der Managementpraxis zur Verfügung gestellt. Das erleichtert die buchbezogene Vorbereitung und Gestaltung des Unterrichts, ohne die individuelle Schwerpunktbildung bei der Wissensvermittlung einzuschränken.

Die vorliegende Lehr- und Lernschriftenreihe **„Kompetenzen zum Erfolg“** dient nicht nur einer bestmöglichen Vorbereitung auf die Prüfung „Geprüfter Betriebswirt/Geprüfte Betriebswirtin nach der Handwerksordnung“. Sie ist auch ein sehr hilfreiches Handbuch und Nachschlagewerk für die täglichen Entscheidungssituationen in der Unternehmensführung - sei es als Unternehmer, Geschäftsführer oder als leitende Führungskraft in einem Handwerksunternehmen. Dabei sind die praxisbezogene Gestaltung der Abbildungen und Checklisten, Hervorhebungen und Marginalien sowie ein ausführliches Stichwortverzeichnis am Ende eines jeden Buches eine große Hilfe.

Bei der Arbeit mit der vorliegenden Lehr- und Lernschriftenreihe „**Kompetenzen zum Erfolg**", bei der Vorbereitung auf die Prüfung und nicht zuletzt bei der Ablegung der Prüfung wünschen wir Ihnen viel Erfolg!

Die Herausgeber und

Holzmann Medien | Buchverlag

Vorwort des Autors

Kunden und ihre sich ständig ändernden Bedürfnisse sind Dreh- und Angelpunkt erfolgreicher Unternehmensführung. Ohne Marktorientierung und ohne kundenorientierte Gestaltung der Geschäftsprozesse innerhalb und außerhalb des Unternehmens am Markt (Marketing) ist ein optimaler Unternehmenserfolg weder kurz- noch langfristig zu erreichen. Daher ist Marketing eine der zentralen Führungsaufgaben des Managements - auch im Handwerk. Die hierzu erforderlichen strategischen und operativen Marketingkompetenzen aufzubauen, zu erweitern und zu verbessern ist Zielsetzung dieses Buches.

Das vorliegende Werk **„Marketing und Kundenmanagement"** aus der Lehr- und Lernbuchreihe „Kompetenzen zum Erfolg" ist - entsprechend den Vorgaben des Rahmenlehrplans - in drei marketingrelevante Teile gegliedert:

Teil 1: Ein Marketingkonzept entwickeln, erfolgswirksam gestalten und gezielt planen und steuern

Teil 2: Kundenmanagement erfolgreich praktizieren

Teil 3: Verkaufsgespräche zielführend gestalten.

Alle Teile sind auf handlungsorientierten Wissenserwerb ausgerichtet und behandeln Instrumente, Methoden und Verfahren zur Lösung strategischer und operativer Marketingprobleme. Die für die Unternehmenspraxis erforderliche **Marketingkompetenz** wird vor allem durch selbstständiges Erarbeiten von situationsabhängigen Marketingkonzepten, zielbezogenen Marketingstrategien und wirksamen Marketing-Mix-Entscheidungen gewonnen. Hierzu dienen die in die Texte eingefügten, problemorientierten Handlungs- und Entscheidungssituationen.

Die Kontrolle der in den drei Teilbereichen erworbenen Kompetenzen erfolgt am Ende eines jeden Kapitels mittels einer umfassenden Handlungssituation (Fallbeispiel), für die Lösungen/Lösungsalternativen zu entwickeln sind.

Inhalt und Aufbau von „Marketing und Kundenmanagement" sind zwar auf eine optimale Prüfungsvorbereitung ausgerichtet - sie eignen sich aber auch als Nachschlagewerk für Marketingentscheidungen in der täglichen Unternehmenspraxis.

Allen Lesern wünsche ich einen großen Nutzen aus der Lektüre!

Leonberg, im Frühjahr 2014

Heinz Stark

Vorwort zur 2. Auflage

Aufbau und Inhalt des vorliegenden Lehr- und Lernbuchs sind gekennzeichnet durch eine **noch stärkere Ausrichtung auf seine Verwendungszwecke.** So dient es als (1) ergänzendes und vertiefendes Unterrichtsbegleitmaterial, (2) Grundlage für ein intensives Selbststudium, (3) Plattform für eine umfassende, systematische Prüfungsvorbereitung sowie nicht zuletzt (4) Möglichkeit der Kompetenzergänzung für die tägliche Marketingpraxis. Dabei wurde verstärkt die **praxisbezogene Handlungsorientierung als Leitfaden für den inhaltlichen Aufbau** beachtet. Dies zeigt sich in der dargestellten Abfolge der Aufgaben bei der Entwicklung und Umsetzung der Marketingaktivitäten und wird in der **detaillierten Gliederung des Inhaltsverzeichnisses** erkennbar.

Neu aufgenommen wurden zwei wichtige Abschnitte für erfolgreiches Marketing. Dazu wurde aufgrund der zunehmenden Bedeutung der Digitalisierung für den Erfolg bei Kunden, für die Gewinnentwicklung und die Zukunftssicherung des Unternehmens ein zusätzlicher Abschnitt 3 **„Digitales Marketing – Chancen nutzen“** eingefügt.

Außerdem werden in dem neuen Abschnitt 4 **„Ein Marketingkonzept entwickeln und steuern“** der Weg und die Gestaltungselemente eines planmäßig aufgebauten, in der Praxis umsetzbaren und steuerbaren Marketingkonzepts aufgezeigt. Es zeigt die **Kombination aller strategischen und operativen Gestaltungselemente zu einem einheitlichen, unternehmensindividuellen Marketingkonzept als Handlungsrahmen** für die erforderlichen Marketingentscheidungen und -maßnahmen.

Umfang und Detaillierung der Ausführungen orientieren sich an den didaktischen und praktischen Anforderungen und Erwartungen der Leser im Hinblick auf die angestrebte Prüfung „Geprüfter Betriebswirt/Geprüfte Betriebswirtin nach der Handwerksordnung“. Anregungen zur weiteren Verbesserung sind daher willkommen.

Bei der Lektüre wünsche ich allen Nutzern einen hohen Wissens- und Kompetenzgewinn sowie viel Erfolg bei bevorstehenden Prüfungen.

Korntal, im Januar 2019

Heinz Stark

Vorwort zur 3. Auflage

Die zunehmende Bedeutung des Internets und der Digitalisierung sowie der mobilen Kommunikations- und Handlungsmedien wie Smartphones und Tablets basiert auf neuen Denk- und Handlungsmustern in Wirtschaft und Gesellschaft.

Im privaten wie auch im beruflichen Bereich wollen Interessenten und Kunden im B2C- als auch im B2B-Geschäft nicht mehr warten, bis sie von Unternehmen, anderen Organisationen oder Personen (Social Media-Kommunikationskanäle) informiert und kontaktiert werden.

Besonders die stetig wachsende Gruppe der sog. „Digital Natives" entscheidet immer häufiger selbst, wie, wann und wo sie sich Informationen beschafft und Entscheidungen trifft.

Das hat zur Folge, dass beispielweise von allen Beteiligten permanente digitale Kommunikations- und Leistungsbereitschaft gefordert und erbracht werden müssen. Grund ist die zunehmend orts- und zeitunabhängige Nutzung der mobilen Kommunikationsmedien Smartphone und Tablet für private und berufliche Zwecke. Büro-, Arbeits-, Ladenöffnungs- und Sprechzeiten spielen im Zeitalter der digitalen Kommunikation und des digitalisierten Vertriebs heute nur noch eine geringe und künftig nahezu keine Rolle mehr.

Das traditionelle, personenbezogene face-to-face-Marketing wird auch im Handwerk in seiner Bedeutung zurückgedrängt und auf besondere Fälle beschränkt werden.

Künftig wird digitales Marketing dominieren: Das bedeutet Digitalisierung der internen Geschäftsprozesse und Vernetzung mit den zielgruppenorientiert digitalisierten Geschäftsprozessen mit Interessenten, Kunden und Lieferanten. Durch digitales Marketing können durchgängige Wertschöpfungsprozesse geschaffen und neue Mehrwerte für alle Beteiligten generiert werden.

Viele handwerkliche Betriebe haben das bereits erkannt und viele ihrer internen Geschäftsprozesse digitalisiert und vernetzt. Nun geht es um die Integration der digitalisierten Kommunikation mit Interessenten, Kunden und Lieferanten und um den Aufbau digitaler Vertriebs-, Beschaffungs- und Logistikstrukturen. Hierbei sind die Entscheidungen im digitalen Marketing geeignete Bausteine, um **betriebsübergreifende Mehrwertpotenziale** zu erkennen und zu nutzen.

Daher wurde für diese Auflage u. a. der Teil 3 „Digitales Marketing – Chancen nutzen" überarbeitet und neu geordnet. Dies gilt speziell für das „Multi-Channel-Marketing" als zukunftweisendes Konzept kombinierter Offline- und Online-Kommunikations- und Vertriebsaktivitäten handwerklicher Unternehmen.

Auch Abschnitt 4 „Ein Marketingkonzept abgestimmt entwickeln“ wurde nach didaktischen Gesichtspunkten überarbeitet. Die Grafiken zu Entscheidungen zum Marketingstrategien-Mix, zum Marketinginstrumenten-Mix und deren Ausrichtung auf die zu bearbeitenden Märkte und Zielgruppen sollten nun besser verständlich sein.

In Abschnitt 5 „Marketing gezielt planen und steuern“ wurden für den Teilabschnitt „Marketingplanung“ ebenfalls einige klärende Korrekturen vorgenommen.

Inhaltliche Änderungen in anderen Teilen des Buchs waren nicht erforderlich.

Allen Leserinnen und Lesern wünsche ich, dass die vorliegende 3. Auflage des Buchs einen Wissens- und Kompetenzgewinn für ihre tägliche Arbeit und für die Vorbereitung auf die Prüfung „Geprüfter Betriebswirt/Geprüfte Betriebswirtin nach der Handwerksordnung“ einen zusätzlichen Nutzen bringt.

Viel Erfolg!

Korntal, im August 2023

Heinz Stark

Inhaltsverzeichnis

1. Marketing strategisch entwickeln

Lernziele und Kompetenzen

Die folgenden Ausführungen zum Fachgebiet Marketing stehen in enger Beziehung zum Lehrbuch „Unternehmensstrategie“. Dort sind bereits wichtige Aspekte des Marketings zur Strategiefindung und -beurteilung unter Beachtung von Kunden-, Konkurrenz- und Konjunkturdaten angesprochen worden. Diese Ausführungen sind Basisinformationen für die Themenbereiche „Marketingkonzept im Rahmen einer geplanten Unternehmensstrategie entwickeln“ und „Marketingstrategie umsetzen“.

Die Lehr- und Lerninhalte sind so gestaltet, dass Sie die notwendigen Grundkenntnisse und Qualifikationen erwerben, um

- ein ganzheitlich ausgerichtetes Marketingkonzept zu entwickeln,
- Marketingstrategien mittels kundenorientiertem Einsatz von Marketinginstrumenten gewinnwirksam umzusetzen,
- Marketingstrategien und Marketing-Mix ergebnisbezogen zu überprüfen und anzupassen,
- ein erfolgreiches Kundenmanagement zu entwickeln und zu praktizieren sowie
- Verkaufsgespräche zielführend zu gestalten.

Handlungssituation

Fallbeispiel „Marketingkonzept entwickeln“

In einem mittelgroßen Handwerksbetrieb der Sanitär-, Heizungs- und Klima-Branche mit stark traditioneller Prägung sind Sie schwerpunktmäßig in der Auftragsgewinnung tätig. Sie besuchen die Kunden, die sich telefonisch oder schriftlich bei Ihrem Betrieb nach SHK-Leistungen erkundigt haben. Die Besuche werden in der Reihenfolge des zeitlichen Eingangs der Anfragen geplant und durchgeführt. Für Notfälle ist ein Mitarbeiter allein zuständig. Sie machen viele Überstunden, um die Kunden zufriedenzustellen; trotzdem steigen die Beschwerden. Branchen, Kunden, Auftragsarten und Auftragsvolumen sind breit gefächert und ohne Schwerpunkte. Sie werden für den Betrieb als gleichwertig angesehen – nach dem bisherigen Leitsatz des Chefs: „Bei uns werden alle Kunden gleich behandelt, denn uns sind alle Kunden wichtig!“ Geforderte Preisnachlässe werden vom Chef – ohne Rücksprache mit Ihnen – relativ schnell akzeptiert, ohne Änderungen bei den Leistungen. Man möchte ja keine Bestandskunden verlieren und auf jeden Fall (um jeden Preis?) neue Kunden gewinnen. Schwerpunkte in der Leistungserstellung, im Leistungsangebot an die Kunden und bei der Kundenbearbeitung sind nicht erkennbar. Für den Chef gilt noch heute, was ihn sein früherer Meister gelehrt hat: „Wir können alles und wir machen alles!“

Vermehrt erwähnen Privatkunden lobend die Angebote einer SHK-Betriebsneugründung im Gewerbegebiet des derzeitigen Betriebsstandorts. Dieser Betrieb hat sehr auffällig gestaltete Fahrzeuge im Einsatz, wirbt im Internet und mit attraktiver Plakatwerbung am Standort. Letztere ist stark an Privatkunden ausgerichtet, die besonders Qualitätsleistungen erwarten. Als Sie den Chef darauf aufmerksam machen, meint er verschmitzt lächelnd: „Leistung zählt - nicht Autos! Und ... Internet - das brauchen wir nicht! Uns kennen die Kunden, wir sind viel länger am Markt als ‚der Neue‘!“ - eine klare Aussage Ihres Chefs zur fortschrittlichen Betriebsführung.

Ihr Chef hat bislang nur eine Bandenwerbung beim örtlichen Fußballverein gesponsert: „Das genügt: Man kennt uns, man weiß, was wir können, und man weiß, wie gut wir sind!“ Das scheint sich jedoch in den Verkaufsgesprächen nicht widerzuspiegeln. Im Anschluss an diese Gespräche kommt es immer weniger zu einer unmittelbaren Auftragsvergabe durch den Kunden. Immer häufiger wollen sich Kunden, speziell Privatkunden, das Angebot nochmals durchsehen und sich in den nächsten Tagen melden, um den Auftrag dann zu vergeben. Ob und wie viele solcher Anrufe kommen, ist nicht bekannt; gefühlsmäßig sind dies jedoch weniger als früher. Eine Angebotsüberwachung war aus Sicht des Chefs nicht erforderlich. Man hatte immer gut zu tun. Aber: Der Aufwand zur Auftragsgewinnung steigt stetig, was sich vom Umsatzvolumen pro Auftrag nicht sagen lässt. Auch Anfragen und Aufträge von Altkunden und Großkunden wie örtliches Bauamt, Industrie und ortsansässige Gewerbebetriebe sind in letzter Zeit weniger geworden.

Die Kollegen vom neuen Mitbewerber, die Sie ab und zu in der Gaststätte vor Ort treffen, berichten von stetig steigenden Überstunden, Personalmangel und vielen zusätzlichen Schulungen für neue Produkte und Verarbeitungstechniken. Es seien auch bereits zwei weitere, modern ausgestattete und im Erscheinungsbild weiter verbesserte Montagefahrzeuge bestellt worden, um Kunden noch schneller und besser bedienen zu können. Ihr Chef hat seine Firmenfahrzeuge, die vom täglichen Einsatz geprägt bereits etwas mitgenommen, um nicht zu sagen ramponiert aussehen, lediglich mit seinem persönlichen Namensschriftzug und den Kontaktdaten versehen.

Vor diesem Hintergrund kommen Ihnen doch einige Zweifel an der Richtigkeit und der langfristig strategischen Wirksamkeit des bisherigen „Erfolgsrezepts“. Darüber informieren Sie auch Ihren Chef, der sich damit befassen will. Nach einer „Bedenkzeit" werden Sie vom Betriebsinhaber dann doch gebeten, Vorschläge zu erarbeiten, mit denen das Unternehmen langfristig mehr Erfolg mit seinem Marktauftritt und seinen marktwirksamen Aktivitäten erreichen kann.

Situationsbezogene Fragen

- Was unternehmen Sie als Erstes? (Hat der Betrieb ein Marketingkonzept? Ist eine Marketingstrategie zu erkennen? Was stimmt nicht? Was prüfen Sie?)
- Welche Informationen werden Ihrer Meinung nach benötigt? (Welche Kunden-, Konkurrenz- und Konjunkturinformationen, welche betrieblichen Leistungsmöglichkeiten, welche Ressourcen sind gegeben/würden benötigt?)
- Wie würden Sie bei der Gewinnung von wichtigen Daten vorgehen? (z. B. über direkte und indirekte Marktforschung, Betriebsanalysen? Wie würde eine Stärken-Schwächen-Analyse aussehen?)
- Welche Marketingstrategien würden Sie überprüfen? (Welche Geschäftsfelder, Marktbearbeitung, Präferenzpolitik o. Ä. können Sie erkennen?)
- Welche Vorschläge würden Sie dem Betriebsinhaber machen? (z. B. differenzierte Kunden- und Leistungspolitik, Marketingstrategie-Mix ?)

Die in der Handlungssituation angesprochene **handlungsorientierte Marketingkompetenz** ist Leitlinie bei der Gestaltung der folgenden Ausführungen.

1.1 Marketingkonzept – warum und wozu?

1.1.1 Unternehmen marktorientiert führen

Marketing bezeichnet jenes Denken, dass ein Unternehmen nach den Bedürfnissen und Wünschen der Kunden geführt werden muss, wenn es wirtschaftlichen Erfolg haben und am Markt existent bleiben soll.

Marketing ist Ausdruck kundenorientierter Unternehmensführung. Marketing ist mehr als Werbung und Verkauf.

> **Marketing ist** jene **Grundhaltung des Managements**, das davon überzeugt ist, dass das Leistungsangebot, die Leistungserstellung und das Verhalten im Umgang mit den einzelnen Kunden von deren Wünschen und Erwartungen an das Unternehmen bestimmt werden.

Definition „Marketing"

Der einzelne Kunde oder ausgewählte Kundengruppen sind der Bezugspunkt für alles unternehmerische Denken und Handeln!

> **Entscheidend für den Kunden ist,** dass das Unternehmen genau das leisten kann, was der Kunde im Einzelfall möchte – dies möglichst zu seinen Preisvorstellungen.
>
> **Entscheidend für das Unternehmen ist,** was der Kunde haben möchte und wie viel er dafür zu zahlen bereit ist.

Diese alles dominierende **Kundenorientierung** bestimmt den Aufbau, die Prozesse und das Verhalten des gesamten Unternehmens nach innen wie auch nach außen. Die finanzielle, personelle und technische Betriebsausstattung und die angebotene Leistungspalette müssen am Bedarf der ausgesuchten Kunden/Kundengruppen ausgerichtet sein.

Zielsetzungen

Durch den **Kaufentscheid**, die spätere **Kundenzufriedenheit** und eine sich hoffentlich anschließende **Kundentreue** bestimmen die Kunden eines Unternehmens wesentlich über dessen Zukunftsaussichten.

> Alle derzeitigen und künftigen Marketingaktivitäten sollten darauf ausgerichtet werden,
>
> - von bisherigen Kunden ertragswirksame Aufträge zu erhalten,
> - Neukunden für ertragswirksame Marktleistungen zu gewinnen,
> - bei möglichst vielen Kunden eine hohe Zufriedenheit zu erreichen,
> - durch Kundenbindungsmaßnahmen viele Stammkunden zu bekommen.

Welche Aufgaben bei einem aktiven Marketing anfallen, wird aus folgender Wortanalyse sichtbar:

Marketingaufgaben

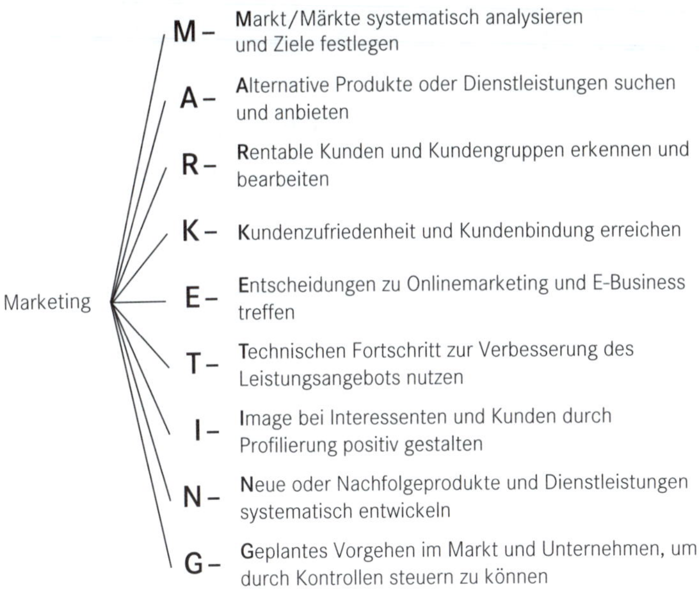

Marketing

Diese Aktivitäten müssen inhaltlich und zeitlich so aufeinander abgestimmt werden, dass sie insgesamt einen optimalen Gewinnbeitrag liefern können. Dies sicherzustellen ist Gegenstand des **Marketingmanagements,** eines elementaren Bestandteils der Unternehmensführung.

Marketing-Entscheidungsfelder

Diese Aufgaben bestimmen in der Marketingpraxis eines jeden Unternehmens die **vier zentralen Entscheidungs- und Handlungsfelder im Marketing**.

Entscheidungsfelder im Marketing

Dies betrifft folgende handlungsauslösende Entscheidungen:

Geschäftsfelder

(1) Geschäftsfelder auswählen: Welche Bedarfe will das Unternehmen bearbeiten?

Ermittlung und Festlegung des Geschäftszweckes, d. h. jener Problemfelder und Bedarfe, für die das Unternehmen ertragswirksame Leistungen anbieten möchte.

Aus den möglichen Tätigkeitsbereichen des Unternehmens werden jene Problem- und Wunschfelder der privaten und geschäftlichen Kundenfelder ausgewählt, die am besten geeignet erscheinen, die Unternehmens- und Gewinnziele zu erreichen. Diese sind als **strategische Geschäftsfelder (SGF)** Gegenstand der Geschäftstätigkeit des Unternehmens. Für ihre Auswahl ist u. a. auch die Kenntnis von der jeweiligen Phase im Lebenszyklus des betrachteten Produkts oder der Leistung wichtig.

Marketingziele

(2) Marketingziele festlegen: Was will das Unternehmen am Markt erreichen?

Hier sind für die einzelnen SGF strategische und operative Marktziele festzulegen. **Strategische Marketingziele** betreffen langfristig in den einzelnen SGF, bei Kundengruppen oder in Absatzgebieten angestrebte Marktpositionen (z. B. größter, ertragsstärkster oder innovativster Anbieter unter den Mitbewerbern oder Kosten- oder Qualitätsführer in einem bestimmten Markt oder bei bestimmten Leistungen). Strategische Marketingziele als Handlungsvorgaben in einem Geschäftsfeld sind z. B.

- Markterschließung,
- Marktausweitung,
- Marktsicherung und
- Marktverzicht.

Strategische Marketingziele erfordern die Festlegung von Marketingstrategien und operativen Marketingzielen. Letztere werden im Zusammenhang mit dem Einsatz der Marketinginstrumente festgelegt und überwacht.

Marketingstrategien

(3) Marketingstrategien kombinieren: Wie will das Unternehmen am Markt vorgehen?

Zur Verwirklichung der Marketingziele in den Geschäftsfeldern hat das Unternehmen Marketingstrategien als zielführendes Vorgehen zu entwickeln und einzusetzen. Zur Vermeidung von Zersplitterung der Kräfte (Ressourcen) und zur Steigerung der Wirksamkeit der eingesetzten finanziellen Mittel und Mitarbeiter ist ein koordiniertes und konzentriertes Vorgehen im Betrieb und bei den Kunden wichtig.

Folgende Marketingstrategien haben sich als besonders wirksam erwiesen, wenn sie vom Unternehmen koordiniert eingesetzt werden:

- Wettbewerbsstrategie
- Profilierungsstrategie
- Wachstumsstrategie

- Marktbearbeitungsstrategie
- Absatzmarktstrategie
- Marketingstrategien-Mix.

Strategische Marketingziele werden mit **Marketingstrategien** und kurzfristig realisierbaren **operativen Marketingzielen** verwirklicht.

Trifft ein Unternehmen hierzu keine Entscheidungen, wird es seine Unternehmensziele, speziell seine Gewinnziele, nicht oder nur schwer erreichen. Denn der Umfang der operativen Marketingziele ist abhängig von den gewählten Marketingstrategien und dem Mix der Marketinginstrumente, mit denen die Marktziele insgesamt erreicht werden sollen.

(4) Marketinginstrumente-Mix einsetzen: Womit will das Unternehmen seine Marktziele erreichen?

Marketing-instrumente

Dabei geht es um die Frage nach den Maßnahmen, mit denen die Marketingstrategien umgesetzt und die strategischen und operativen Marketingziele erreicht werden sollen.

Die **Marketinginstrumente** werden in der Praxis auch als **Gestaltungsinstrumente** des Marketings bezeichnet. Sie stellen die wichtigsten Maßnahmen zur Kunden- und Auftragsgewinnung und damit zur Erreichung der Marktziele dar. Diese Instrumente werden nicht isoliert, sondern stets kombiniert eingesetzt. Dies ergibt dann pro Geschäftsfeld einen inhaltlich und zeitlich aufeinander abgestimmten **Marketinginstrumente-Mix.**

Der Marketinginstrumente-Mix mit der stärksten Kundenorientierung schafft die kaufentscheidende Profilierung und Positionierung gegenüber den Mitbewerbern und stärkt die Ertragsaussichten nachhaltig.

Durch zielgerichtete Entscheidungen in diesen vier Marketingentscheidungsfeldern hat die Unternehmensführung bzw. das Marketingmanagement eine **unternehmensspezifische Marketingkonzeption** zu entwickeln und umzusetzen. Erreicht wird diese durch abgestimmte Führungsentscheidungen im Rahmen der **Managementaufgaben des Marketingmanagements.**

> Der Marketing-Mix mit der stärksten Kundenorientierung schafft die kaufentscheidende Profilierung und Positionierung beim Kunden.

1.1.2 Kein Erfolg ohne Marketingkonzept

Marketing als Ausdruck marktorientierter Unternehmensführung braucht als Basis ein in sich stimmiges, unternehmensindividuelles Konzept: ein Marketingkonzept.

Marketingkonzept, Definition

Unter einem **Marketingkonzept** wird eine **umfassende Leitlinie** zur Abstimmung der marktorientierten Entscheidungen der Unternehmensführung und zur Ausrichtung des Verhaltens aller Führungskräfte und Mitarbeiter auf die Kundenwünsche verstanden.

Es ist **zentrale Aufgabe des Marketingmanagements,** ein auf das Unternehmen zugeschnittenes, **unternehmensspezifisches Marketingkonzept** zu entwickeln, durchzusetzen und zu steuern.

Im Rahmen dieser Aufgabenstellung sind eine Vielzahl auf die Erreichung der Gesamtunternehmensziele ausgerichtete **Marketing-Führungsentscheidungen** zu treffen. Im Detail sind dies:

Führungsentscheidungen im Marketing

- **Gestaltungsentscheidungen**
  - strategische Geschäftsfelder (SGF),
  - strategische Marketingziele,
  - geeignete Marketingstrategien,
  - operative Marketingziele,
  - Marketinginstrumenten-Mixes

  zur Realisierung der Unternehmensziele.
- **Koordinationsentscheidungen**
  - inhaltliche Abstimmung,
  - zeitliche Abstimmung,
  - kostenbezogene Abstimmung,
  - ressourcenorientierte Abstimmung

  der strategischen und operativen Marketingentscheidungen mit den Potenzialen und Gegebenheiten im Unternehmen.
- **Steuerungsentscheidungen**
  - Planung der Markt-, Ertrags- und Kostenziele,
  - inhaltliche, zeitliche und kostenmäßige Budgetierung,
  - Kontrollen in Form ergebnisbezogener Soll-Ist-Vergleiche,
  - Überwachung der Marketingprozesse (Abläufe)

  zur optimalen Umsetzung des Marketingkonzepts.

Mit diesen Entscheidungen wird die strategische und operative Vorgehensweise des Unternehmens zur Kundengewinnung, Kundenbeeinflussung und Kundenbindung in den derzeitigen und künftigen Märkten festgelegt.

Marketing als Führungsaufgabe

> Marketing, ausgerichtet auf aktive Kundengewinnung und aktive Kundenbeeinflussung, ist eine der wichtigsten ertragsbestimmenden Aufgaben der Führungskräfte und der Mitarbeiter eines Unternehmens.

Wegen seiner generellen und weitreichenden Bedeutung für das Bestehen und die Entwicklung des Unternehmens sollte das **Marketingkonzept schriftlich fixiert und für alle Unternehmensmitglieder verbindlich** erklärt werden. Nur so ist sichergestellt, dass das unternehmensspezifische Marketing „gelebt“ und im Markt und Betrieb in kundengerechte Leistungen umgesetzt wird.

Die **Entscheidungs- und Tätigkeitsfelder des Marketingmanagements** zur Umsetzung des Marketingkonzepts zeigt die nachfolgende Abbildung.

Entscheidungsfelder des Marketingmanagements

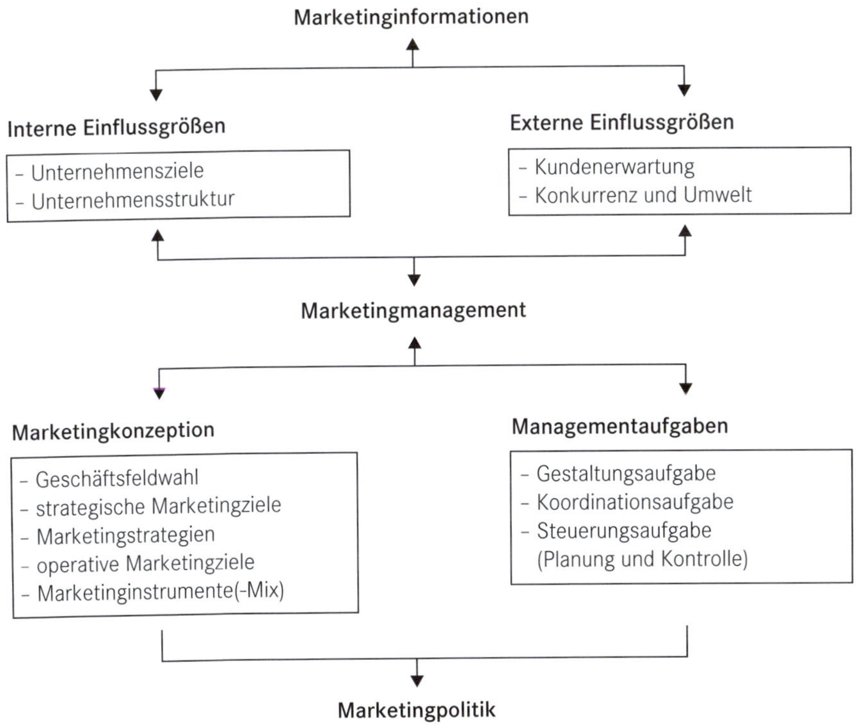

Entscheidungs- und Tätigkeitsfelder des Marketingmanagements

Diese Entscheidungsfelder sind die Grundlage für den Aufbau und die Ausführungen dieses Buches, um eine möglichst große Praxisnähe zu erreichen.

Marketing-erfolge planen

1.1.3 Marketingerfolge gezielt herbeiführen

In Märkten mit starken Wettbewerbsaktivitäten ist nichts existenzgefährdender als „planloses Handeln“ im Marketing. Den situationsbezogenen oder spontanen unternehmerischen Augenblicksentscheidungen fehlt die langfristig-strategische Ausrichtung. Mit einem Mindestmaß an formaler Planung und Kontrolle ist dies vermeidbar. Marketingerfolge sind geplante Erfolge und kein Zufallsergebnis.

Marketingerfolge planen heißt:

- Marketing-Zielplanung: „**Was soll** erreicht werden?“
- Mittel- und Maßnahmenplanung: „**Wie soll** das erreicht werden?“

Marketing, Soll-Ist-Vergleiche

> Ohne klare Marketing-Soll-Vorgaben sind keine Kontrollen und keine Soll-Ist-Vergleiche zur Messung und Bewertung des erreichten Marketingerfolgs möglich.

Welche Schritte für einen geplanten Marketingerfolg im Einzelnen erforderlich sind, und **wer, was** und **wann** zu entscheiden und zu tun hat, zeigt die nachfolgende „**Marketing-to-do-Liste**“.

Marketing-to-do-Liste

Marketing-to do-Liste			
Aufgaben/Entscheidungen	**ja**	**nein**	**wer bis wann?**
Strategische + Operative Informationsgewinnung	☐	☐	--------------
Analysen und Prognosen externe Umwelt Analyse und Prognosen interne Gegebenheiten Stärken/Schwächen- und Chancen/Risiken-Analysen			
Strategische Unternehmensplanung	☐	☐	--------------
Auswahl der strategischen Geschäftsfelder (SGF) Bestimmung von Unternehmenszielen und genereller Unternehmensstrategie Verteilung der Ressourcen auf die einzelnen SGF			
Strategische Marketingplanung pro SGF	☐	☐	--------------
Bestimmung der strategischen Marketingziele Festlegung der Marketingstrategien Budgetierung der Aufwendungen und Erträge			
Operative Marketingplanung pro SGF	☐	☐	--------------
Zielsetzung für die Marketinginstrumente Maßnahmen bei den einzelnen Instrumenten Kostenbudgetierung bei Marketing-Maßnahmen			
Marketing-Umsetzung pro SGF	☐	☐	--------------
Einsatz der Instrumente – wie geplant Einsatz der Maßnahmen – wie geplant Einsatz der Budgets – wie geplant			
Marketing-Kontrollen pro SGF (M/Q/Hj/J)	☐	☐	--------------
Soll-Ist-Vergleich bei den operativen Erträgen Soll-Ist-Zielerreichung bei den Marketinginstrumenten Soll-Ist-Vergleich bei den Instrumenten-/Maßnahmen-Kosten			
Überprüfung und Anpassung der Planwerte pro SGF	☐	☐	--------------
• Operativer Bereich: Anpassung der Ertragsplanung Anpassung der Ziele bei den Marketinginstrumenten Anpassung des Marketingmaßnahmen-Mix Anpassung der Kostenbudgets	☐	☐	--------------
• Strategischer Bereich: Anpassung der strategischen Marketingziele Anpassung des Marketingstrategien-Mix Anpassung der verfügbaren/erforderlichen Ressourcen	☐	☐	--------------
Hinweise; Bemerkungen			

Planungshilfe „Marketing-to-do-Liste“

Marketing-steuerung

Die hier aufgezeigten Arbeitsschritte finden ihre konkrete Ausgestaltung in der unternehmensspezifischen, meist EDV-gestützten Marketingplanung und -kontrolle als Instrumente der Unternehmenssteuerung.

Aufgaben, Aufbau und Formen der strategischen und operativen **Marketingsteuerung** werden in Kapitel 3 „Marketingkonzept gezielt planen und steuern“ detailliert und handlungsorientiert erörtert.

Nach diesen generellen Ausführungen gilt es nun, die einzelnen Entscheidungs- und Handlungsfelder als **Bausteine eines unternehmensindividuellen Marketingkonzepts** praxisrelevant darzustellen.

1.2 Marketinginformationen beschaffen

Fallbeispiel „Gewinnung von Marktinformationen“

Handlungssituation

Der junge Bäckermeister Franz Weckle hat über eine Nachfolgeregelung die Chance, eine Bäckerei mit fünf Angestellten in zentraler Lage in einer Kleinstadt (ca. 19.000 Einwohner) zu übernehmen. Neben der Klärung rechtlicher, finanzieller und personeller Fragen macht er sich Gedanken, ob der Schritt in die Selbstständigkeit nicht aus Marktgesichtspunkten zu riskant ist. Er weiß, dass es sich um eine wichtige strategische Entscheidung mit weitreichender Bedeutung für ihn und das Unternehmen handelt.

Situationsbezogene Fragen

- Welche marketingrelevanten Informationen benötigt Franz Weckle (Informationsbedarf)?
- Woher bekommt Weckle diese Informationen (Informationsquellen)?
- Wie erhält Weckle diese Informationen (Informationsgewinnung)?

1.2.1 Struktur der Informationsbeschaffung

Die Beschaffung von Informationen kann als Prozess, als **Ablauf mit verschiedenen Aufgaben** gesehen werden, wie in der folgenden Abbildung dargestellt.

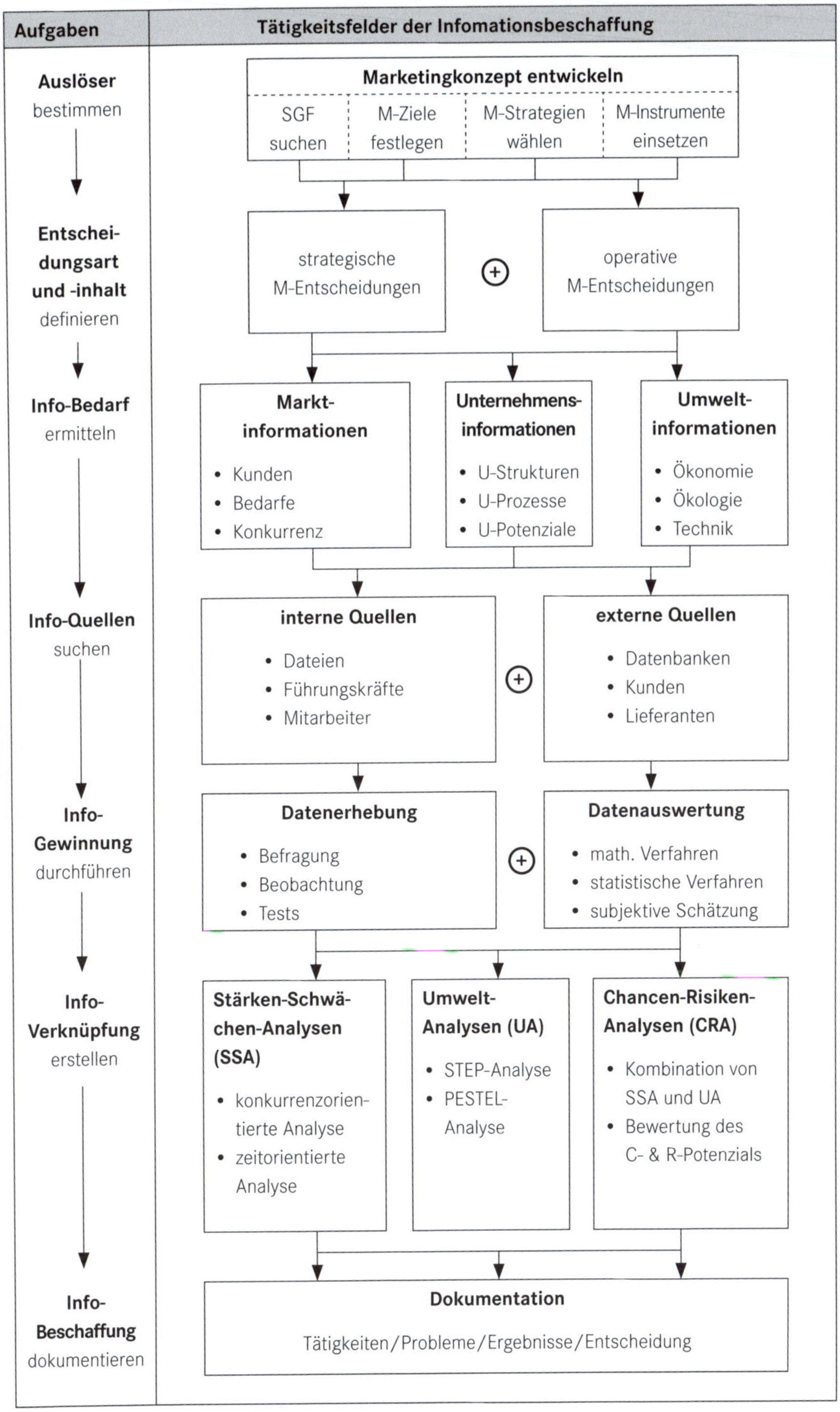

Struktur der Informationsbeschaffung für ein Marketingkonzept

Im Folgenden werden die einzelnen Aufgaben und Gegenstände der Informationsbeschaffung näher betrachtet.

1.2.2 Informationsbedarfe

Informationen

Jedes Unternehmen ist ein komplexes internes Kommunikationsnetz, in dem privates und beruflich erforderliches Wissen bereitgestellt und verbreitet wird. Gleichzeitig ist dieses „Intranet" ein Bestandteil eines größeren, umfassenden externen Kommunikationsnetzes. Dazu zählen z. B. die Beziehungen zu Kunden, Lieferanten, Banken, Versicherungen, Verbänden, politischen, kirchlichen, kulturellen und karitativen Institutionen sowie u. a. auch umweltbezogenen Organisationen. Auch in diesem „globalen" externen Kommunikationsnetz („Extranet") wird Wissen verbreitet. Dieses intern und extern verfügbare Wissen wird dann zu Information, wenn es zum Treffen von Entscheidungen herangezogen wird.

> Informationen sind zweckbezogenes Wissen. Informationen sind der Rohstoff jeder Entscheidung - auch im Marketing.

Informationsbedarf

Daher hat jede am Marketingmanagement beteiligte Führungskraft und jeder an diesem Prozess beteiligte Mitarbeiter einen seiner Aufgabenstellung entsprechenden **Informationsbedarf.** Dieser richtet sich in Zusammensetzung und Umfang zunächst danach, ob ein B2C-Marketing oder B2B-Marketing oder gar beides erforderlich ist.

B2C-Marketing

Beim **B2C-Marketing** geht es um Geschäftsbeziehungen mit einzelnen Privatkunden oder privaten Kundengruppen (business to consumer). Hier werden Informationen über diese Zielgruppen und die direkten Mitbewerber benötigt, um das sog. Direktgeschäft mit den Kunden auftrags- und ertragswirksam zu gestalten. Hier werden viele bedarfsbestimmende, psychologische und einkommensverwendungsbezogene Informationen benötigt.

B2B-Marketing

Beim **B2B-Marketing** geht es um die kundengerechte Gestaltung der Leistungsprozesse des Unternehmens nach den Erwartungen und Wünschen der realen und möglichen Geschäftskunden (business to business). Das können gewerbliche Kunden aus Industrie, Handwerk und Handel sein. Aber auch die Beschaffungsstellen von öffentlichen und privaten Organisationen und Verbänden bei Bund, Ländern, Gemeinden und Kommunen können zu den Kunden eines Unternehmens gehören. Sie alle können unterschiedlich gestaltete Bedarfe aufweisen, z. B. starke Unterschiede bei den technischen und logistischen Bedürfnissen/Anforderungen, den verfügbaren finanziellen Mitteln und der Zahlungsbereitschaft für angebotene Leistungen und

Produkte. Bei B2B-Marketing werden vor allem rational nachprüfbare Informationen benötigt, um die „richtigen" Entscheidungen zu treffen - auch hinsichtlich ihrer Wirkung bei anderen Kunden.

Unabhängig davon, ob B2C- oder B2B-Marketingentscheidungen zu treffen sind, werden **„alte" Informationen** (Wissen aus Erfahrung) und **„neue" Informationen** (Wissen aus Erkenntnis) zur Entscheidungsfindung eingesetzt.

Bedeutung von „neuen" und „alten" Informationen

Mit der Gewinnung von zukunftsorientierten Marketinginformationen als „neues Wissen" wird bei den Entscheidungsträgern „altes" Marketingwissen aktualisiert und ergänzt. Erst „neues Wissen" verringert die Gefahr von Fehlentscheidungen aufgrund einer „veralteten" Informationsbasis. Mit „Das haben wir damals schon so gemacht ..." können keine Vorteile in künftigen Märkten erzielt werden. Entscheidungen sind zukunftsorientiert zu treffen. **Wichtig** ist:

> „Wir müssen heute wissen, was morgen sein könnte, um zu entscheiden, was wir morgen tun werden, damit wir im Wettbewerb um die Kunden erfolgreich sein werden!"

Dabei wird deutlich, dass sich der Infomationsbedarf der/des Entscheidungsträger/s aus der vorliegenden strategischen oder operativen Entscheidungssituation ergibt.

Strategische Marketingentscheidungen

Strategische Marketingentscheidungen, wie z. B. Geschäftsfeldwahl, Bestimmung und Bewertung des Marketingstrategien-Mix, Änderungen in der Vertriebsstruktur oder neue Absatzmärkte (Export), benötigen vor allem Zukunftsinformationen, denn diese Entscheidungen haben für das Unternehmen eine chancen- und risikobehaftete Langfristwirkung. Daher sind vor allem Informationen über zu erwartende Entwicklungen, Neuerungen, Verschiebungen oder Einstellungsänderungen im näheren Umfeld des Unternehmens (z. B. bei Kunden, alten und neuen Mitbewerbern, Lieferanten oder auch Banken) wichtig. Neuerdings gewinnen Informationen über Umweltverträglichkeit oder Nachhaltigkeit bei Produkten und Prozessen des Unternehmens an Bedeutung. Je nach Branche kann das zu einem strategischen Vorteil beim Wettbewerb um Kunden und Aufträge werden.

Diese zukunftsbezogenen Informationen werden vor allem aus externen Informationsquellen neu gewonnen/erhoben.

Gegenwarts- und Vergangenheitsinformationen können zur Trendermittlung herangezogen werden, wenn im Umfeld des Unternehmens keine gravierenden Veränderungen in der Zukunft zu erwarten sind.

Operative Marketing-entscheidungen

Für **operative Marketingentscheidungen,** wie z. B. Planung der operativen Marketingziele, des kombinierten Einsatzes der Marketinginstrumente und der Marketingmaßnahmen oder Verhaltensänderungen im Umgang mit den Kunden, werden überwiegend Gegenwarts- und Vergangenheitsinformationen (Erfahrungswissen) genutzt. Es sei denn, erwartete Veränderungen in der Zukunft machen bereits heute kurzfristige Verhaltensänderungen erforderlich.

> Solche operativen Marketinginformationen werden - auch von unserem Bäckermeister Weckle - ergänzend benötigt für Entscheidungen zur Wahl der geeigneten Marktbearbeitungsstrategien und des wirksamsten Strategie-Mix in den (bisherigen und neuen) Absatzmärkten. Die Kenntnis der derzeitigen Wettbewerbsbedingungen, der Kundenstruktur und des Kaufverhaltens der Kunden sowie deren eventuell saisonal auftretende Schwankungen ist für die kurzfristig ausgerichteten Ziel- und Maßnahmenentscheidungen beim Einsatz der Marketinginstrumente und der Wahl des optimalen Marketinginstrumenten-Mix enorm wichtig.

Anhaltspunkte zum **Inhalt der entscheidungsbezogenen Informationsteilbedarfe** lassen sich aus folgender Darstellung erkennen.

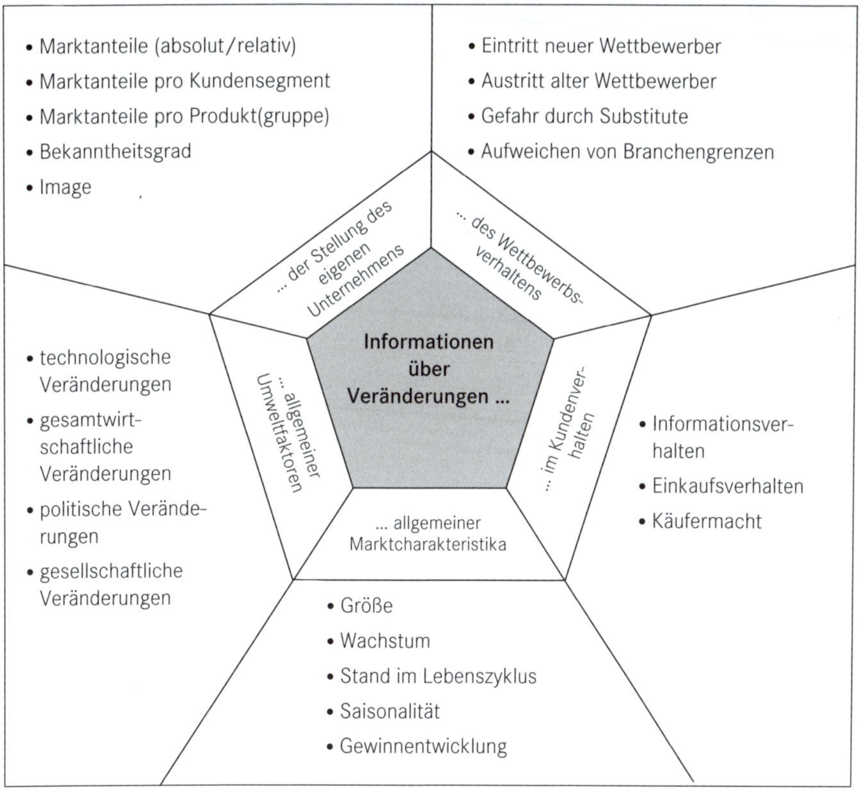

Marktinformationsbereiche – ein Überblick (in Anlehnung an Homburg)

Diese Informationen lassen sich unter den Bereichen **„2-K- & 2-U-Informationen“** zusammenfassen.

Diese **„2-K- & 2-U-Informationen“** werden aus schriftlichen, digitalen und persönlichen Informationsquellen gewonnen, die innerhalb und außerhalb des Unternehmens zu suchen sind.

2-K-Informationen

Die sog. **„2-K-Infomationen“** sind Informationen über Gegebenheiten und Veränderungen „im Markt“, speziell:

(1) Kunden-Informationen
Informationen über gegenwärtige und künftige Strukturen (Analysen) und Veränderungen (Trends) z. B. bei Art, Anzahl, Größe, räumlicher Verteilung, Kaufmotiven und Kaufverhalten von privaten und gewerblichen Einzelkunden/Kundengruppen, Absatzmittlern und Absatzhelfern u. a. m.

(2) Konkurrenz-Informationen
Informationen über derzeitige und künftig zu erwartende Wettbewerbsstruktur in den SGF; Informationen über einzelne (Haupt-)Mitbewerber; Einschätzung der heutigen und zu erwartenden Stärken/Schwächen des eigenen Unternehmens und die sich daraus ergebenden Chancen/Risiken beim Umgang mit den Kunden u. a. m.

Diese Informationen müssen ergänzt werden um die sog. **„2-U-Informationen“,** die Aussagen über Gegebenheiten und Veränderungen im Unternehmen und der Umwelt enthalten, wie z. B.

2-U-Informationen

(1) Unternehmensinformationen
Informationen über die Möglichkeiten, Fähigkeiten und wettbewerbswirksamen Besonderheiten, um auf erkennbare Chancen und Risiken ertragswirksam reagieren zu können **(Unternehmenspotenziale),** sowie Informationen über die Struktur der Geschäftsprozesse (Abläufe) im Unternehmen und nach außen; es geht um die Anpassung der Betriebs- und Logistikabläufe an die Erwartungen der Kunden **(Unternehmensprozesse).**

(2) Umweltinformationen
Informationen über Erwartungen, Anforderungen und Entwicklungen bezüglich der Umweltökonomik (z. B. Umweltschutz und Umweltverträglichkeit der Produktionsprozesse, Einsatz von regenerativen Energien und Rohstoffen, Reduktion von Schadstoffemissionen, technischer Fortschritt bei Materialrecycling).

Diese „2-K- & 2-U-Informationen“ werden aus schriftlichen, digitalen und personalen Informationsquellen gewonnen, die innerhalb und außerhalb des Unternehmens zu suchen sind.

1.2.3 Informationsquellen

Bei den Informationsquellen lassen sich direkte und indirekte Quellen unterscheiden.

Indirekte Informationsquellen

(1) Indirekte Informationsquellen liefern keine unmittelbaren, direkt auf die Entscheidung zugeschnittenen Informationen. Diese müssen erst noch durch **Datenauswertung** von Aufzeichnungen, Statistiken oder Berichten gewonnen werden. Dies sind innerhalb und außerhalb des Unternehmens beispielsweise:

Kundendateien

- **Eigene Aufzeichnungen** (z. B. elektronische Kundendatei, Anfragen-, Angebotsstatistiken, Beschwerde- und Reklamationsberichte). Mithilfe der elektronischen Kundendatei ist es z. B. möglich, Kunden und Interessenten per Post oder E-Mail über Neuigkeiten oder Angebote zu informieren und damit Kundenbeziehungen regelmäßig zu pflegen (Customer Relationship Management - CRM). Weitere Vorteile einer elektronischen Kundendatei:

- Kundenkontakte können aufgeschlüsselt werden, etwa nach Kundenbranchen, Zielgruppen, Auftragswerten, verlorenen Kunden/Aufträgen etc.
- Schnelle Auswertung, z. B. der Zu- und Abnahme des durchschnittlichen Auftragswertes, etwa bezogen auf Kundenbranchen, Verkaufsgebiete und/oder Erzeugnisse.
- Für die jeweils günstige oder ungünstige Entwicklung des Verkaufs können fehlende Erklärungen/Informationen sach- bzw. kundenbezogen ermittelt werden.
- Ablehnungsgründe von Kunden und besondere Zustimmungsgründe von Kunden können hinterlegt, analysiert und für Verkaufsgespräche verwendet werden.

• **Buchliteratur** (z. B. Quellenhandbücher, Nachschlagewerke, Tabellenverzeichnisse etc.)

• **Zeitungen und Zeitschriften** (Wirtschaftsarchive der Verlage, periodische Mitteilungen und Fachpublikationen von Kammern, Verbänden, Ministerien und sonstigen Wirtschaftsorganisationen, Kunden- und Mitarbeiterzeitschriften oder „News" in print/digital von Lieferanten, Konkurrenten, Kunden, Werbe- und Marktforschungsagenturen)

• **Technische und wissenschaftliche Publikationen** (Kataloge, Datenblätter oder Nachschlagewerke von Lieferanten, Wettbewerbern und Kunden; technische, wirtschaftliche und sozio-psychologische Forschungsergebnisse aus wissenschaftlichen Instituten und wissenschaftlichen Organisationen)

• **Elektronische Medien** (z. B. Online-Datenbanken und Suchmaschinen im Internet als Informationsquellen). Online-Marktforschung (E-Marktforschung) hat gegenüber der klassischen Marktforschung den Vorteil, dass sie Zeit und Kosten einsparen kann. Online-Marktforschung dient neben der gezielten Gewinnung von Marktinformationen auch der Kommunikation und der schnellen Speicherung von Informationen. Sie bietet darüber hinaus vielfältige Aufbereitungsmöglichkeiten (z. B. Fragenkataloge) und automatisierte Auswertungsmöglichkeiten. **Online-Datenbanken** und **Suchmaschinen** gewinnen als Informationsquellen immer mehr an Bedeutung, da sie ortsunabhängig und fast jederzeit genutzt werden können. Außerdem sind sie kostenfrei oder gegen Gebühr öffentlich oder nur für bestimmte Benutzergruppen nutzbar. Dabei gilt, wie bei jedem Produkt/jeder Dienstleistung:

elektronische Markt-forschung

Online-Daten-banken, Such-maschinen

> Je exklusiver die Information bereitgestellt wird, desto größer ist der Wert für den Benutzer im Wettbewerb und desto höher ist der für die Information zu zahlende Preis.

(2) Direkte Informationsquellen sind Personen und Produkte innerhalb und außerhalb des Unternehmens, bei denen **Datenerhebungen** durchgeführt werden. Hierzu gehören z. B.

- **eigene Mitarbeiter im Verkauf und Service** (Kundendienst)
- **Kunden, Kundenberater,** Absatzhelfer und **Händler** (Absatzmittler) in gegenwärtigen und künftigen Absatzmärkten im In- und Ausland
- **Lieferanten** und deren Kenntnisse über Strukturen, Aktivitäten oder Veränderungen bei Mitbewerbern
- **Experten, Gutachter, Sachverständige**, die Informationen geben können über Gegebenheiten, Veränderungen und Trends in der Technik, in der Branche oder über künftige Kundenwünsche und Kundenverhalten
- **Mitbewerber** und deren Werbeaussagen, Marktverhalten, Leistungsangebote, Schaufenster, Verkaufsstellen, Warenpräsentation etc.
- **Messebesuch** mit Kunden-, Lieferanten- und Mitbewerbergesprächen und systematische Datensammlung (Prospekte, Preislisten, Angebote)
- **Kunden-Kurzbefragungen** z. B. bei Lieferung, Endabnahme einer Leistung, Rechnungsübergabe, Reklamationsbeseitigung o. Ä.
- **Produkttests** (Vergleich von eigenen und Konkurrenzprodukten nach Bauart, verwendeten Matrialarten, Leistungen, Bedienkomfort, Standzeit, Preis u. a. m.).

Aus diesen direkten und indirekten Informationsquellen gilt es die für eine bestmögliche Marketingentscheidung erforderlichen Informationen zu gewinnen.

Fallbeispiel „Informationsbeschaffung“

Handlungssituation

Der Inhaber eines Handwerksunternehmens (60 Mitarbeiter), spezialisiert auf die Zulieferung von Metallbiegeteilen für den Automobil- und Maschinenbau (Industriekunden), hat die Idee, Teile für die Hersteller von Geräten der Raum- und Klimatechnik ins Programm aufzunehmen. Dabei sieht er nach Messebesuchen beim zunehmenden Bedarf nach Raumklimatisierung große Chancen für Zulieferungen. Sie werden gebeten, die Frage nach den erforderlichen „2-K- & 2-U-Informationen“ vor einer Entscheidung zu klären.

Situationsbezogene Fragen

- Wie ist die Aufgabenstellung exakt zu beschreiben?
- Handelt es sich um eine strategische oder operative Entscheidung? (Begründung)
- Welche Marktinformationen (gestern, heute und morgen) werden benötigt?
- Welche Voraussetzungen/Kompetenzen im Unternehmen sind erforderlich?

- Welche Informationsquellen könnten herangezogen werden?
- Welche Beurteilungskriterien müsste ein konkurrenzorientiertes Stärken-Schwächen-Profil umfassen?
- Welche Informationen (Beurteilungskriterien) müssten für eine ganzheitliche Chancen-Risiken-Analyse dieses Geschäfts beschafft werden?
- Wie könnte ein Chancen-Risiko-Profil (mit Beurteilungskriterien in Tabellenform) aussehen, wenn es wie ein Stärken-Schwächen-Profil (mit Bewertungsspalten) aufgebaut werden würde?

1.2.4 Informationsgewinnung

Handlungssituation

Im angeführten Beispiel des Bäckermeisters Franz Weckle gilt es, umfangreiche strategische Marktinformationen zu gewinnen. Es stehen Entscheidungen zur Beurteilung und evtl. Neuausrichtung der bisherigen und der künftigen Marketingkompetenz des Unternehmens an. Franz Weckle braucht Informationen über die Wettbewerbslage und die Erfolge in den bisherigen SGF, über die Kundengruppen und deren Trends im Kaufverhalten u. a. m. Es geht um die Festlegung der Marketingziele und der Marketingstrategien in den einzelnen Absatzmärkten. Hierzu benötigt unser Bäckermeister überwiegend Zukunftsinformationen („neues Wissen"), die nicht aus dem Erfahrungswissen des Entscheidungsträgers („altes Wissen") gewonnen werden können. Gefragt ist Zukunftswissen; Wissen um die internen und externen Möglichkeiten und Grenzen des Unternehmens in künftigen Märkten.

Situationsbezogene Fragen

- Über welche für den Bäckereibetrieb relevanten Strukturen und Entwicklungen sollte unser Bäckermeister Weckle versuchen, Informationen zu bekommen?
- Was ist bezüglich der Informationsqualität zu beachten und zu erfragen?

Der Bedarf an strategischen und operativen „2-K- & 2-U-Informationen" wird aus

- **direkten Informationsquellen** durch **Datenerhebung** und aus
- **indirekten Informationsquellen** durch **Datenauswertung** gedeckt.

Im kombinierten Einsatz von Datenerhebung und Datenauswertung werden mithilfe von Analyse- und Prognoseverfahren die benötigten strategischen und operativen Marketinginformationen (Strukturen, Zusammenhänge und künftige Entwicklungen) gewonnen. Bei der **Informationsgewinnung** lassen sich **vier Tätigkeitsbereiche** unterscheiden:

1. Kunden- und Bedarfsanalyse
2. Konkurrenzanalyse
3. Unternehmensanalyse
4. Umweltanalyse

Diese werden im Folgenden näher betrachtet:

1. Kunden- und Bedarfsanalyse

Die Kunden, deren Bedürfnisse und Bedarfe sind die Basis aller Marketingentscheidungen. Um Fehlentscheidungen und Fehlverhalten zu vermeiden, sind zunächst möglichst genaue und vielfältige Daten über die ins Auge gefassten Kunden zu sammeln und zu untersuchen.

Kunden-informationen

- **Kenntnis der Kunden**
  Damit man den Blick für das Wesentliche behält, ist in Anlehnung an Homburg folgende Gliederung der benötigten kundenbezogenen Informationen angeraten:
  - **Grundinformationen**
    (z. B.: Wer sind unsere Kunden? Kundengruppen? Soziologische Struktur? Kaufkraftverteilung? Kaufpräferenzen? Kauffrequenz pro Tag/Woche/Monat? Preisempfindlichkeit? ...)
  - **Potenzialinformationen**
    (z. B.: Was brauchen und was wollen unsere Kunden? Konsumpräferenzen? Kaufgewohnheiten? Umsatz/Kauf? Umsatzkennzahlen aus der Branche? Preis- oder Qualitätsorientierung? ...)
  - **Aktionsinformationen**
    (z. B.: Was tun wir für unsere Kunden, heute und morgen? Kern- und Zusatzsortiment? Dienstleistungen mit/ohne Berechnung? Was ist finanziell/personell möglich? Sonder-, Spezial-, Saisonangebote pro Tag/Woche/Monat und/oder für ausgewählte Kundengruppen/Anlässe? ...)
  - **Reaktionsinformationen**
    (z. B.: Wie erfolgreich sind wir oder der/die Hauptwettbewerber bei den Kunden? Was bringen Produktinnovationen, Werbe- oder Preisaktivitäten? Führt

Service zu Mehrumsatz pro Kauf oder mehr Kaufhäufigkeit? Führen die Maßnahmen zu mehr Kundenzufriedenheit und zu mehr Stammkundschaft? Erfahrungswerte aus der Branche? ...)

Bedürfnisse und Bedarf

Von all den benötigten Informationen haben **Informationen über Bedürfnisse und Bedarfe** eine zentrale Bedeutung. Ihre Kenntnis ist für die zu wählenden strategischen Geschäftsfelder, das Marketingkonzept und die erforderlichen Marketingstrategien und Maßnahmen bei den Marktleistungen des Unternehmens entscheidend.

Für die Ermittlung der realen oder möglichen Nachfrage nach bestimmten Produkten und/oder Dienstleistungen sind Kenntnisse über

(1) die Bedürfnisse,

(2) das frei verfügbare Einkommen, das zur Bedürfnisbefriedigung eingesetzt werden kann, und

(3) die Wertigkeit der Bedürfnisbefriedigung für den Kunden

von Bedeutung.

- **Kenntnis der Bedürfnisse**

Jeder Privatkunde hat als persönliche Bedürfnisse sog. **Grundbedürfnisse** (z. B. Schlafen, Essen, Bewegung, Gesundheit) und sog. **Zusatzbedürfnisse.** Solche Zusatzbedürfnisse (z. B. nach Sicherheit, Zugehörigkeit zu einer soziologischen Gruppe, persönliche Anerkennung und Wertschätzung durch andere sowie nicht zuletzt das Bedürfnis nach Selbstverwirklichung) bestimmen letztlich, in welcher Art und in welchem Umfang die Befriedigung der Grundbedürfnisse durch den Kunden erfolgt.

Den Zusammenhang von Grund- und Zusatzbedürfnissen zeigt auch folgende Abbildung.

Grund- und Zusatzbedürfnisse

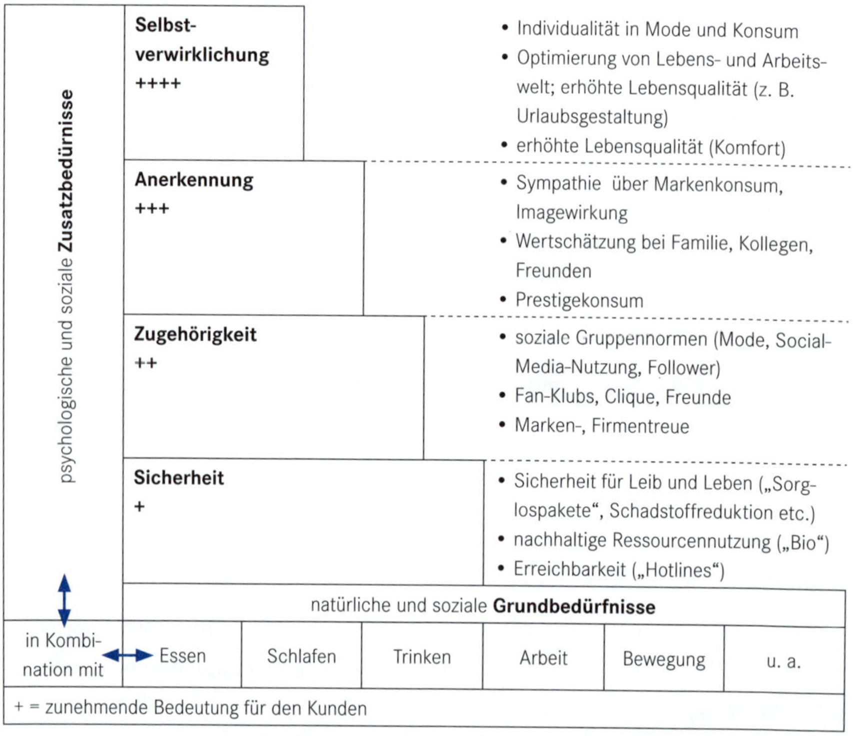

Kombinierte Befriedigung von Grund- und Zusatzbedürfnissen

So kann z. B. das physiologische Grundbedürfnis „Bewegung" von einem Kunden in Verbindung mit dem Zusatzbedürfnis „Zugehörigkeit" auftreten, das zu einer Bedürfnisbefriedigung in einer freiwilligen Sportgruppe, organisiert im Sportverein oder in einzelnen Kursen im Fitnessstudio führen kann. Zusätzlich kann z. B. das Zusatzbedürfnis „Selbstverwirklichung" wirksam werden. Dies führt dann zum Wunsch nach individuellen Bewegungsaktivitäten, wie z. B. Klettern im Hochgebirge, Extremsportarten wie etwa Triathlon oder Teilnahme an Sportwettbewerben. Dies wie etwa auch die Anschaffung eines „Edel-Pkws" einer bestimmten Marke verschafft im persönlichen Umfeld ein hohes Image. Ein solches „Spielzeug für geltungsbewusste Männer/Frauen" liegt dann vielleicht zwar außerhalb des zur Verfügung stehenden Budgets, aber es trägt wesentlich zur subjektiven Profilierung bei.

Bedürfnisbündel im B2C-Geschäft

Diese Bedürfniskombinationen oder **Bedürfnisbündel im B2C-Geschäft** unterliegen der im aktuellen sozialen Umfeld herrschenden Gruppennorm („Man fährt ..., man hat ..., man trägt ..." – das kann z. B. bestimmte Marken bei Smartphones, Bekleidung, Wohnungseinrichtungen etc. bis hin zum Haarschnitt o. Ä. betreffen).

Die **Bedürfnisbündel im B2B-Geschäft** sind mehr rational begründet in einer ganzheitlich optimalen technisch-kaufmännischen Problemlösung. Hier geht es operativ mehr um gewünschte Ausprägungen bei Quantität, Qualität sowie Zuverlässigkeit bei Lieferung und Leistung. Strategisch sind kundenseitig hohe wirtschaftliche Stabilität und Kontinuität und Innovationspotenziale von speziellem Interesse. Allerdings sind z. B. speziell bei der Produktgestaltung und bei der Marketingkommunikation die persönlichen Bedürfnisbündel der Entscheidungsträger zu beachten.

Bedürfnisbündel im B2B-Geschäft

> Bedürfnisse allein genügen nicht für ein unternehmerisch interessantes Angebot, Kunden müssen über Kaufkraft verfügen und diese einsetzen wollen!

- **Frei verfügbares Einkommen**

Einkommen

Die Kenntnis dieser wirtschaftlichen Größe beim einzelnen Konsumenten oder in einzelnen Konsumentengruppen ist im B2C-Geschäft für das Unternehmen deshalb von großer Bedeutung, da Art und Umfang der Bedürfnisbefriedigung von der Höhe des frei verfügbaren (monatlichen) Einkommens abhängt, das der Kunde zur Befriedigung seiner Bedürfnisse auszugeben bereit ist. Er entscheidet, was ihm persönlich die angestrebte Art der Bedürfnisbefriedigung wert ist.

> Sieht der Kunde in der Bedürfnisbefriedigung keinen persönlichen Nutzen (Wert), gibt er dafür auch kein Geld aus!

Das Bedürfnis plus die Bereitschaft, verfügbares Einkommen zur Bedürfnisbefriedigung zur Verfügung zu stellen, führen zu einem **Bedarf** an Leistungen und Produkten der Unternehmen.

- **Wertigkeit der Bedürfnisbefriedigung**

Wertigkeit

Da die Bedürfnisse im Auftreten als Bedürfniskombinationen von situativen Einflüssen geprägt sind, sich je nach persönlichen Zielsetzungen im Zeitablauf auch in der Zusammensetzung ändern, hat der Kunde immer über finanzielle Zuordnungen (Zahlungsbereitschaften) zu entscheiden (bedingt durch die Knappheit des frei verfügbaren Einkommens).

Legt der Kunde auf eine bestimmte Art der Bedürfnisbefriedigung (nur Grundbedürfnisse oder in Kombination mit einem oder mehreren Zusatzbedürfnissen) nur geringen Wert, stellt er hierfür auch nur einen geringen Teil seines Einkommens zur Verfügung.

So haben z. B. markenlose Produkte für den Kunden einen geringeren sozialen und Anerkennungswert und erzielen daher beim Kunden auch einen geringeren Preis.

Das heißt: Die Unternehmen müssen Produkte und Leistungen entwickeln und anbieten, die dem Kunden eine Vielzahl von hohen individuellen Nutzen bieten, also eine hohe Wertigkeit bezüglich der Bedürfnisbefriedigung haben. Dies sind sog. Premiumprodukte und hochwertige Dienstleistungen, für die der Kunde auch bereit ist, entsprechend hohe Preise zu bezahlen.

Produktwertigkeit

> **Einfache Produkte** bieten eine vergleichsweise geringwertige Bedürfnisbefriedigung - also werden dafür auch nur geringe Preise bezahlt.
>
> **Premiumprodukte** haben für Kunden mehr persönliche Vorteile (Nutzen) durch höherwertige Bedürfnisbefriedigung - deshalb werden auch bessere Preise dafür bezahlt.

- **Ermittlung des Marktpotenzials**

Die Bedarfslage, sprich die Nachfrage nach bestimmten Problemlösungen bzw. Leistungen eines Handwerksbetriebs, wird wesentlich geprägt von der zahlen- und kaufkraftmäßig bestimmten Größe der Zielgruppen, die teilweise bereits Kunden sind (Altkunden) oder noch als Kunden gewonnen werden sollen (Neu- und Wiederkunden).

Hier gilt es, sich Kenntnisse zu verschaffen über den voraussichtlichen Bedarf (Erst-, Ersatz- und Ergänzungsbedarf) in verschiedenen **Zeiträumen** für eine bestimmte Handwerksleistung in qualitätsmäßiger, mengenmäßiger und preislicher Hinsicht.

Welche Marktchancen sich für das einzelne Unternehmen ergeben, ist nicht zuletzt abhängig von der Phase des Lebenszyklus eines Geschäftsfeldes oder einer Leistung (Näheres dazu siehe Abschnitt 1.3.2). Das heißt, der **Grad der Marktsättigung** für die infrage kommenden Leistungen bestimmt die Marketingaktivitäten. Ist die Marktsättigung relativ hoch und muss mit geringen Zuwachsraten bei Mengen und Umsätzen gerechnet werden, könnte z. B. durch Anbieten von neuartigen oder umgestalteten Problemlösungspaketen eine zusätzliche Nachfrage geweckt werden.

Diese „neuen" Leistungen müssen jedoch vom Kunden als „echte" Problemlösung empfunden werden und reale oder psychologische Vorteile gegenüber den bisherigen Leistungen bieten. Dabei sind z. B. für Privatkunden solche Leistungen mit einem hohen persönlichen Vorteil durch eine bestimmte Art der Bedürfnisbefriedigung besonders interessant (siehe „Wertigkeit der Bedürfnisbefriedigung").

Diese Wunsch- oder Bedürfnisfelder sind einzeln oder kombiniert in Struktur und Veränderungen möglichst genau zu erforschen, um kundengerechte Leistungen erbringen zu können. Hinzukommen müssen noch Informationen über die bedarfsbestimmenden Faktoren, z. B. Kaufkraft, Zahlungsbereitschaft, Zugehörigkeit zu Sozial- und Konsumgruppen oder Lebens- und Konsumgewohnheiten.

Handlungssituation

Der potenzielle Bäckereibesitzer F. Weckle sollte versuchen, das **Marktpotenzial für sein künftiges Geschäft** zu ermitteln. Folgende **Wunsch- oder Bedürfnisfelder** der Privatkunden haben großes Geschäftspotenzial, denn Menschen möchten

- Alltag mit Genuss (Abwechslung, Genuss ohne Reue, Verwöhnangebote),
- gesund leben (Meister- statt Industrieprodukte, Ernährungstipps),
- sicher sein (Rohstoffe aus Bio-Anbau, Reinheitszertifikate, „Hand"-Werk),
- aktive Freizeit (Verpflegungsangebote für Wandern, Sport und Reisen)
- mobil sein (Portionsangebote, Verpflegung „to go", Brötchendienst, Internet-Bestellung, Spätauslieferung),
- attraktiv erscheinen (Ernährung und Schönheit, Körperpflege) und dies in unterschiedlichen Kombinationen und zu verschiedenen Zeiten (gesunde Verwöhnangebote für Berufstätige, für sportlich Aktive oder kalorienbewusste Kunden unterschiedlichen Alters an Wochen-, Sonn- und Feiertagen mit Lieferservice morgens und abends bis _____ Uhr o. Ä.).

Welche Marktchancen sich für den Bäckermeister ergeben (Ansatzpunkte sind in obiger Aufzählung in Klammern angeführt), ist abhängig von der zu erwartenden Nachfrage (Größe und Kaufkraft der Kundengruppen), vom Grad der Marktsättigung für einzelne Produkte und Dienstleistungen und von den Konkurrenzaktivitäten.

2. Kokurrenzanalyse

Konkurrenzinformationen

Hier interessieren vor allem die **Wettbewerbslage, Wettbewerbsintensität** und die **Wettbewerbsentwicklung** vor Ort – vergangenheits-, gegenwarts- und zukunftsbezogen. Es geht um Informationen über Anzahl, Größe und Aktivitäten der Haupt-Mitbewerber und deren Wirkungen bei Kunden/Kundengruppen.

> Der Kunde wählt stets den für ihn insgesamt attraktivsten Anbieter!

Dieser „attraktivste" sollte jedoch nicht der Mitbewerber sein. Bäckermeister Weckle muss erkennen oder einschätzen können, wie „stark" die Mitbewerber mit welchen Marketingmaßnahmen (Erfolgsfaktoren) bei Kunden erfolgreich sind. Die nachfolgende Abbildung zeigt, welche Informationen hier vorteilhaft wären.

Arten von Konkurrenzinformationen

Frage	Informationen	Wettbewerbsinformationssystem
Wer sind unsere Wettbewerber?	Name, Sitz des Unternehmens, Branche, Mitarbeiterzahl, wichtige Manager, Organisationsstruktur, Eigentümerstruktur, Verflechtungen mit anderen Unternehmen usw.	
Wo stehen unsere Wettbewerber im Markt?	Marktanteile, Umsatz-/Ertragslage, Kostenstruktur, Distributionsgrad, Image, Kundenzufriedenheit, Kundenbindung usw.	
Über welche Ressourcen verfügen unsere Wettbewerber?	Qualität und Quantität von Human- und Sachressourcen, finanzielle Ressourcen (z. B. Liquidität), Zugang zu weiterem Kapital, Know-how, Patente, Zugang zu Vertriebswegen, Beziehungen zu Kunden, Händlern usw.	
Wo wollen unsere Wettbewerber hin? (Strategie)	Ziele, Zeitpläne, Zielsegmente, Marketing-/Vertriebsbudgets usw.	
Was tun sie, um dorthin zu gelangen? (Marktbearbeitung)	Qualität/Alter/Breite/Tiefe des Leistungsspektrums, Preispositionierung, Konditionenstruktur, Kundenbindungsmanagement, Qualität der Logistik, Inhalt und Umfang von Werbung, Verkaufsförderung und Public Relations	

Konkurrenzinformationen für Marketingentscheidungen (Homburg)

Diese über die einzelnen (Haupt-)Mitbewerber gesammelten Informationen sind am besten – zusammen mit den eigenen Daten – in Tabellenform einander gegenüberzustellen, um eigene Stärken und Schwächen gegenüber den Mitbewerbern rasch erkennen zu können (siehe auch 1.2.5 „Informationsverknüpfung").

Handlungssituation

Im Beispiel des Bäckermeisters Weckle könnte eine **Mitbewerberanalyse** zum Erkennen der **Marketingerfolgsfaktoren** wie folgt aufgebaut sein.

Mitbewerberanalyse der Erfolgsfaktoren

Mitbewerberanalyse							
Branche: Bäckerhandwerk							
Marketing-Erfolgsfaktoren	**Ausprägung** 1 = sehr schwach; 5 = Durchschnitt; 9 = sehr stark						
	eigenes Unternehmen	**Mitbewerber**			**Differenz zu:**		
		A Schäfer	B Konfinesse	C Bertram	A	B	C
1. Ordnung/Sauberkeit	6	5	5	5	+1	+1	+1
2. Frische	7	8	5	4	-1	+2	+3
3. Beratung (Produktkenntnis)	3	4	5	-	-1	-2	-
4. Preis/Leistungs-Verhältnis	3	5	4	4	-2	-1	-1
5. Qualität	6	4	3	3	+2	+3	+3
6. Werbung	7	6	6	5	+1	+1	+2
7. Warenpräsentation	5	7	7	5	-2	-2	0
8. Deko	6	3	4	2	+3	+2	+4
9. Pünktlichkeit	4	6	5	-	-2	-1	-
10. Angebot (Vielfalt)	4	5	4	4	-1	0	0
11. Service	7	4	3	-	+3	+4	-
12. Freier Blick in den Laden	4	5	5	5	-1	-1	-1
13. Freundlichkeit	7	4	3	4	+3	+4	+3
14. Erlebniseinkauf (inkl. C. I.)	5	4	3	3	+1	+2	+2
Durchschnitt:	**5,29**	**5,00**	**4,43**	**4,00**			
Überlegen/Unterlegen (Differenz – saldiert)					**+4**	**+12**	**+16**

Mitbewerberanalyse der Marketingerfolgsfaktoren

Die Tabelle zeigt die derzeitigen Ausprägungen der einzelnen Faktoren beim eigenen Unternehmen und im Vergleich zu den (Haupt-)Mitbewerbern. Eine solche Analyse könnte dem Bäckermeister zeigen, dass sein Unternehmen gegenüber „A" (in der Summe) nur wenig besser beim Kunden ankommt (eigener Vorteil +4). Größer sind die eigenen Vorteile mit +16 gegenüber Mitbewerber „C“. Wird „A“ als Hauptwettbewerber identifiziert, sind die Marketingaktivitäten von Bäckermeister Weckle auf eine stärkere Profilierung/Abhebung gegenüber „A“ auszurichten. Damit wird gleichzeitig auch sein Vorsprung gegenüber „B“ und „C“ größer. Besonderes Gewicht erhält diese Betrachtung, wenn es sich um „neue“ Mitbewerber wie Filialen von Supermärkten, Großbäckereien oder neuartige Backshops handelt. Diese treten meist sehr aggressiv auf, häufig nicht nur bei der Preisgestaltung.

Zusätzliche Informationen für das künftige Marketingkonzept würde eine Mitbewerberanalyse auf der Basis von Zukunftswerten (Ausprägung der Marketingerfolgsfaktoren „morgen“) bringen. In folgender Tabelle sind - aus Kundensicht - für das eigene Unternehmen erwartete Veränderungen ausgewiesen.

Mitbewerber-analyse der Erfolgsfaktoren: künftig

Analyse der Marketingerfolgsfaktoren				
Branche:	Bäckerhandwerk – eigenes Unternehmen –			
Marketingerfolgsfaktoren	**Ausprägung** 0 = sehr schlecht; 9 = sehr gut heute	morgen	**Differenz**	**Prioritäten:** ○ **Gewichtung:** *
1. Ordnung/Sauberkeit	6	7	1	
2. Frische	7	8	1	
3. Beratung (Produktkenntnis)	3	7	4	① **** **
4. Preis-Leistungs-Verhältnis (Kontinuität)	3	5	2	③ ****
5. Qualität	6	7	1	
6. Werbung	7	7	0	
7. Warenpräsentation	5	7	2	③ **** ****
8. Deko	6	6	0	
9. Pünktlichkeit	4	7	3	② **
10. Angebot/Vielfalt	4	5	1	
11. Service	7	8	1	
12. Freier Blick in den Laden	4	6	2	③ ***
13. Freundlichkeit	7	8	1	
14. Erlebniskauf	5	8	3	② *** ****

Bewertung der eigenen Marketingerfolgsfaktoren – heute und morgen

Die Höhe der Unterschiede (Differenz) bestimmt zahlenmäßig die Priorität (1, 2, 3) für das künftige Handeln. Ein noch besserer Informationsgehalt ergibt sich, wenn durch Mitarbeiter- oder Kundenbefragung eine Gewichtung bei den einzelnen Marketingerfolgsfaktoren abgefragt wird. Dann kann eine hohe Gewichtung/Bedeutung bei einzelnen Kriterien trotz zunächst geringer Priorität (z. B. 3 bei der Warenpräsentation) zu einer neuen, höheren Priorität (z. B. 1) und zu Änderungen bei den Marketingaktivitäten oder auch beim Marketingkonzept führen.

Handlungssituation (Fallbeispiel)

Führen Sie eine zukunftsorientierte Mitbewerberanalyse für den Bäckereibetrieb von Franz Weckle auf Basis der oben genannten Zukunftswerte („morgen") durch. Über die Mitbewerber A, B und C sind keine anderen Werte als die oben genannten erhältlich. Es wird angenommen, dass sich deren derzeitige Ausprägungen bei den Marketingerfolgsfaktoren in naher Zukunft nicht wesentlich ändern werden.

Situationsbezogene Fragen

- Wie würden die Differenzen jetzt aussehen, einzeln und im Gesamtergebnis?
- Wie wäre seine künftige Überlegenheit/Unterlegenheit einzuschätzen?
- Was würde sich für den Bäckermeister Weckle hinsichtlich seiner künftigen Marketingaktivitäten ändern?

> Ohne gute Marktinformationen gibt es kein gutes Marketingkonzept.

Mit Marktanalyse und Marktprognose stehen die geeigneten Verfahren zur Gewinnung der benötigten strategischen und operativen Marktinformationen zur Verfügung.

Marktanalyse

- **Marktanalyse**

Mit der **Marktanalyse** werden **zeitpunktbezogene Marktinformationen** (Kunden-, Bedarf- und Konkurrenzinformationen) gewonnen. Eine Marktanalyse gibt Auskunft über Situationen, Gegebenheiten und Strukturen und in konkreten Absatzmärkten - vergangenheits- und gegenwartsbezogen. Mit solchen Informationen könnte unser Bäckermeister feststellen, ob sich ein Trend zu höheren oder sinkenden Umsätzen pro Kauf oder zu Verhaltensänderungen (z. B. geringere Kaufhäufigkeit oder geänderte Kaufzeiten) erkennen lässt. Ein Beispiel für angewandte Marktanalyse zeigt die Checkliste „Marktinformationen zur Produktplanung".

Marktinformationen zur Produktplanung

Basis-Marktinformationen zur Produktplanung und Produktentwicklung
1. Wer/Was ist unser Markt? 2. Welche Wünsche, Bedürfnisse, technischen Anforderungen, Probleme hat der jeweilige Markt bzw. das Marktsegment bzw. der einzelne Kunde? 3. Wer benötigt wo, wann, welches Leistungs- bzw. Produktangebot? In welchem Umfang? 4. Welche ähnlich gelagerten Konkurrenzprodukte gibt es? Von wem? 5. Welche technischen Detail-Anforderungen werden an das neue Produkt gestellt: Leistung, Lebensdauer, Anbringungstechnik, Form, Farbe, Oberfläche, Design? 6. Preislage, Konditionen, Termine? 7. Welche Vorstellungen, Meinungen hat der Markt/der Kunde über uns und unsere bisherigen Produkte? 8. Welche Kaufmotive für unsere Produkte liegen sonst noch vor?

Marktinformationen zur Produktplanung

Geeignete Instrumente zur Gewinnung solcher Informationen sind

- **Befragungen** (schriftlich/mündlich, Fragebogen standardisiert/offen, frei geführtes Interview, persönlich/schriftlich/online ...),
- **Beobachtungen** (ohne/mit Kenntnis des Betroffenen, z. B. Beobachtung des Kaufverhaltens von Kunden bei Sonderangeboten, Akzeptanz bei neuen Dienstleistungen oder Werbeaktivitäten oder Preisgestaltung von Mitbewerbern ...) und
- **Tests** (z. B. Testkäufe, Gebrauchs- und Geschmackstests von eigenen und Fremderzeugnissen durch Mitarbeiter, Kunden oder Testinstitute).

> Informationen aus der Marktanalyse sind jedoch nicht geeignet für langfristig strategische Marketingentscheidungen.
>
> Nur die Marktprognose liefert die zukunftsbezogenen Informationen für strategische Unternehmens- und Marketingentscheidungen.

Markt-
prognose

- **Marktprognose**

Bei der **Marktprognose** werden Marktinfomationen (Kunden-, Bedarf- und Konkurrenzinformationen) aus der Vergangenheit ausgewertet und **zukünftige Strukturen oder Entwicklungen (Trends) und Wirkungsprognosen** ermittelt. Durch ihre Zukunftsorientierung und die Ungewissheit des Eintreffens der unterstellten Annahmen sind Prognosen stets unsicher und können nur als Handlungsorientierung dienen. Dennoch sind Prognosen unverzichtbar: Es müssen heute Entscheidungen getroffen werden, die das Unternehmen morgen langfristig binden (vgl. Wahl der strategischen Geschäftsfelder, des Marketingkonzepts und der Marketingstrategien).

Trends

Zukunftsinformationen und Entwicklungen (Trends) können aus veröffentlichten Berichten/Visionen und der Befragungen von Experten und Trendforschern gewonnen werden. Vor allem im Rahmen der Sekundärforschung (Datenauswertung) kommen **statistisch-mathematische Verfahren** und **subjektive (Schätz-)Verfahren** zum Einsatz.

> So muss Bäckermeister Weckle versuchen, Trendinformationen über marketingrelevante Entwicklungen im Wettbewerb (z. B. Trend des zunehmenden Preis-Wettbewerbs durch Nicht-Bäckereien, Filialisierung) und Veränderungen bei Kunden/Kundengruppen (z. B. voraussichtliche Kaufhäufigkeit, mehr Gesundheitsbewusstsein) zu erhalten.

Auf der Basis von Analysen (**„Was war?“** und **„Was ist?“)** und Prognosen (**„Was könnte sein?“)** werden für die Entwicklung eines Marketingkonzepts Aussagen getroffen zu **„Was soll sein?“**.

Schwerpunkte und Umfang der zu gewinnenden Marktinformationen sind wesentlich davon abhängig, in welcher Phase eines **Produkt- oder Marktlebenszyklus** (Näheres hierzu siehe Abschnitt 2.1.3) das Marketingkonzept erstellt und umgesetzt wird. Dies verdeutlicht auch nachstehende Abbildung.

Marktinformationsbedarf im Produktlebenszyklus

	Vormarktphase	Einführung	Wachstum	Reife
Produkt- und Programmpolitik	Bedarfsanalyse/Potenzialschätzung/Zielgruppendefinition/Test alternativer Produktkonzepte/Schwachstellenanalyse	Positionierung im Markt/Überprüfung der Zielgruppendefinition und Potenzialschätzung/Zufriedenheit und Kritik	Profilierung im Markt/kontinuierliche Strukturbeobachtung/Loyalität	Kontinuierliche Strukturbeobachtung/Überprüfung der Rahmenbedingungen/Ansätze zur Produktdifferenzierung
Preis- und Konditionenpolitik	Ermittlung von Preisschwellen	Messung von Preiselastizitäten/Überprüfung der Preisschwellen	Konkurrenzbeobachtung/Möglichkeiten zur Preisanpassung	Chancen und Notwendigkeit für Preisdifferenzierung/Treueprämien/Rabatte
Distributionspolitik	Ermittlung adäquater Vertriebswege (Image)/Standorte	Test alternativer Vertriebswege/Erfahrungen der Absatzmittler und Überprüfung ihrer Aktivitäten/optimale Warenplatzierung	kontinuierliche Beobachtung der Vertriebsstrukturen/Kapazitätsüberprüfung	Erschließung weiterer Vertriebswege
Kommunikationspolitik	Produktanmutung/Ermittlung der Kauf- und Verwendungsmotive/Nutzenerwartung/Werbe-Pretest/Mediaplanung	Werberesonanzuntersuchungen/Werbe-Post-Test/Werbeerfolgskontrolle/Mediaoptimierung/Mitarbeiterschulung	kontinuierliche Werbebeobachtung/Überprüfung des Schulungserfolgs	Entwicklung und Überprüfung von Folgekampagnen

Gewinnung von Marktinformationen für Marketingaktivitäten im Produktlebenszyklus

3. Unternehmensanalyse

Unternehmensanalyse

Ergänzend zu den Marktinformationen müssen die **Möglichkeiten und Grenzen des Unternehmens** untersucht werden, um die derzeitigen und künftigen Bedingungen in der Unternehmensumwelt als Chancen zu erkennen und bestmöglich zu nutzen sowie sich abzeichnende Risiken gezielt begrenzen zu können. Ohne **Kenntnis der eigenen Stärken und Schwächen** kann kein Unternehmen ein chancenreiches- oder risikenarmes Marketingkonzept entwickeln.

- **Kenntnis der Unternehmenspotenziale**

Unternehmenspotenziale

Sie ergeben sich aus der gegenwärtigen und künftigen Ausstattung des Unternehmens mit Sachmitteln (Kapazitäten, Auslastung, fertigungstechnischer und elektronischer Standard), finanziellen Mitteln (Eigen- und Fremdkapital, flüssige Mittel, kurz- und langfristige Kredite und Kreditlinie) sowie personellen Ressourcen (Quantität, Know-how und Auslastung der Mitarbeiter und Führungskräfte in allen Bereichen).

Zusammengebracht mit den „2-K-Informationen" zeigen diese Informationen

- die wettbewerbswirksamen Besonderheiten des Unternehmens,
- die Stärken und Schwächen des Unternehmens im Vergleich mit den Mitbewerbern am Markt, um auf erkennbare Veränderungen im Markt strategisch und operativ reagieren zu können,

- welche Potenziale effizienter genutzt oder zusätzlich geschaffen werden müssen,
- welches und wie viel zusätzliches oder neues Technik-, Produkt- und Markt-Know-how zu gewinnen sind, um seine bisherige Marktstellung auszuweiten oder zu festigen.

Das ist auch durch Veränderungen in der Unternehmensorganisation zu erreichen, speziell bei den Abläufen, den sog. Geschäftsprozessen. Sie besitzen ein hohes Potenzial zur Effizienzsteigerung im strategischen und auch im operativen Marketing.

Unternehmensprozesse

- **Kenntnis der Unternehmensprozesse**

Diese Informationen betreffen die Gestaltung und die Wettbewerbswirksamkeit der Geschäftsprozesse (Abläufe) im Unternehmen und nach außen, speziell zu Kunden und Absatzpartnern (z. B. Absatzhelfer, Absatzmittler und Absatzkooperationspartner). Es geht um die Analyse und Anpassung aller betriebsinternen Abläufe an die Erwartungen der Kunden oder Kundengruppen.

> Der Kunde steht im Mittelpunkt aller Marketingprozesse. Er ist der Bezugspunkt allen Marketingdenkens und -handelns.

Mit **kundenorientierten Abläufen** in der Auftragsgewinnung, Auftragsabwicklung, Auslieferung (Logistik), Rechnungserstellung und Kundenbetreuung in der Nachkaufphase lassen sich nicht nur **Zeit-, Kosten-, Zuverlässigkeits- und Zufriedenheitsvorteile** für die Kunden erreichen. All das wirkt sich auch positiv auf die Kundentreue und auf Zusatzgeschäfte aus und damit auch letztendlich auf den Gewinn des Unternehmens.

Viele Unternehmensinformationen werden durch **Auswertung** von Aufzeichnungen des Rechnungswesens (z. B. Kosten- und Ertragsvergleiche, Ergebnisrechnungen und Statistiken) und den Einsatz mathematisch-statistischer Verfahren gewonnen. Dabei spielen **Kennzahlen** als verdichtete Informationen für die Situationsbeurteilung und gleitende Durchschnittswerte zur Trendermittlung für Prognosen eine wichtige Rolle.

Zur Unternehmensanalyse liefert eine **Datenerhebung** in Form von Kunden- und Mitarbeiterbefragungen dann die besten Informationen, wenn die „richtigen" Fragen gestellt wurden. Die folgende „Checkliste zur Analyse der derzeitigen Marketingkompetenz" kann hierzu als Vorschlag für eine marktorientierte Standortbestimmung des eigenen Unternehmens sein.

Checkliste „Analyse der Marketingkompetenz“

Analyse der derzeitigen Marketingkompetenz			
Beurteilungskriterien	Mit Begründungen		
	ja	**teilweise**	**nein**
Führen wir regelmäßig Befragungen durch, aus denen die Bedürfnisse, Erwartungen und der Zufriedenheitsgrad der Kunden hervorgehen?			
Entsprechen unsere Produkte bzw. Dienstleistungen voll den Anforderungen der Kunden?			
Versuchen wir, Innovationen bei Produkten und Services gemeinsam mit unseren Kunden zu realisieren?			
Sind der Kundenservice, die Kundenberatung sowie die sonst für unser Geschäft notwendigen Kriterien exzellent?			
Werden die Ergebnisse der Kundenzufriedenheit systematisch analysiert und Verbesserungsvorschläge rasch umgesetzt?			
Ist unsere Organisation (inkl. Internet-Aktivitäten) bestmöglich kundenorientiert angelegt?			
Haben die Mitarbeiter in der Rolle als Mitunternehmer höchste Kundenverantwortung?			
Ist der Prozess von der Bestellung bis zur Auslieferung der Ware bestmöglich computergestützt?			
Sind unsere Kundendaten immer auf dem neuesten Stand?			
Können alle Mitarbeiter den Mehrwert unserer Produkte und Dienstleistungen verkaufen?			
Bei **„teilweise“**- und **„nein“**-Antworten: **Erforderliche Aktivitäten** (nach Dringlichkeit bewerten, 1 = 1 Monat; 2 = bis ½ Jahr; 3 = bis 1 Jahr; 4 = längerfristig) 1) .... 2) .... 3)			

Checkliste zur Analyse der Marketingkompetenz

Werden solche Analysen in Form von Gruppendiskussionen mit den Führungskräften durchgeführt, zeigen sich durch die Begründungen der Antworten nicht nur Stärken und Schwächen des eigenen Unternehmens. Es werden gleichzeitig auch Aktivitäten zum Ausbau der Stärken und zum Abbau der Schwächen aufgezeigt und umsetzungsorientiert bewertet. Nachstehende Checkliste zur Zukunftsfähigkeit des Unternehmens kann als Anregung für eine kreative Gruppendiskussion (Brainstorming) zu diesem Thema dienen.

Checkliste „Analyse der Zukunftsfähigkeit"

Zukunftsfähigkeit des Unternehmens

- ☐ Wissen wir, welche Bedrohungen von unseren Mitbewerbern ausgehen können?
- ☐ Kennen wir die attraktiven Märkte?
- ☐ Wissen wir, in welchen Marktsegmenten ein Marktwachstum zu erwarten ist?
- ☐ Können wir Lösungen für einzelne Segmente entwickeln, die sich klar von denen der Mitbewerber abgrenzen?
- ☐ Lassen sich angemessene organisatorische und personelle Anpassungsprozesse für die Bearbeitung dieser Segmente in unserem Hause durchführen?
- ☐ Welche unserer Kundengruppen haben konkret welche Bedürfnisse?
- ☐ Welche strategischen Vorteile können in der Zusammenarbeit mit Lieferanten genutzt werden?
- ☐ Welche Gefährdungen gehen von Ersatzprodukten aus?
- ☐ Kennen wir die Chancen unserer Produkte/Dienstleistungen in der Zukunft?
- ☐ Verfügen wir bei allem, was wir tun (auch bei Innovationen), über eine klare strategische Ausrichtung?
- ☐ Welche Chancen ergeben sich für uns aus einer Kunden- und Marktorientierung durch
  - Serviceorientierung?
  - Qualitätsorientierung?
  - Preisorientierung?
  - Marketingorientierung?
  - Prozessorientierung?
- ☐ Ist unsere finanzielle Situation für die Zukunft gesichert?
- ☐ Haben wir uns über mögliche Allianzen bzw. Kooperationen gute Voraussetzungen für das Überleben in der Zukunft geschaffen?
- ☐ Ist unsere Personalqualifikation wettbewerbsfähig?

Erforderliche Maßnahmen:

Checkliste „Brainstorming zur Zukunftsfähigkeit des Unternehmens"

4. Umweltanalyse

Umwelt-analyse

Unter diesem Begriff werden hier nicht Methoden und Verfahren zur Untersuchung der vier Umweltebenen

Umwelt-ebenen

- Aufgabenumwelt,
- Konkurrenzumwelt,
- Öffentlichkeit und
- Makroumwelt

nach Prof. Kotler verstanden, da die ersten drei Analysefelder bereits bei der Marktforschung und der Unternehmensanalyse betrachtet wurden.

Hier geht es vielmehr um die **Analyse und Prognose von derzeitigen und künftigen Gegebenheiten und Entwicklungen (Trends) in der Makroumwelt des Unternehmens,** im Inland wie auch in bedeutsamen Export- und Importmärkten. Gemessen an den Stärken und Schwächen des Unternehmens können sich hier Chancen und Risiken ergeben (Ermittlung und Bewertung siehe Abschnitt 1.2.5 „Informationsverknüpfung“).

STEP-Analyse

Die **STEP-Analyse** (auch bekannt als PEST-Analyse; englisch; die Abkürzung für **S**ocial, **T**echnical, **E**conomical and **P**olitical Change) ist ein Modell der externen Umweltanalyse. Die STEP-Analyse listet Faktoren der einzelnen Kategorien auf, die einen Einfluss auf die untersuchte Einheit haben können. Oftmals wird es von Unternehmen eingesetzt, um einen Markt und die Marktchancen zu untersuchen.

Heute kommen noch die Aspekte der Ökologie (**E**nvironment) und der rechtlichen Rahmenbedingungen (**L**egal) hinzu. Damit muss sich das Unternehmen bei einer neuzeitlichen **PESTEL-Analyse im Inland und wichtigen Export- und Importmärkten** mit der Informationsbeschaffung über folgende Faktoren befassen:

PESTEL-Analyse

Politische Faktoren (political change)	u. a. Wirtschaftsförderung, Wirtschaftsregulierung, Subventionen, Wirtschaftspolitik der Parteien ...
Ökonomische Faktoren (economical change)	u. a. Wirtschaftswachstum, Inflation, Zinsentwicklung ...
Soziologische Faktoren (sociological change)	u. a. demografischer Wandel, Lebensstile, Wertewandel ...
Technologische Faktoren (technological change)	u.a. technischer Fortschritt, Energie-Effizienz, Miniaturisierung, digitale Vernetzung in Kommunikation und technischen Steuerungen ...
Ökologische Faktoren (environmental change)	u. a. Klimaschutz, Emissionsregulierungen, umweltschonende Recyclingkonzepte, nachhaltige Ressourcennutzung ...
Rechtliche Faktoren (legal change)	u. a. Gesetze und Verordnungen, Verbote, nationale und internationale Beschränkungen (z. B. europäische Rechtsprechung) ...

Diese Informationen gilt es mit den Informationen aus der Marktforschung zu ergänzen, mit den Stärken und Schwächen des Unternehmens zu vergleichen und hinsichtlich des Chancen- und Risikopotenzials der externen Einflussfaktoren zu bewerten.

Das **Chancen- und Risikopotenzial von externen Gegebenheiten und Erwartungen** ist durch ein relativ einfaches Verfahren messbar. Die ermittelten Informationen werden subjektiv – am besten von einem Team – mit den Stärken und Schwächen des Unternehmens verglichen und beurteilt. Die Einschätzung erfolgt durch Bewertung, das heißt Vergabe von „Noten“ zwischen 0 (nicht wirksam) und 5 (sehr hoch) für das Chancen- und Risikopotenzial jeder externen Einflussgröße aus einer Konkurrenz- und Umweltanalyse. Werden die beiden Noten voneinander abgezogen, zeigt der Differenzwert, mit welchem der beiden Potenziale mit welcher Bedeutung (Gewicht) das Unternehmen rechnen kann.

CRP und externe Einflussgrößen

	Einschätzung vom										Bedeutung für Unternehmung
	Chancenpotenzial					Risikopotenzial					
	+5	+4	+3	+2	+1	-5	-4	-3	-2	-1	+/-
Externe Faktoren											
Konkurrenzdichte		x							x		+2
Marktanteil	x									x	+4
Konjunkturentwicklung				x			x				-2
Gesetze/Verordnungen/Emissionsschutz					x					x	0
Demografischer Wandel		x								x	+3
...											
...											

Bewertung des Chancen- und Risikopotenzials externer Einflussgrößen

Konkurrenzdichte, Marktanteil (heute oder künftig) sowie der demografische Wandel sind als Chancenpotenzial für das Unternehmen zu werten. Die Konjunktur und deren Entwicklung birgt Risiken (-2), während Gesetze und Verordnungen zum Emissionsschutz für das Unternehmen strategisch nicht (oder sehr gering) zu beachten sind.

1.2.5 Informationsverknüpfung

Informationsverknüpfung

Erst durch **Informationsverknüpfung** der bei Analysen und Prognosen von Markt-, Unternehmens- und Umweltgegebenheiten gewonnenen Informationen zeigt sich der „wahre" Informationswert für den Entscheidungsträger: Es lassen sich marketingrelevante Stärken-Schwächen-Profile (SSP) und Chancen-Risiken-Profile erarbeiten und grafisch darstellen.

Stärken-Schwächen-Profil

Wettbewerbswirksame Faktoren	Der eigene Betrieb ist im Verhältnis zum Hauptbewerber sehr stark (++) sehr schwach (- -)					
	++	+	0	-	- -	Bemerkungen
Betriebsgröße			*			
techn. Ausstattung		*				
Qualifikation der Mitarbeiter	*					
Flexibilität bei Kundenwünschen	*					
Breite des Leistungsangebotes				*		
Qualitätsniveau		*				
erzielte Preise				*		
Kundendienst-Service		*				
Schnelligkeit (Lieferzeit)				*		
Werbung und Messebeteiligung					*	
Image bei den Kunden				*		
	. . Solche Stärken-Schwächen-Profile lassen sich auch für mehrere Wettbewerber erstellen, doch ist es dann zweckmäßiger, den eigenen Betrieb als Bezugsbasis zu wählen.					

Konkurrenzorientiertes Stärken-Schwächen-Profil eines Unternehmens (SSP)

Art, Anzahl und Inhalt (Genauigkeit) der Positionen eines SSP sind von branchenspezifischen und unternehmensbezogenen Gegebenheiten (z. B. oligopole oder polypole Wettbewerbsstruktur, Unternehmensgröße), Organisation (EDV-Struktur und -verknüpfung, Prozessorientierung), Absatzmärkten u. a. abhängig.

Stärken-Schwächen-Profil (SSP)

Werden die Informationen im Zeitvergleich erfasst und einander gegenübergestellt, ergibt sich ein **zeitorientiertes SSP** (gestern - heute - morgen), das Entwicklungen über die Zeit erkennen lässt. Werden die Gegebenheiten oder Potenziale des eigenen Unternehmens im Vergleich mit dem Hauptmitbewerber bewertet und dargestellt, erhält man ein **konkurrenzorientiertes Stärken-Schwächen-Profil (SSP)**. Dies zeigt z. B. die obige Darstellung.

Auch die spätere Verwendung des SSP spielt eine wichtige Rolle:

Bedeutung eines SSP

Ein **Stärken-Schwächen-Profil als Grundlage für das operative Marketing,** speziell zur Findung operativer Ziele und den Einsatz der Marketing-Gestaltungsinstrumente, muss verstärkt gegenwartsbezogen, aktuell-analytisch und eher detailliert angelegt werden.

Ein **Stärken-Schwächen-Profil als Grundlage für strategische Marketingentscheidungen** (wie z. B. Wahl eines/mehrerer SGF oder Wahl der strategischen Ziele samt dem „richtigen" Strategie-Mix) muss verstärkt generelle und trendorientierte Prognoseinformationen über Unternehmenspotenziale und Umweltentwicklungen enthalten.

Chancen-Risiken-Profil (CRP)

Wird eine Stärken-Schwächen-Analyse in Relation zu Entwicklungen und Trends in der Umwelt des Unternehmens gesehen und bewertet, lässt sich daraus ein **Chancen-Risiken-Profil (CRP) für das Unternehmen** erstellen. Den Zusammenhang von Marktinformation, Umweltinformation und Stärken-Schwächen-Profil eines Unternehmens zeigt folgende Darstellung.

SSP und CRP im Zusammenhang

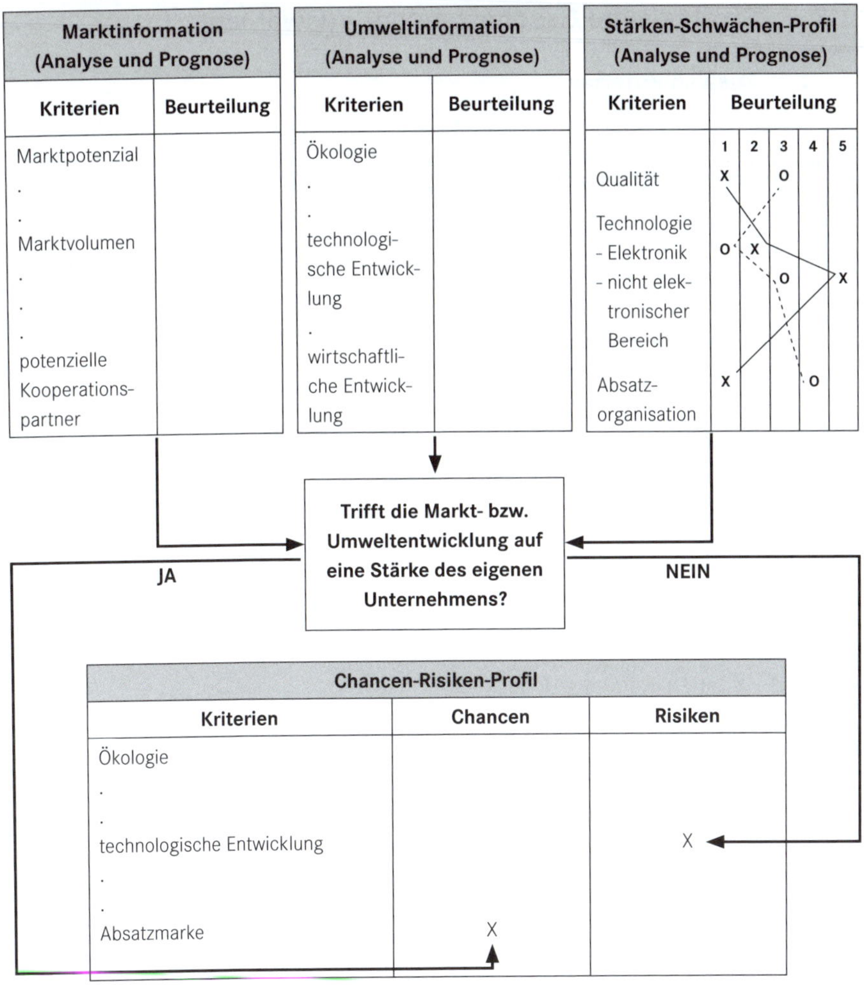

Ermittlung eines Chancen-Risiken-Profils

Marktforschungsbericht

Trifft eine Unternehmensgegebenheit (bei Potenzial oder Prozessen) auf einen gleichgearteten Markttrend, kann das Unternehmen darin eine Chance sehen und sein Marketing strategisch und operativ auf eine **Nutzung des Chancenpotenzials** ausrichten. Abschließend sei noch festgestellt, dass alle Datenquellen, Aktivitäten und Ergebnisse der Datengewinnung sowie sämtliche Stärken-Schwächen-Profile und Chancen-Risiken-Profile lückenlos in einer **Dokumentation** „Markt- und Potenzialanalyse für ... (erstellt am ...)“ erfasst werden sollten. Dies dient nicht nur zur späteren Überprüfung, ob und wie welche Daten für strategische und/oder operative Marketingentscheidungen herangezogen wurden. Der Bericht speichert auch Erfahrungswissen für spätere Informationsgewinnungsprozesse bei dann anstehenden Marketingentscheidungen.

1.3 Strategische Geschäftsfelder auswählen

1.3.1 Auswahlkriterien

> Unter **Geschäftsfeldwahl** wird die Ermittlung und Festlegung jener Problemfelder (Bedarfe) verstanden, für die das Unternehmen Leistungen anbieten könnte. Sie bilden die Grundlage der Geschäftstätigkeit des Unternehmens.

Als mögliches **Geschäftsfeld** werden Problemfelder (Bedarfe) verstanden, für die das Unternehmen Leistungen anbieten könnte. Geschäftsfelder ergeben sich meist aus der Zugehörigkeit zu einzelnen Branchen (z. B. Nahrungs- und Genussmittel, Metallverarbeitung). Auch die Ausübung erlernter Handwerksberufe (z. B. Bäcker, Metzger, Schlosser, Gebäudereiniger o. Ä.) erfolgt meist in traditionellen Geschäftsfeldern. Dabei treten die Bedarfe oder Bedarfsbündel bei unterschiedlichen Kunden/Kundengruppen auf, die sich verschiedenen Gebieten (lokal, regional oder national) zuordnen lassen. Daher hat jedes Unternehmens zu definieren,

- welche Bedarfe (Bedarfsbündel),
- welche Kunden (Kundengruppen) und
- welche Absatzgebiete

als potenzielle Märkte für künftige Leistungen zu sehen sind. Aus diesen Möglichkeiten werden jene **strategischen Geschäftsfelder (SGF)** ermittelt und festgelegt, die das Unternehmen für geeignet hält, seine Unternehmens- und Gewinnziele **langfristig** am besten zu realisieren. Ansatzpunkte zur Bildung von SGF zeigt nachstehende Abbildung.

Strategische Geschäftsfelder
Bestimmungsmerkmale

Bedarfe	**Kunden**	**Absatzgebiete**
- Produkte	- Gewerbebetriebe - Industrie, Handwerk - Handel, Banken, Vers.	- lokal
- Dienstleistungen	- öffentliche Hand	- regional
- Leistungsbündel (Kombination)	- Privatkunden	- national
- Neubedarf		- europäische Länder
- Reparaturbedarf		- sonstiges Ausland

Ansatzpunkte zur Bildung von strategischen Geschäftsfeldern

Handlungssituation

Fallbeispiel „Strategisches Geschäftsfeld"

Überträgt man diese Überlegungen auf unser obiges Beispiel des metallverarbeitenden Unternehmens (siehe S. 34), dann muss der Unternehmer zunächst beim SGF „Raumklimatisierung" klären, in welchem Entwicklungsstadium sich dieses SGF befindet. Es ist zu ermitteln, welche Chancen und Risiken für das Unternehmen auf kurze und auf lange Sicht mit einem Eintritt in dieses SGF verbunden wären. Da Klimageräte bereits seit Langem angeboten werden, liegt kein „junges SGF" vor. Wir haben es eher mit einem „expandierenden SGF" oder einem „reifen SGF" mit vielen Anbietern und entsprechend intensivem (Preis-)Wettbewerb zu tun.

Das Entwicklungsstadium des SGF bestimmt entscheidend, ob und wie das Unternehmen im neuen SGF „Raumklimatisierung" tätig sein will. Hierzu sind auf der Basis entsprechender Marktforschungserkenntnisse richtungsweisende strategische Festlegungen zu treffen bezüglich

- Leistungen für mögliche Bedarfe:
  - Klimatisierung von Räumen aller Art oder
  - Klimatisierung von Geschäftsräumen?
- Leistungen für mögliche Kunden:
  - Anbieter von Klimageräten generell oder
  - Gerätehersteller zur Klimatisierung von Kühlräumen?
- Leistungen für mögliche Absatzgebiete:
  - Lieferung innerhalb Europa oder Lieferung national begrenzt?

Der Unternehmer könnte sein neues SGF beispielsweise definieren mit „ Anspruchsvolle Blechbiegeteile für Hersteller von Klimageräten aller Art innerhalb Europas". Darauf sind dann alle Strukturen, Prozesse und Aktivitäten des Unternehmens strategisch und operativ auszurichten. Bei potenziellen Kunden ist vor allem eine Positionierung und Profilierung des Unternehmens als „Spezialist für hochwertige Blechbiegeteile für Klimageräte" zu erreichen.

Situationsbezogene Frage

- Welche Informationen sollte sich der Hersteller beschaffen?

Schlüsselfaktoren

Beim **Festlegen der SGF** genügt es für kleinere und mittelgroße Unternehmen, sich auf wenige Einflussfaktoren zu konzentrieren. Als **Schlüsselfaktoren des Erfolgs** sind dies hauptsächlich

- Ausprägungen der Bedürfnisstrukturen möglicher Kundengruppen,
- Größe und Potenzial der Gesamtnachfrage in der jeweiligen Branche,
- Wettbewerbsstruktur und Wettbewerbsintensität,
- Bedrohung durch Ersatzprodukte/Ersatzleistungen,
- Chancen durch Komplementärleistungen für die Kunden,
- hohe oder niedrige Markteintrittsbarrieren für neue Anbieter,
- Leistungsstärke und Marktmacht von Lieferanten (u. U. mögliche neue Mitbewerber - vgl. z. B. bei Elektroautos) sowie
- die jeweilige Phase im Branchen- oder SGF-Lebenszyklus etc.

Werden diese Bestimmungsgrößen zu den Unternehmenspotenzialen in Beziehung gesetzt und dann - entsprechend dem oben gezeigten Vorgehen bei den externen Einflussgrößen - nach ihrem Chancen- und Risikopotenzial bewertet, kann man die **Attraktivität eines strategischen Geschäftsfeldes** für das Unternehmen ermitteln.

Aus Gründen der Chancen- und Risikooptimierung sollte das Unternehmen stets auf mehreren voneinander unabhängigen, eigenständigen SGF tätig sein.

Durch enge oder weite **Kombination der SGF-Merkmale**

(1) Bedarfsart und Bedarfsintensität,

(2) Kundenart und Kundenzahl sowie

(3) Art und Anzahl potenzieller Absatzgebiete

lassen sich die SGF und die Absatzmärkte des Unternehmens bestimmen.

Im Rahmen dieser Marketingentscheidungen hat das Unternehmen bereits sehr früh darüber zu entscheiden, ob die zu erbringenden Leistungen für eine enge oder weite Fassung der Bedarfe/Bedarfsbündel gedacht sind (Positionierung als **„Generalist“** oder als **„Spezialist“**; Näheres dazu siehe Abschnitt 1.5.3 „Profilierungsstrategie“).

Beispiel

Für das strategische Geschäftsfeld „Raum-Klimatisierung“ ist z. B. auszuwählen zwischen

- möglichen Bedarfen:
  - Klimatisierung von Gebäuden aller Art (= Generalist)
  - Klimatisierung von Geschäftsräumen (= Spezialist)
- möglichen Kunden:
  - Klimatisierung von Räumen aller Bedarfsträger (= Generalist)
  - Klimatisierung von Kühlräumen (= Spezialist)
- möglichen Gebieten:
  - Leistungen innerhalb Europas (= Generalist)
  - einzelne regionale Märkte (= Spezialist).

Auswahl der SGF

Die **Auswahl des SGF und des jeweiligen Absatzmarktes** hat nach Chancen-Risiken-Abwägungen und nach Kapazitäts-, Kosten- und Ertragsgesichtspunkten zu erfolgen.

Dies könnte im obigen Beispiel etwa dazu führen, dass interessante regionale Märkte wegen zu großer Entfernung der Bedarfsträger vom Betrieb nicht berücksichtigt werden (Risiko eines späteren starken Preisverfalls durch lokale Anbieter kann nicht abgeschätzt werden, oder die Kosten der persönlichen Auftragsgewinnung sind zu hoch, oder der logistische Aufwand ist nicht vertretbar).

Dann könnte im SGF „Klimatisierung von Privatwohnungen“ z. B. der „Großraum Stuttgart“ als Absatzmarkt ausgewählt werden und nicht „Baden-Württemberg und Bayern“, obwohl dort ein größeres Umsatzpotenzial vorliegt.

Da das Chancen- und Risikopotenzial eines SGF auch ganz wesentlich davon bestimmt wird, in welcher **Phase des Lebenszykluses eines Bedarfs oder einer ganzen Branche** eine Geschäftsfeldwahl stattfindet, soll dies im nächsten Abschnitt etwas näher betrachtet werden.

1.3.2 Einfluss des Lebenszyklus eines Bedarfs

Der Wandel in Angebot und Nachfrage einer Branche im Zeitablauf spiegelt die sich ändernden Probleme, Wünsche und Erwartungen von Privat- und Geschäftskunden wider. Entsprechend den getätigten Umsätzen oder verkauften Stückzahlen über die Jahre hinweg kann man bestimmte **Phasen der Marktentwicklung** (Lebenszyklus) unterscheiden: von der „Geburt“ bis zum „Tod“ einer Bedarfsart, einzelner Produkte und (Dienst-)Leistungen, einer Leistungsart, eines SGF oder ganzer Branchen.

SGF im Produktlebenszyklus

Den Verlauf und die Bezeichnung der einzelnen Phasen einer Marktentwicklung und damit auch von SGF zeigt die nachstehende Abbildung.

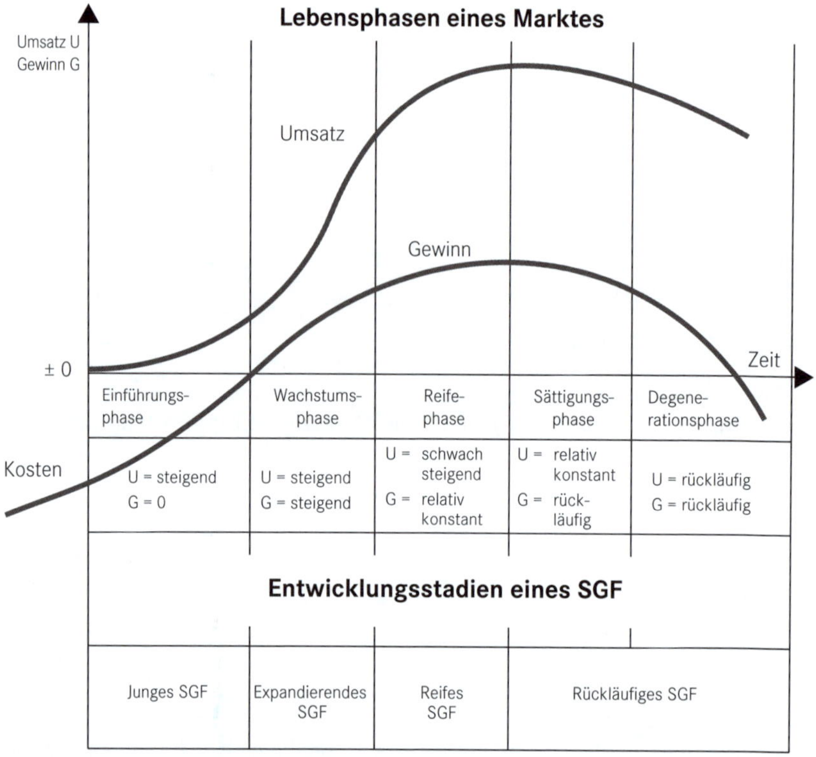

Phasen eines Markt- und SGF-Lebenszyklus

Betrachtet man die **Lebensphasen eines Marktes,** die einer SGF-Wahl zugrunde liegen, dann lassen sich folgende **Arten und Entwicklungsstadien von SGF** unterscheiden.

Entwicklungsstadien

- **Junge SGF:** Das sind neue, bislang noch nicht vorliegende Märkte für neuartige, innovative Leistungen, die bislang noch nicht angeboten wurden. Hier liegt für das Unternehmen ein sehr hohes Chancen-Risiko-Potenzial. Große Chancen ergeben sich aus der (zeitlich begrenzten) konkurrenzlosen Alleinstellung für die innovative Leistung; speziell, wenn diese durch Patente oder Gebrauchsmusterschutz rechtlich geschützt werden kann. Hohe Risiken ergeben sich aus der Neuartigkeit der Leistung, aus mangelnden Erfahrungen und der begrenzten Kaufbereitschaft der Kunden.
- **Expandierende SGF:** In diese durch steigende Nachfrage geprägten Märkte einzusteigen ist für jedes Unternehmen hoch interessant. Immer mehr Kunden wollen die subjektiv wertvollen Leistungen erwerben; das Angebot ist gering.

Chancen für gute, gewinnbringende Preise sind für alle Anbieter gegeben. Hier dominiert normalerweise das Chancenpotenzial gegenüber den Risiken.

- **Reife SGF:** Dies sind jene Märkte, bei denen die Leistungen seit Langem mehr oder weniger unverändert angeboten werden und sich ein ausgeglichenes Nachfrage-Angebots-Verhältnis eingependelt hat. Infolge kaum vorhandener Leistungsdifferenzierung herrscht ein stark preisorientierter Wettbewerb (mit sinkenden Gewinnmargen). Diese Märkte sind für einen späten Markteintritt des Unternehmens unattraktiv; die Energien sollten in andere Märkte investiert werden.
- **Rückläufige SGF:** Man spricht hier auch von sterbenden Märkten. Technischer Fortschritt oder Änderungen in der Mode lassen die angebotenen Leistungen und damit das gesamte SGF „alt" erscheinen; die Nachfrage der Kunden wandert ab in andere, meist „jüngere" SGF mit attraktiveren Leistungen. Als Folge geben die Anbieter solche Leistungen auf und ziehen sich aus diesen Märkten zurück.

Da der Einstieg in ein SGF eine strategisch langfristige Bedeutung für das Unternehmen hat, können Fehlentscheidungen existenzbedrohend werden. Daher sollte die **Auswahl eines SGF und dessen Absatzmärkte** nur nach einer umfassenden, auf fundierten „2-K- & 2-U-Informationen" basierenden Chancen-Risiko-Analyse erfolgen. Auswahl

> Für die vom Unternehmen ausgewählten SGF sind Marketingkonzepte zu entwickeln, die dem Entwicklungsstadium der einzelnen SGF entsprechen.

1.4 Marketingziele festlegen

1.4.1 Marketingzielhierachie

Den Zusammenhang von strategischer Geschäftsfeldwahl und strategischen und operativen Marketingzielen zeigt das nachfolgende Schaubild:

Strategische und operative Marketingziele

Strategische und operative Marketingziele

Marketingziel

Unter einem **Ziel** versteht man einen am Ende eines Zeitraums zu erreichenden Zustand oder ein zu erreichendes Ergebnis. Ein Ziel wird konkret als **zu erreichende Soll-Größe** vorgegeben und am Ende des Zeitraums als **Ist-Größe** gemessen (durch Soll-Ist-Vergleiche).

Marketingziele sind Zustände oder Ergebnisse innerhalb und außerhalb des Unternehmens, die durch kunden- und wettbewerbswirksame Entscheidungen und Maßnahmen erreicht werden sollen. Hierbei unterscheidet man strategisch-langfristige und operativ-kurzfristige Marketingziele.

1.4.2 Strategische Marketingziele

Strategische Marketingziele umschreiben konkrete, grundsätzliche und längerfristige, in einem vorgegebenen Zeitraum (in 2 oder 3 Jahren) zu erreichende Zustände oder Ergebnisse in den SGF und deren Absatzteilmärkten. Da sich die SGF - wie oben festgestellt - in einem bestimmten Entwicklungsstadium befinden und sich analog den Phasen eines Produktlebenszyklus verändern, ergeben sich auch unterschiedliche **strategische Ziele:**

Strategische Marketingziele

Entwicklungsphase des SGF		Schwerpunkt der strategischen Zielsetzung
junges SGF		Markterschließung (Entstehung)
expandierendes SGF		Marktausweitung (Wachstum)
reifes SGF		Marktsicherung (Sättigung)
rückläufiges SGF		Marktverzicht (Verfall)

Die strategischen Ziele zur **Markterschließung und Marktausweitung** sind auszurichten auf den Aufbau und Ausbau von Märkten. Hier gilt es, die über einen längeren Zeitraum zu erreichenden Absatz- und Umsatzziele für neue Marktleistungen, neue Kundengruppen oder neue Absatzgebiete festzulegen. Ein Nichterreichen kann zur Aufgabe einzelner Absatzmärkte/Kundengruppen oder des gesamten SGF führen.

Markterschließung, Marktausweitung

Strategische Marketingziele zur **Marktsicherung** in den SGF und deren Absatzteilmärkten beziehen sich hauptsächlich auf Stabilisierung von Absatz, Umsatz und Erreichen von realen und psychologischen Wettbewerbsvorteilen (Bekanntheitsgrad und Image) bei den Kunden.

Marktsicherung

Strategische Marketingziele bei einem angestrebten **Marktverzicht** bei einzelnen Leistungen, einzelnen Teilmärkten, Kundengruppen oder dem gesamten SGF sind geplant mit rückläufigen Absatz- und Umsatzzielen (unter Beachtung von Image- und/oder Kundenverlust) speziell bei komplexen Leistungspaketen (Fragen der Gewährleistung, Ersatzteilversorgung oder des technischen Kundendienstes). Einfache Leistungen werden - evtl. mit Vorwarnung der Kunden - kurzfristig vom Markt genommen („Das Produkt/die Leistung gibt es nicht mehr!").

Marktverzicht

Der Schwerpunkt der Marktbearbeitung eines SGF bestimmt den Inhalt der strategischen Ziele.

Beispiele:

20 % Marktanteil bei Leistung XY bis 31.12.20...

60 % Bekanntheitsgrad erreicht bis 31.12.20...

10 neue Leistungen ins Angebot aufnehmen bis 31.12.20...

2 neue Absatzmärkte gewinnen bis 31.12.20...
20 % Stammkundenanteil bis 31.12.20...
60 % digitale Vernetzung ins B2B-Geschäft bis 31.12.20...
u. a. m.
Ausgangslage sind die heutigen Gegebenheiten/Strukturen

Strategische Marketingplanung

Werden strategische Marketingziele nicht als Planzahl oder Budget vorgegeben, bleiben sie unkontrollierbare und somit **nicht steuerbare Absichtserklärungen.** Dann können in Bezug auf das SGF keine operativen Marketingziele festgelegt, keine Marketingstrategien entwickelt und keine Marketinginstrumente zielführend eingesetzt werden.

Fallbeispiel „Strategische Marketingziele"

Handlungssituation

Im vorgenannten Beispiel mit dem neuen SGF „Biegeteile für Anbieter von Geräten zur generellen Raumklimatisierung" hat der handwerkliche Unternehmer nach der Grundsatzentscheidung, in diesem Markt aktiv werden zu wollen, sofort strategische Marketingziele zu definieren. Diese sind im vorliegenden Fall ausgerichtet auf eine erfolgreiche Markterschließung und Marktsicherung. Solche Ziele könnten z. B. wie folgt formuliert werden:

- Nach zwei Jahren haben wir mindestens 50 neue Kunden im neuen SGF.
- Nach zwei Jahren erzielen wir mindestens einen Umsatz von 1 Mio. € im neuen SGF.
- Nach zwei Jahren sind mind. 20% unserer Kapazität durch Leistungen für das neue SGF ausgelastet.
- Nach zwei Jahren kennen uns 30% der Abnehmer im neuen SGF als Spezialist für Blechbiegeteile.
- Nach zwei Jahren sind wir im neuen SGF in mindestens drei verschiedenen geografischen Märkten tätig.
- Nach zwei Jahren ist eine Kundenzufriedenheit von 90% erreicht.

Situationsbezogene Frage

- Wie könnten z.B. einige strategische Marketingziele (Zeithorizont 2 Jahre) zur Marktsicherung im SGF „Maschinenbau" lauten?

1.4.3 Operative Marketingziele

Operative Marketingziele, - Definition - Zielobjekte

Operative Marketingziele sind strategische Etappenziele, die es auf dem Weg zum strategischen Ziel in bestimmten Zeitabschnitten (Monat, Quartal, Halbjahr, Jahr) zu erreichen gilt. Als **konkrete Handlungsziele** sind sie **periodenbezogene, eindeutige, verbindliche Soll-Vorgaben** hinsichtlich

- Zielinhalt (**Was soll** erreicht werden?)
- Zielumfang (**Wie viel soll** erreicht werden?)
- Zeitbezug (**Bis wann soll** es erreicht werden?)
- Kosten (**Mit welchem Aufwand soll** es erreicht werden?).

Als **wichtigste operative Marketingziele** (kurze Zeiträume) sind zu nennen:

- Zielarten

- **Absatzziele** (mengenmäßiges Verkaufs-Soll an Stück, Stunden, Gewicht oder Liter, um Marktanteile in den Absatzteilgebieten der SGF zu gewinnen, zu erhöhen oder zu halten. Damit sollen die strategischen Marketingziele Markterschließung, -ausweitung oder -sicherung erreicht werden.)
- **Umsatzziele** (mit Preisen bewertete Absatzziele, Ertragsbudgets, festgelegt für Produkte/Produktgruppen und gegliedert nach Kunden/Kundengruppen, Absatzteilmärkten und einzelnen SGF)
- **Imageziele** (Soll-Vorgaben hinsichtlich Kundenzufriedenheit, Stammkundenanteil, Bekanntheitsgrad)
- **Kostenziele** (Budgetierung der Marketingaufwendungen, die für den Einsatz der Marketinginstrumente zur Realisierung der operativen und der strategischen Marketingziele bewilligt werden).

Handlungssituation

Betrachten wir nochmals unser Beispiel des Herstellers von Blechbiegeteilen für Geräte der Raumklimatisierung (siehe Seiten 34, 59, 61). Nach Festlegung der strategischen Marketingentscheidung, als „Generalist" in dem neuen SGF tätig zu werden und den Entscheidungen über die strategischen Ziele zur Markterschließung und Markterweiterung müssen für diese Aufgaben nun operative Ziele und zielführende Marketingstrategien festgelegt werden. Nehmen wir beispielweise das strategische Marketingziel „Nach zwei Jahren erzielen wir mindestens einen Umsatz von 1 Mio. € im neuen SGF", dann könnten z. B. folgende operative Umsatzziele formuliert und als kurzfristig zu realisierende Soll-Vorgaben festgelegt werden:

Fallbeispiel „Operative Marketingziele"

Beispiel:
Operative Umsatzziele sind z. B.

(1) Unabhängig von Kundengruppen und Absatzteilmärkten ist insgesamt

- bis zum Ende des dritten Monats ein Umsatz von 100 Tsd. € zu erzielen,

- bis zum Ende des sechsten Monats ein Umsatz von 200 Tsd. € zu erzielen.

(2) Gegliedert nach Kundengruppen auf allen bearbeiteten Absatzteilmärkten ist

- bis Ende 12 Monate ein Umsatz von insgesamt 400 Tsd. € zu erzielen, davon
  - bei Kundengruppe A : 200 Tsd. €
  - bei Kundengruppe B: 120 Tsd. €
  - bei Kundengruppe C: 80 Tsd. €
- bis Ende 15 Monate ... €; bis Ende 18 Monate ... €
- bis Ende 24 Monate ein Umsatz von insgesamt 1 Mio. € zu erzielen, davon
  - bei Kundengruppe A: 500 Tsd. €
  - bei Kundengruppe B: 300 Tsd. €
  - bei Kundengruppe C: 200 Tsd. €

Ergänzend dazu hat das Unternehmen - soweit möglich und sinnvoll - auch kurzfristige, operative Ziele für verkaufte Stück oder Stunden in diesem SGF zu formulieren.

Frage:
- Wie könnten **operative Absatzziele** analog zu obiger Gliederung lauten?

Die operativen Marketingziele haben auf das Verhalten im Rahmen der Marketingstrategien eine **konkrete Steuerungsfunktion.**

1.5 Marketingstrategien bestimmen

1.5.1 Überblick

Marketing-strategien - Definition

Marketingstrategien sind Festlegungen für das Vorgehen des Unternehmens im Markt, um seine strategischen Marktziele bestmöglich zu erreichen. Marketingstrategien sind zielbezogen, richtungsweisend und vorbestimmend für die zu ergreifenden Maßnahmen. Entsprechend den strategischen Zielvorgaben kommen folgende **wichtige Marketingstrategien** zum Einsatz:

Strategie-arten

- Wettbewerbsstrategie
- Profilierungsstrategie
- Wachstumsstrategie
- Marktbearbeitungsstrategie
- Absatzmarktstrategie.

Da meist mehrere strategische Ziele gleichzeitig angestrebt werden, müssen mehrere Marketingstrategien eingesetzt werden. Dies erfordert die **Gestaltung eines koordinierten Marketingstrategien-Mix** zur optimalen Zielrealisierung unter Unsicherheit (Auswirkungen von schwer prognostizierbaren technischen, wirtschaftlichen und sozialen Veränderungen im Unternehmensumfeld).

Strategien-Mix

Fallbeispiel „Marketingstrategien“

Handlungssituation

Malermeister Fritz Huber ist mit dem Werbeslogan „Huber bringt Farbe in dein Leben“ mit einem Malerbetrieb in einer Kreisstadt - mit zahlreichen mittelständischen Industriebetrieben (einige davon sind in ihrer Branche Weltmarktführer) und guter Beschäftigungslage - seit 15 Jahren selbstständig tätig. Vor fünf Jahren hat er seinen Betrieb von der Innenstadt in einen Gewerbepark am Rande der Kleinstadt umgesiedelt. In seinem Unternehmen sind außer ihm zurzeit zehn Mitarbeiter, davon zwei Auszubildende, beschäftigt. Den kaufmännischen Teil der Aufgaben erledigt seine Ehefrau. Herr Huber selbst ist überwiegend mit Auftragsgewinnung, Disposition und Arbeitsüberwachung und Personalführung ausgelastet. In letzter Zeit wird es für ihn immer schwieriger, zu Aufträgen mit interessantem Arbeitsvolumen und gutem Preis-Kosten-Verhältnis zu kommen. Schuld daran ist der sich verschärfende Wettbewerb. Zu sechs „alten“ und im Marktverhalten bekannten Mitbewerbern sind in den letzten zwei Jahren noch zwei „junge“ Malerbetriebe (mit zwei bzw. vier Gesellen) hinzugekommen. Diese sind sehr aktiv und preisaggressiv am Markt tätig.

Das Unternehmen von Malermeister Huber ist für Zuverlässigkeit und Sauberkeit bei der Ausführung bekannt. Seine Gesellen sind bei Kunden sehr beliebt, alle gut qualifiziert und beherrschen die neuesten Techniken bei der Verarbeitung neuer Materialien. Diese kommen immer mehr als Tapetenersatz bei der zeitgemäßen Wohnraumgestaltung zum Einsatz. Außerdem ist das Unternehmen von Fritz Huber auch im Bereich Wärmedämmung - innen und außen - bei alten und neuen Privathäusern tätig. Erforderliche Verputzarbeiten werden in Kooperation mit einem kleinen Stuckateurbetrieb (Subunternehmer) erledigt.

In der sich durch zunehmenden Preisdruck auszeichnenden Wettbewerbsentwicklung stellt sich für Malermeister Huber die Frage, ob sein bisheriges Vorgehen und Verhalten am Markt für langfristigen wirtschaftlichen Erfolg geeignet ist. So hat er festgestellt, dass sowohl preis- als auch qualitätsbewusste Nachfrager zu seinen Kunden gehören. Auffällig ist, dass in letzter Zeit verstärkt zusätzliche Serviceleistungen (z. B. Verschieben der Wohnmöbel,

Abnehmen, Waschen und Aufhängen von Gardinen und Vorhängen oder umfassende Reinigung) nachgefragt und bezahlt werden.

Situationsbezogene Fragen

- Was könnte ein Ansatzpunkt zur Neupositionierung im Wettbewerb und zur Profilierung sein?
- Welche dieser alternativen Wettbewerbsstrategien käme für Malermeister Fritz Huber in Betracht?
- Welche dieser Strategien wäre für Fritz Huber eher geeignet, langfristig erfolgreich zu sein?
- Und welche Überlegungen zu ergänzend unterstützenden Marketingstrategien müsste Fritz Huber dann in seinem geänderten Marketingkonzept noch anstellen?

1.5.2 Wettbewerbsstrategien

Wettbewerbsstrategie

Jedes Unternehmen muss sich grundsätzlich für eine Ausrichtung am Preis- oder Qualitätsbewusstsein der Kunden entscheiden, denn dies prägt langfristig die Strukturen, Prozesse und Verhalten des Unternehmens nach innen und außen.

Die in der Praxis gerne verwendete Formulierung, den Wettbewerb durch ein **„besseres Preis-Leistungs-Verhältnis“** zu gewinnen, entspricht keiner klar definierten Strategie, es entspricht eher einem **„Durchwursteln“**. Dies eignet sich jedoch nicht (selten) als langfristige Strategie, da in den Augen des Kunden weder der Preis noch die Qualitätsleistung als besondere Stärke des Unternehmens dominiert.

Mangels klarer Positionierung erkennt der Kunde keine für ihn kaufentscheidende Stärke (Preis oder Qualität), was ihn verunsichert.

Im Einzelfall kaufentscheidend ist jedoch eine der beiden Größen: Preis oder Qualität!

Fallbeispiel „Wettbewerbsstrategie zur Positionierung“

Handlungssituation

Betrachten wir unter diesem Aspekt kurz das obige Beispiel von Malermeister Fritz Huber. Hier ergibt sich der Eindruck, dass Huber in der Vergangenheit weder im SGF „Wärmedämmung“ noch im SGF „Malerarbeiten“ eine klare Wettbewerbsstrategie verfolgt hat. So wurden Aufträge ohne Differenzierung nach preis- und qualitätsbewussten Kunden gewonnen und abgewickelt. Eine entsprechende Positionierung und Profilierung im Wettbewerb um die Aufträge lässt sich nicht feststellen. Diese bisherige Strategie des Durchwurstelns mag bei den sechs „alten" Wettbewerbern einigermaßen erfolgreich gewesen sein. Mit der Verschärfung des Wettbewerbs durch die aggressiven „Jungen" ist jedoch eine Positionierung zwingend erforderlich. Dabei kann er sich alternativ für den Wettbewerb über den Preis oder über die Qualität seiner Leistungen entscheiden. Die Wahl ist von den Gegebenheiten und Trends im Markt, der Grundeinstellung und den Zielen von Malermeister Huber sowie von der Struktur und den Ressourcen des Unternehmens abhängig.

Situationsbezogene Frage

- Wie sehen Sie diese Gegebenheiten, und wofür sollte sich Fritz Huber entscheiden?

1.5.2.1 Strategie des Preiswettbewerbs

Strategie des Preiswettbewerbs

Das Unternehmen richtet seine Marketingstrategie, seine Aktivitäten im Betrieb und im Markt sowie seine Betriebsstruktur darauf aus, seine Marktleistungen zu niedrigen Kosten zu erbringen und zu günstigeren Preisen als die Mitbewerber anzubieten. Zielgruppe sind **preisbewusste Kunden,** die auf Leistungsqualität und Service weniger bzw. keinen besonderen Wert legen. Ein branchenüblicher Mindeststandard wird als ausreichend akzeptiert. Die **Preispolitik** mit Preisgestaltung sowie Zahlungs- und Lieferbedingungen sind hierbei wichtigstes Marketinginstrument zur Umsetzung.

> Die Attraktivität des Preisvorteils stellt den dominierenden Kaufanreiz dar.

Eine **„Tiefpreispolitik"** ist dabei das profilierende Marketingkennzeichen, wie sie beispielsweise bekannte Discounter im Lebensmitteleinzelhandel (derzeit) praktizieren. Der Preiswettbewerb zeigt sich deutlich in der kostenorientierten Gestaltung des Marktauftritts. Hier sollen durch Begrenzung, Normierung und Standardisierung der Marktleistungen (Angebot von Produkttyp A und B oder Servicepaket 1 oder 2 oder z. B. Minimierung/Wegfall von Nachkauf-Service) gezielt Kosten- und Preisvorteile erreicht werden. Mit einem niedrigen Preis als Kaufanreiz sollen größere Umsätze generiert und so die gewünschte/geplante Rendite erwirtschaftet werden. Hier gilt:

„Masse statt Klasse"

> „Masse statt Klasse" – der Preis entscheidet.

Ob ein Unternehmen für eine **Strategie des Preiswettbewerbs** geeignet ist, kann mithilfe nachfolgender **Checkliste** überprüft werden (siehe nächste Seite).

„Kompetent für Preiswettbewerb?"			
Beurteilungskriterien	ja	nein	erforderliche Maßnahmen
• Kennen wir die leistungsbezogenen Erwartungen preisorientierter Interessenten/Kunden?	☐	☐	------------
• Ist unser Betrieb auf branchenübliche Qualität und „Mengen-Output" sowie „low cost production" ausgelegt?	☐	☐	------------
• Ist unser Personal für kostenorientierte Leistungserstellung geeignet und geschult?	☐	☐	------------
• Sind **alle** unsere Geschäftsprozesse auf „einfach, schnell und minimale Kosten" ausgelegt?	☐	☐	------------
• Bieten wir normierte und standardisierte Produkte an?	☐	☐	------------
• Bieten wir vom Kunden erwartete Mindestserviceleistungen?	☐	☐	------------
• Sind unsere Serviceleistungen kostenorientiert standardisiert?	☐	☐	------------
• Entsprechen unsere Leistungen (Produkte und Service) in Art, Umfang und Qualität dem Angebot der Mitbewerber?	☐	☐	------------
• Arbeiten wir auch in den Prozessen der Marktbearbeitung kostenorientiert – mit einem Minimum an Personaleinsatz?	☐	☐	------------
• Ist unser Angebotswesen standardisiert und voll EDV-gestützt?	☐	☐	------------
• Werden Internet und Intranet gekoppelt und intensiv zur Auftragsgewinnung und Auftragsabwicklung eingesetzt?	☐	☐	------------
• Ist unser Marketingkonzept auf Wettbewerb über den Preis ausgerichtet?	☐	☐	------------
• Sind unsere Marketingstrategien darauf angelegt, uns bei den Interessenten/Kunden als „preisgünstiger Anbieter" zu profilieren?	☐	☐	------------

Checkliste „Eignung zur Strategie des Preiswettbewerbs"

Von nahezu gleichen Leistungen gehen kaum Kaufanreize aus; wichtig ist der Preisvorteil gegenüber den Mitbewerbern. Durch eine **Strategie der Anpassung** bei den eigenen Marktleistungen an die der Mitbewerber gibt es wenig Profilierungspotenzial. Dies zeigt sich deutlich beim Wettbewerb über Ausschreibungen (Baubranche, industrielle Zulieferung oder Online-Auktionen), wo letztlich der Preisvorteil entscheidet.

Strategie der Anpassung

Erfolgreich im Preiswettbewerb sein bedeutet großes Mengengeschäft (niedrige Preise - kleine Spannen - große Mengen) entsprechend der Geschäftsphilosophie der Discounter.

1.5.2.2 Strategie des Qualitätswettbewerbs

Hier steht die Qualität im Zentrum der Auftragsgewinnung, nicht der Preis. Zielgruppen sind **qualitätsbewusste Kunden.** Es werden Strukturen, Prozesse und Verhalten innerhalb und außerhalb des Unternehmens auf die spezifischen Bedürfnisse der Kunden/Kundengruppen in den einzelnen SGF ausgerichtet. Profilierendes Kennzeichen des gesamten Marktauftritts ist die **ganzheitliche Qualitätsorientierung des Unternehmens** (hochwertige Qualität, Zuverlässigkeit und Sicherheit bei der Leistungserbringung).

> „Qualität“ heißt „null Fehler“ bei der bestmöglichen Erfüllung der individuellen Kundenwünsche und Erwartungen.

Dies kommt in Werbeslogans wie „Spitzenleistungen für unsere Kunden!“ oder „Beste Qualität für unsere Kunden!“ oder „Gut für unsere Kunden ist uns nicht gut genug!“ zum Ausdruck.

Der Wettbewerb ist durch eine **Strategie der Abhebung** (individualisierte, auf die speziellen Wünsche der einzelnen Kunden ausgerichtete Leistungen) geprägt. Ob die Voraussetzungen im Unternehmen hierfür vorliegen, kann mithilfe folgender Checkliste ermittelt werden.

Strategie der Abhebung

„Kompetent für Qualitätswettbewerb?“			
Beurteilungskriterien	ja	nein	erforderliche Maßnahmen
• Kennen wir Anforderungsniveau und Erwartungen von qualitätsbewussten Interessenten/Kunden?	☐	☐	------------
• Ist unsere Betriebsstruktur in allen Bereichen so ausgerichtet und ausgestattet, dass wir Qualitäts- und Spitzenleistungen erbringen können?	☐	☐	------------
• Haben wir das Know-how und das Image, um Kunden individualisierte, qualitativ und preislich hochwertige Einzelleistungen oder Leistungsbündel anbieten zu können?	☐	☐	------------
• Unterscheiden wir uns wesentlich von den Mitbewerbern und ist dies Interessenten und Kunden bekannt?	☐	☐	------------
• Sind **alle** unsere Geschäftsprozesse auf eine bestmögliche Befriedigung von individuellen Kundenwünschen und Erwartungen ausgerichtet und organisiert?	☐	☐	------------
• Ist unser Personal insgesamt für die Erfassung und Erarbeitungen kundenindividueller Problemlösungen geeignet und geschult?	☐	☐	------------
• Sind unsere Vor- und Nachkauf-Serviceleistungen ebenfalls kundenindividuell und für den Kunden wertvoll?	☐	☐	------------
• Werden Preise und Konditionen als Teil der angebotenen individuellen Problemlösung argumentiert?	☐	☐	------------
• Erfolgen unsere Prozesse zur Auftragsgewinnung und Auftragsabwicklung in enger Abstimmung mit dem Kunden? Sind sie stark personalisiert?	☐	☐	------------
• Werden Internet und Social-Media-Kontakte intensiv zur individuellen Kundenpflege/Kundenbetreuung eingesetzt?	☐	☐	------------
• Ist unser Marketingkonzept auf Erfolge im Wettbewerb über Qualitätsleistungen und nicht über niedrige Preise ausgerichtet?	☐	☐	------------
• Sind unsere Marketingstrategien darauf ausgerichtet, uns bei Interessenten und Kunden als „hochwertigen Qualitäts-Anbieter“ zu profilieren?	☐	☐	------------

Checkliste „Eignung zum Qualitätswettbewerb“

Die **leistungsbezogene Attraktivität der Problemlösung** steht im Vordergrund; kaufentscheidend ist die Qualität bei der Erfüllung der individuellen Kundenwünsche, weniger der geforderte Preis.

Attraktivität für die Kunden

> „Klasse" – die Besonderheit der Leistungen rechtfertigt den Preis.

Leistungen mit Qualitätsniveau (Unikate, Innovationen oder Spezialangebote wie „Alles aus einer Hand" oder „Komplettlösung") sind für ausgewählte Kunden/Kundengruppen hoch attraktiv; speziell, wenn „Komfort-", „Exklusiv-", „Premium-" oder „Gold-"Leistungen dem Kunden besondere (Hoch-)Wertigkeit signalisieren. Das steigert seine Zahlungsbereitschaft.

„Klasse statt Masse"

> Individuelle Qualitätsleistungen sind für Kunden hoch attraktiv und wertvoll sowie für das Unternehmen enorm gewinnwirksam.

Es sollte daher eine zentrale Aufgabe von Marketing und Management sein, das Unternehmen auf qualitätsorientierte, kundenindividuelle Leistungserbringung auszurichten. So kann es dem generellen Preisdruck in den einzelnen SGF gezielt ausweichen, sich imagewirksam hochwertig positionieren und gewinnwirksam profilieren.

Fallbeispiel „Qualitätswettbewerb"

Handlungssituation

Analysiert man das Beispiel des Malermeisters Fritz Huber mit den beiden Checklisten zur Eignung für Preis- oder Qualitätswettbewerb, dann zeigt sich relativ eindeutig, dass Fritz Huber sich nicht für eine Strategie des Wettbewerbs über Preise und Konditionen entscheiden sollte. Aus welchen Gründen?

Betrachtet man die strukturellen und personellen Gegebenheiten im Unternehmen von Fritz Huber (z. B. hoher Bekanntheitsgrad und persönliche Auftragsgewinnung beim Kunden; für anspruchsvolle Aufgaben qualifiziertes, kundenfreundliches Personal; Malerleistungen werden nach Kundenwohlgefühl gestaltet; Image für Zuverlässigkeit und Sauberkeit sowie nicht zuletzt die Bereitschaft für zusätzliche, ergänzende Serviceleistungen beim Kunden u. a. m.), dann spricht einiges für eine Entscheidung zum Wettbewerb mit Qualität und Spitzenleistungen bei den Problemlösungen für Kunden.

Situationsbezogene Fragen

- Aus welchen Gründen hat sich Fritz Huber gegen einen Preiswettbewerb entschieden?

- Überprüfen Sie die Entscheidung von Fritz Huber anhand der Checkliste „Eignung zum Qualitätswettbewerb“ und diskutieren Sie mit Kollegen,
  (a) welche Maßnahmen der Malerbetrieb Fritz Huber und
  (b) der metallverarbeitende Betrieb (anspruchsvolle Biegeteile)
  ergreifen sollten, um sich bei den potenziellen Kunden als Anbieter von „Qualitätsleistungen mit hoher Wertigkeit für den Kunden“ zu positionieren und zu profilieren.

Um die Wirkung des Preis- und Qualitätswettbewerbs bei den Kunden/Kundengruppen zu verstärken, stehen mit den Profilierungsstrategien sowie der Leistungs- und Produktpolitik geeignete Instrumente zur Verfügung.

1.5.3 Profilierungsstrategien

1.5.3.1 Profilierung über Corporate Identity

Profilierungsstrategien – Definition

Alle Marketingstrategien und Marketingaktivitäten sind darauf auszurichten, dass das eigene Unternehmen vom Kunden bevorzugt wird. Hierzu müssen die Preis- oder Qualitätsorientierung und deren Attraktivität für die entsprechenden Kundengruppen signalisiert und kaufanregend herausgestellt werden. Das Unternehmen muss sich ein unverwechselbares **„Gesicht mit Profil“** geben und einen entsprechenden **„Ruf“ (Image)** aufbauen. Durch eine **Profilierungsstrategie** kann erreicht werden, sich in der Öffentlichkeit und speziell bei den Kunden mit einem eigenen, unverwechselbaren **Erscheinungsbild** zu positionieren und vom Auftreten der Mitbewerber bewusst zu unterscheiden.

– Ausprägungen

Die **Ausprägung des Erscheinungsbildes** (Corporate Identity) richtet sich nach der gewählten Leistungskompetenz in den einzelnen SGF. So kann das Unternehmen als **„Generalist“** (breites Leistungsangebot) oder als **„Spezialist“** (ausgewähltes Leistungsprogramm) in den Märkten aktiv werden. Kombiniert man dies noch mit den Leistungskriterien **„konservativ“** (traditionsorientiert) oder **„innovativ“** (fortschrittlich), ergeben sich folgende grundsätzlichen Alternativen zur Positionierung und Profilierung im Markt und bei den Kunden:

– Alternativen

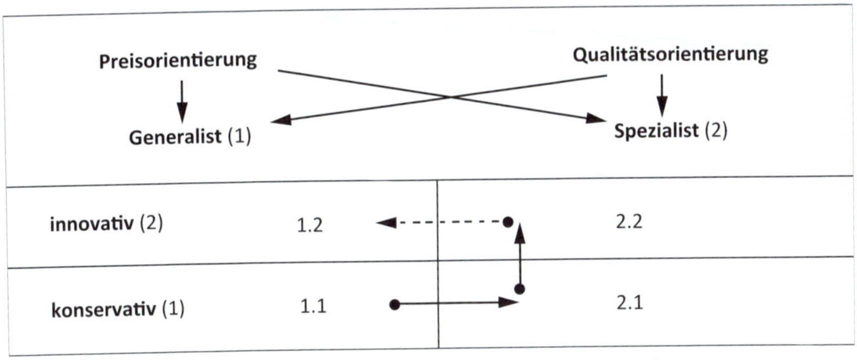

Entwicklungs- und Profilierungspfad für Handwerksbetriebe

Diese Darstellung zeigt, dass sowohl preis- als auch qualitätsorientierte Generalisten sowie entsprechend agierende Spezialisten am Markt zu finden sind. Interessant ist, dass sich ein Unternehmen während seines Bestehens durchaus vom Angebotsfeld 1.1 (konservativer Generalist) zu einem traditionsorientierten Spezialisten (Feld 2.1) und dann zu einem innovativen Spezialisten (Feld 2.2) entwickeln kann. Auch eine Weiterentwicklung und Profilierung zum innovativen Generalisten (Feld 1.2) mit neuen Dienstleistungspaketen für unterschiedliche SGF ist denkbar.

Profilierungsmöglichkeiten

Beispiele für Positionierungs- und Profilierungsalternativen

Feld 1.1 (konservative Generalisten): Produktions- und Dienstleistungsbetriebe mit traditionellen Verfahren, z. B. Nahrungsmittelhandwerk „Wie bei Muttern ...“, Gebäudereinigung „Bei uns wird alles sauber“ oder Sanitär, Heizung, Klima (ohne Öko-Technik) etc.

Feld 2.1 (traditionsorientierte Spezialisten): Begrenzung auf ausgewählte, traditionelle Verfahren und Produkte, z. B. Aufbereitung von Pkw Oldtimern („Bei uns wird Ihr Mercedes-Oldtimer wieder so neu wie früher“), traditionelle Handwerksberufe wie etwa Polsterwerkstätten, Sattlerei, Lackierwerkstätten, Schuster etc.

Feld 2.2 (innovative Spezialisten): Ausrichtung an innovativen Produkten und Verfahren, z. T. nur für bestimmte Kundengruppen, z. B. hochpräzise Blechbearbeitung mit neuester Lasertechnologie für wenige SGF, Branchen, Tuning-Betriebe für bestimmte Automarken, Digital-Fotografie und -Druck, Dienstleister für Spezialreinigungen, internetbasierte Mess- und Steuerungstechnik etc.

Feld 1.2 (innovative Generalisten): Anbieter und Verwender von innovativen Produkten und Verfahren, z. B. Services für innovative TV- und Kommunikationstechnik, Digital-Druckerei, Wärmedämmung und Vollwärmeschutz, innovative

Servicebündel im Facility-Management für Geschäfts- und Privatkunden, Solar-Heizungen, Friseur-Salon mit Kosmetik-Studio für Frauen und Männer etc.

In allen Kompetenzfeldern ist Profilierung möglich. Bei „konservativen Generalisten“ (Feld 1.1) ist der Spielraum jedoch wesentlich begrenzter als bei „innovativen Spezialisten“ (Feld 2.2).

Profilierungsziel

Ziel der Profilierungsstrategie muss es sein, das Unternehmen als eine **eigene, unverwechselbar profilierte „Unternehmenspersönlichkeit“** mit hoher Kompetenz und hohem Identifikationspotenzial für die preis- oder qualitätsbewussten Zielgruppen zu positionieren.

Profilierungskonzept

Hierzu ist ein **ganzheitliches Profilierungskonzept** (auch „Corporate-Identity-Konzept“ oder CI-Konzept genannt) zu entwickeln. Eine solche Unternehmensprofilierung oder **profilierende „Corporate Identity“** wird erreicht durch gezielte und koordinierte Aktivitäten des Unternehmens in den Bereichen

Bereiche der Corporate Identity

- **Unternehmensbild** („Corporate Design“),
- **Unternehmenskommunikation** („Corporate Communication“) und
- **Unternehmensverhalten** („Corporate Behavior“).

Durch das bewusste Sichtbarmachen der Besonderheiten des Unternehmens (CI-Konzept) soll es sowohl bei **internen Zielgruppen** (Mitarbeiter, deren Familienangehörige und Familienmitglieder des Unternehmers) als auch bei **externen Zielgruppen** (z. B. Kunden, Lieferanten, Banken, Versicherungen und Meinungsbildner wie Standesorganisationen, Politiker, Journalisten, Nachbarn u. a. m.) zu positiven Imagewirkungen kommen. Diese können durch Goodwill-Transfer zu einer Bevorzugung des Unternehmens führen.

Corporate Design

- **Unternehmensbild** („Corporate Design“)

Hier gilt es, das einprägsame, **unverwechselbare Erscheinungsbild des Unternehmens am Markt** festzulegen. In diesem **sichtbaren Teil des Profilierungskonzepts** sind abgestimmte Gestaltung, Kombination und Konstanz der eingesetzten grafischen Elemente wichtig. Elemente wie Form, Schrift, (Haus-)Farbe, Symbole („Logo“ und „Marken“) bringen die Unterschiedlichkeit und die angestrebte Positionierung z. B. als konservatives oder fortschrittliches Unternehmen zum Ausdruck. Dieser Teil der Profilierung erfolgt mit:

- **Produkt-Design** (abgestimmte Gestaltung von Produkten, Verpackungen und Eigenmarken)

- **Grafik-Design** (abgestimmte Gestaltung der Geschäftsdrucke, Formulare, Broschüren, Kataloge, Bedienungsanleitungen und des Internetauftritts mittels Webdesign)
- **Arbeitsmittel-Design** (abgestimmte Gestaltung von Arbeitskleidung, Fahrzeugen - innen und außen - sowie Arbeitsplatzausstattungen)
- **3D-Design** (abgestimmte Gestaltung von Gebäuden oder Fassaden und der Innenausstattung von Büro, Werkstatt oder Lager)

Einzigartige **Auftritte mit hohem Alleinstellungsmerkmal** (z. B. eigenwillige Formen, Ausstattungen und besondere Farbkombinationen) haben große und anhaltende Aufmerksamkeits-, Erinnerungs- und Profilierungswirkungen.

Nachfolgende **Checkliste zum Corporate Design** dient der Überprüfung des optischen (grafischen) Erscheinungsbildes eines Unternehmens.

	Spalte		
	1	2	3
	Nein	Bedingt	Ja
Wirken Ihre Geschäftsdrucke und Werbemittel			
• sympathisch und Vertrauen erweckend?	0	0	0
• modern?	0	0	0
• überzeugender als die Ihrer Wettbewerber?	0	0	0
• wie aus einem Guss?	0	0	0
Kommt in Ihren Geschäftsdrucken und Werbemitteln ausreichend zum Ausdruck			
• die Bedeutung Ihrer Firma?	0	0	0
• die Branche Ihrer Firma?	0	0	0
• das Leistungsangebot Ihrer Firma?	0	0	0
• die fachliche Kompetenz Ihrer Firma?	0	0	0
Sind in allen Ihren Geschäftsdrucksachen einheitlich und konsequent angewendet			
• Firmenname?	0	0	0
• Blickfang (Firmenschriftzug/Wortmarke/Firmenzeichen)?	0	0	0
• Aufbau?	0	0	0
• Schriften?	0	0	0
• Farben?	0	0	0
• Leistungsangaben?	0	0	0

Ist Ihr Firmenschriftzug oder Ihr Firmenzeichen			
• leicht erfassbar (auch auf dem Firmenfahrzeug)?	0	0	0
• einprägsam?	0	0	0
• unverwechselbar?	0	0	0
• übertragbar auf alle Werbemittel?	0	0	0
• gut lesbar bei Vergrößerungen oder starker Verkleinerung?	0	0	0
• auch wirksam in Schwarz-Weiß?	0	0	0
Sind alle werbenden Aussagen in Ihren Geschäftsdrucken			
• ausreichend informativ?	0	0	0
• verständlich?	0	0	0
• überzeugend?	0	0	0
Auf welche Punktzahl kommen Sie? 65–69 Punkte: Herzlichen Glückwunsch. Ihr Unternehmensbild stimmt nahezu in jedem Punkt. 53–64 Punkte: Die Substanz Ihres Unternehmensbildes ist in Ordnung. Vermutlich muss es nur aktualisiert werden. Lassen Sie es sobald wie möglich überprüfen. 23–52 Punkte: An Ihrem Unternehmensbild muss etwas getan werden. Lassen Sie zunächst überprüfen, ob Sie damit auskommen, es zu aktualisieren, oder ob Sie es völlig neu gestalten müssen.			

Checkliste zur Eigenbeurteilung des Grafik-Designs eines Unternehmensbildes (Corporate Design)

Corporate Communication

- **Unternehmenskommunikation** („Corporate Communication")

Hier geht es um den profilierenden Einsatz der Marketing-Kommunikationsinstrumente (vgl. Abschnitt 2.4 „Kommunikationspolitik") beim Informationsaustausch mit den internen und externen Zielgruppen.

Dabei darf heute die **Nutzung der Neuen Medien** durch alle Beteiligten und das damit erforderliche Auftreten des Unternehmens und seiner Mitarbeiter im Internet und in den sozialen Medien im B2C-Marketing nicht unterschätzt werden. Durch aufeinander abgestimmte Wortwahl, Aussagen, Erscheinungsformen und Aktivitäten in der schriftlichen, digitalen und mündlichen Kommunikation sollen bei Mitarbeitern, Kunden, Lieferanten und in der Öffentlichkeit positive Imagewirkungen erreicht und zustimmendes Verhalten ausgelöst werden.

- **Unternehmensverhalten** („Corporate Behavior")

Corporate Behavior

Hierbei geht es um einheitliche, abgestimmte und CI-prägende **Verhaltensgrundsätze des Unternehmens** für die Art des persönlichen und kommunikativen Umgangs miteinander, im Normalfall (z. B. Auftragsgewinnung) und in Sondersituationen (z. B. Reklamationen). Diese Grundsätze sind normative Aussagen zum Führungsstil und zum Auftreten und Verhalten von Unternehmer, Führungskräften und Mitarbeiter im Betrieb und im Umgang mit Kunden (siehe auch Kapitel 6 „Kundenmanagement erfolgreich praktizieren"), Lieferanten und Repräsentanten der Öffentlichkeit.

Zusammenfassend ist festzustellen: Das Unternehmen wirkt wirtschaftlich-sozial als **eine Einheit:**

- ein Erscheinungsbild (CI-Design)
- mit einer Stimme (CI-Communication) und
- einer (gemeinsamen) Verhaltensweise (CI-Behavior).

Jedes Unternehmen sollte sich als **einmalige Persönlichkeit mit Kompetenz** verstehen, die mit einem **eigenen, unverwechselbaren Profil** am Markt auftritt, sich klar vom Mitbewerber unterscheidet und bei den realen und potenziellen Kunden Sympathie und Vertrauen auslöst.

> **Profilierende Corporate Identity bedeutet Aufbau von Vertrauenspotenzial:** „Man kauft bei, man liefert an und man arbeitet für ein Unternehmen, dessen Image einem zusagt und an dessen Zukunft man glaubt; ein Unternehmen, das Sicherheit, Zuverlässigkeit, Bonität, Dynamik und Leistungskraft ausstrahlt."

– Profilierung

Dies belegen die CI-Konzepte und Erfolge aller großen Marktführer (z. B. etwa Bosch, Daimler, BMW, Porsche). Sie alle verfolgen eine Strategie des Qualitätswettbewerbs mit klar unterschiedlichen Profilen und Images, um Preiskämpfe möglichst zu umgehen.

Die Gestaltungselemente für einen Kompetenz signalisierenden und Image prägenden Marktauftritt zeigt folgende Abbildung.

Profilierung und Imagebildung

Leistungsprogramm
* Art und Umfang der Leistung
* Haupt- und Nebenleistungen
* Service- und Dienstleistungen
* Qualität, Zuverlässigkeit
* Sicherheit

Mitarbeiter
* Qualifikation
* Ausbildung
* Motivation
* Kooperationsbereitschaft
* Auftreten
* Ausstrahlung
* Gesprächsführung

KOMPETENZ
+
PROFILIERUNG
....
ERSCHEINUNGSBILD
+
IMAGE

Kommunikation
* Information der Mitarbeiter
* Kundenansprache
* Werbeart
* Werbestil
* Werbemittel
* Beratung
* Betreuung
* Argumentation

Ausstattung
* Gebäude/Laden
* Geschäftsräume/Büro
* Werkstatt-/Maschinenpark
* Arbeitskleidung
* Fahrzeuge

Gestaltungselemente zur Profilierung und Imagebildung

Corporate-Identity – Vorteile

Mittelständische Unternehmen erklärten im angegebenen Prozentsatz, durch gezielte Corporate-Identity-Aktivitäten folgende Vorteile erreicht zu haben:

- 89 % Imagegewinn
- 85 % Steigerung der Mitarbeitermotivation
- 71 % Marktanteilsgewinne
- 69 % Umsatzerhöhung
- 69 % leichtere Gewinnung von Mitarbeitern und Führungskräften
- 57 % Ertragszuwachs.

Die Zahlen belegen die Stärke einer **ganzheitlich ausgerichteten Unternehmensprofilierung** eindeutig; das bedeutet aber auch:

> Corporate Identity muss **von allen Unternehmensmitgliedern** gelebt werden, um beim Kunden strategisch erfolgreich zu sein.

Situationsbezogene Aufgabe

- Versuchen Sie für das oben genannte Beispiel des Malermeisters Fritz Huber (S. 68 ff.) ein Unternehmensleitbild zu entwickeln und daraus Gestaltungshinweise für Maßnahmen zum Erreichen einer Corporate Identity abzuleiten.

1.5.3.2 Profilierung über Kundennähe

Jedes Unternehmen kann große, profilierende und kaufrelevante Vorteile beim Kunden erreichen, wenn es seine Strategie der Profilierung über das Erscheinungsbild noch mit **wettbewerbswirksamen Entscheidungen zur Kundennähe** ergänzt.

Strategie der Kundennähe

Kundennähe tritt in verschiedenen Bereichen im Unternehmen auf und besagt, wie Anbahnung, Abwicklung und Erhaltung von Geschäftsbeziehungen zu Kunden gestaltet werden sollen.

> Kundennähe ist ein Erfolgsfaktor erfolgreicher Unternehmen.

Dabei lassen sich **vier Erscheinungsformen von Kundennähe** als Teilstrategien unterscheiden.

Erscheinungsformen der Kundennähe

(1) Sachliche Kundennähe

Sie besagt, in welchem Umfang auf Kundenwünsche und Problemstellungen gegenüber Kunden bei der Leistungserbringung eingegangen wird. Diese Form der Kundenähe prägt das Leistungsprogramm und deren Differenzierung (Variantenvielfalt), die dem Kunden angeboten werden. Bei einer Preiswettbewerbsstrategie ist die sachliche Kundennähe durch die Begrenztheit des Leistungsangebots - auch beim Service - kleiner als beim Qualitätswettbewerb. Bei Qualitätsorientierung wird großer Wert gelegt auf eine differenzierte, meist auch individualisierte und zuverlässige Leistungserbringung als Ausdruck großer, an individuellen Problemlösungen orientierter Kundenähe.

(2) Zeitliche Kundennähe

Diese Strategie befasst sich mit der Frage, wie rasch der Kunde mit Reaktionen aus dem Unternehmen rechnen kann: Wie schnell bekommt er ein Angebot, wann ist mit der Leistungserstellung zu rechnen, wie zügig werden die Arbeiten abgeschlossen? Durch Einsatz digitaler Kommunikation (innerbetriebliche Vernetzung und Verknüpfung mit den Geschäftsprozessen beim Kunden, Bereitstellen von 24-Stunden-Hotlines etc.) können hier große Vorteile erreicht werden. Diese Kundennähe hat einen sehr hohen Stellenwert bei den Kunden, denn durch frühzeitige Informationen im Normalbetrieb und bei Lieferstörungen kann der Kunde besser planen. Außerdem sind Pünktlichkeit und Termineinhaltung für die Zeitdisposition des Kunden sehr wichtig und daher sehr wertvoll.

(3) Räumliche Kundennähe

Hier geht es um die Frage, wie nahe das Unternehmen bei seinen Kunden/Kundengruppen ist: Wo werden die Leistungen erbracht und wo verkauft? Geschäftsanbahnung und -abwicklung können in den Räumen des Unternehmens oder über Onlineshops erfolgen (geringe Kundennähe). Größer ist die Kundennähe bei einer Geschäftsabwicklung über Verkaufsbüros, Zweigbetriebe, Außenlager, Filialen oder Niederlassungen im Absatzmarkt. Am größten ist die räumliche Kundennähe jedoch bei einer Geschäftsabwicklung direkt beim Kunden in dessen Geschäftsräumen. Zu dieser räumlichen Nähe kommt dann wirkungsverstärkend noch die persönliche Kundennähe hinzu, was beim Qualitätswettbewerb stets von Vorteil ist.

(4) Persönliche Kundennähe

Diese Strategie geht davon aus, dass das Unternehmen den direkten, persönlichen Kontakt zum Kunden sucht und diesen dann z. B. im Gespräch von den Vorteilen der eigenen Leistungen überzeugt. Das ist beim Qualitätswettbewerb ein sehr wichtiger und wirksamer Erfolgsfaktor. Persönliche Gespräche direkt beim Kunden sind im B2C- wie auch im B2B-Geschäft erfolgswirksamer als Gespräche in den Geschäftsräumen des Unternehmens.

Persönliche Kundennähe zeigt sich besonders bei schwierigen Problemlösungen (individuelle Einzelfertigungen) im Herausarbeiten und Verstehen der situativen Bedürfnisstruktur des Kunden. In Kombination mit Mustern, Modellen und/oder elektronischen mobilen Einrichtungen (Ausstellungs- oder Demonstrationsfahrzeuge), 3-D-Präsentationen auf Tablets, Notebooks oder TV des Kunden lassen sich direkt vor Ort gemeinsam mit dem Kunden meist noch spezifischere und oft auch ertragreichere Problemlösungen entwickeln.

Persönliche Kundennähe als Erfolgsfaktor

> Persönliche Kundennähe ist der Schlüssel zum Erfolg!

Allerdings ist auch beim Herstellen größtmöglicher Kundennähe ein gewisses Anpassungsverhalten an die Aktivitäten der Mitbewerber stets kritisch zu sehen. Der Kunde würdigt zwar die „gleiche“ Leistung, erwartet jedoch eine Leistung, die für ihn vorteilhafter und wertvoller ist als diejenige der Mitbewerber.

„Abheben statt Anpassen!“ ist gefordert, um sich bei Kunden zu profilieren.

Die Varianten der Kundennähe sind nach den Erfordernissen eines Preis- oder Qualitätswettbewerbs zu gestalten.

Beim **Preiswettbewerb** ist Kundennähe kostenorientiert zu gestalten. Das hat z. B. Standorte in Randlagen oder Gewerbegebieten, Einschränkung des persönlichen Verkaufs, standardisierten Verkauf über Selbstbedienung, Automaten, Kataloge oder Bestellungen über Onlineshops zur Folge.

Beim **Qualitätswettbewerb** sollte die Kundenähe sehr stark auf Erkennen der Bedürfnisstrukturen der einzelnen Kunden und auf das persönliche Angebot kundenspezifischer Leistungen ausgerichtet sein. Das schätzt der Kunde als Teilqualität des Unternehmens.

1.5.4 Wachstumsstrategien

Wachstumsstrategie, Definition

Unter **Wachstumsstrategie** werden alle marktwirksamen Vorgehensweisen zusammengefasst, mit denen Umsatz, Marktanteil und Gewinn des Unternehmens in den SGF und Absatzmärkten gesteigert werden sollen. Alternative Strategien sind hierbei Marktanpassung und Marktbeeinflussung. Welche gewählt wird, ist abhängig von den strategischen Marketingzielen und der angestrebten **Gestaltung der eigenen Wertschöpfung.** Dabei geht es um

(1) die Festlegung von Art, Umfang und Ausprägung der Leistungen für den/die Kunden und

(2) die Gestaltung der für den/die Kunden Mehrwert schaffenden Leistungserbringung.

1.5.4.1 Gestaltung der Wertschöpfung

Die Leistungserbringung im Unternehmen kann nach Porter als interner Wertschöpfungsprozess verstanden und dargestellt werden.

interne Wertschöpfung

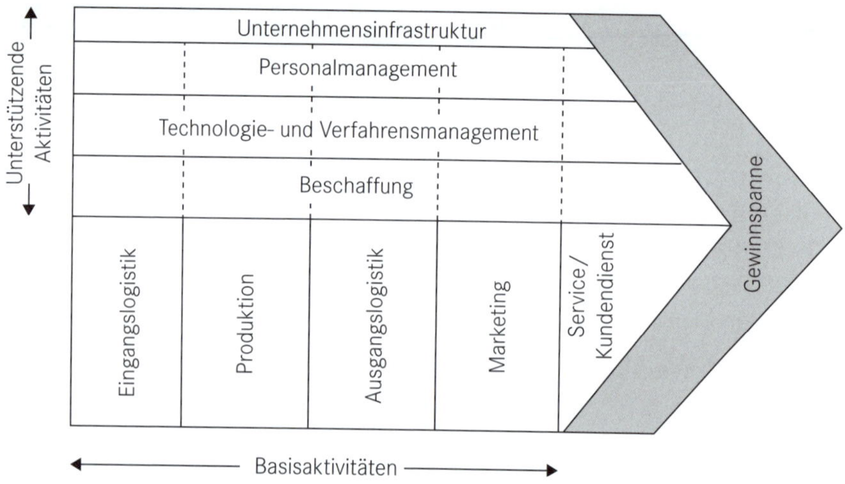

Wertschöpfungsprozess nach Porter

Interner Wertschöpfungsprozess

In Anlehnung an Porter lassen sich beim **internen Wertschöpfungsprozess** im eigenen Unternehmen unterscheiden

- fünf Primäraktivitäten (interne und externe Logistik, Produktion, Marketing & Verkauf sowie Service) sowie
- vier Unterstützungsaktivitäten (Infrastruktur, Human Ressource Management, Technologie-Management und Beschaffung).

Gestaltungsfelder

Die fünf Primäraktivitäten sind **Gestaltungsfelder zur eigenen Wertschöpfung** bei der Leistungserstellung. Da diese Aktivitäten miteinander verzahnt sind, ergibt sich ein interner Wertschöpfungsprozess, der mithilfe der anderen Aktivitäten optimiert wird.

Eigenleistungen

Durch verschiedene Ausprägungen im **Umfang der Eigenleistungen in diesem Wertschöpfungsprozess (Fertigungstiefe** und **Fertigungsbreite)** kann sich das Unternehmen gegenüber den Mitbewerbern differenzieren und beim Kunden durch Vorteile positiv positionieren. So hat z. B. ein Betrieb mit großer Fertigungstiefe eine hohe Wertschöpfung und damit mehr Gestaltungsspielraum etwa bei Kundenspezifikationen oder Preisen. Das hat dagegen ein Montagebetrieb mit geringer Fertigungstiefe nicht; dessen Spielräume sind produkttechnisch und preislich in aller Regel wesentlich geringer.

Um Marktchancen optimal nutzen und evtl. Gefahren vermeiden oder begrenzen zu können, sind oftmals **Änderungen im internen Wertschöpfungsprozess** angeraten.

Die Gewinnwirksamkeit der eigenen Aktivitäten kann das Unternehmen noch steigern, indem es sich als **Teil einer unternehmensübergreifenden Wertschöpfungskette** versteht und ausrichtet. Das heißt, die Geschäftspartner in den Vormärkten (die Lieferanten) und in den Nachmärkten (die Kunden) werden bewusst in den Prozess der Wertschöpfung eingebunden.

Wertschöpfungskette

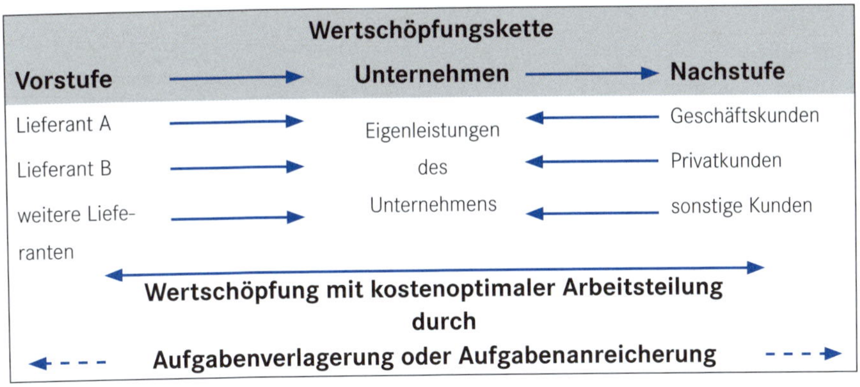

Unternehmensübergreifende Wertschöpfungskette

Die Gestaltung einer unternehmensübergreifenden Wertschöpfung kann erfolgen durch strategische Entscheidungen bezüglich

Verlagerung von Aufgaben

- **Aufgabenverlagerung** (dauerhafte **Ausgliederung von Funktionen oder Aufgaben auf Lieferanten und Kunden;** z. B. kostenintensive Funktionen oder Prozesse werden auf kostengünstigere Lieferanten oder Subunternehmen verlagert; verstärkter Einsatz digitaler Kommunikation z. B. bei Auftragsgewinnung, Abwicklung und Rechnungsstellung sowie Zahlungsabwicklung; Abholung durch Kunden oder Logistikunternehmen statt eigene Auslieferung oder Abholung u. a. m.) und

Anreicherung von Aufgaben

- **Aufgabenanreicherung** (dauerhafte **Übernahme von bisherigen Funktionen oder Prozessen von Lieferanten und Kunden;** z. B. neue Fertigungstechnologie ermöglicht qualitativ zuverlässigere und kostengünstigere Eigenfertigung als beim Lieferanten; Übernahme von Überwachungs-, Wartungs- und Reparaturarbeiten beim Kunden im B2B- wie auch B2C-Geschäft; Angebote für differenzierte Systemlösungen u. a. m.).

Die gewählte **Gestaltung der eigenen Wertschöpfungsprozesse** für den/die Kunden beeinflusst Form und Umsetzung der Wachstumsstrategien. Diese Entscheidungen werden im Folgenden dargestellt.

1.5.4.2 Erscheinungsformen des Wachstums

Wachstumsstrategien, – Ansatzpunkte

Absatzpunkte zur Entwicklung von Wachstumsstrategien zeigt folgendes Schaubild:

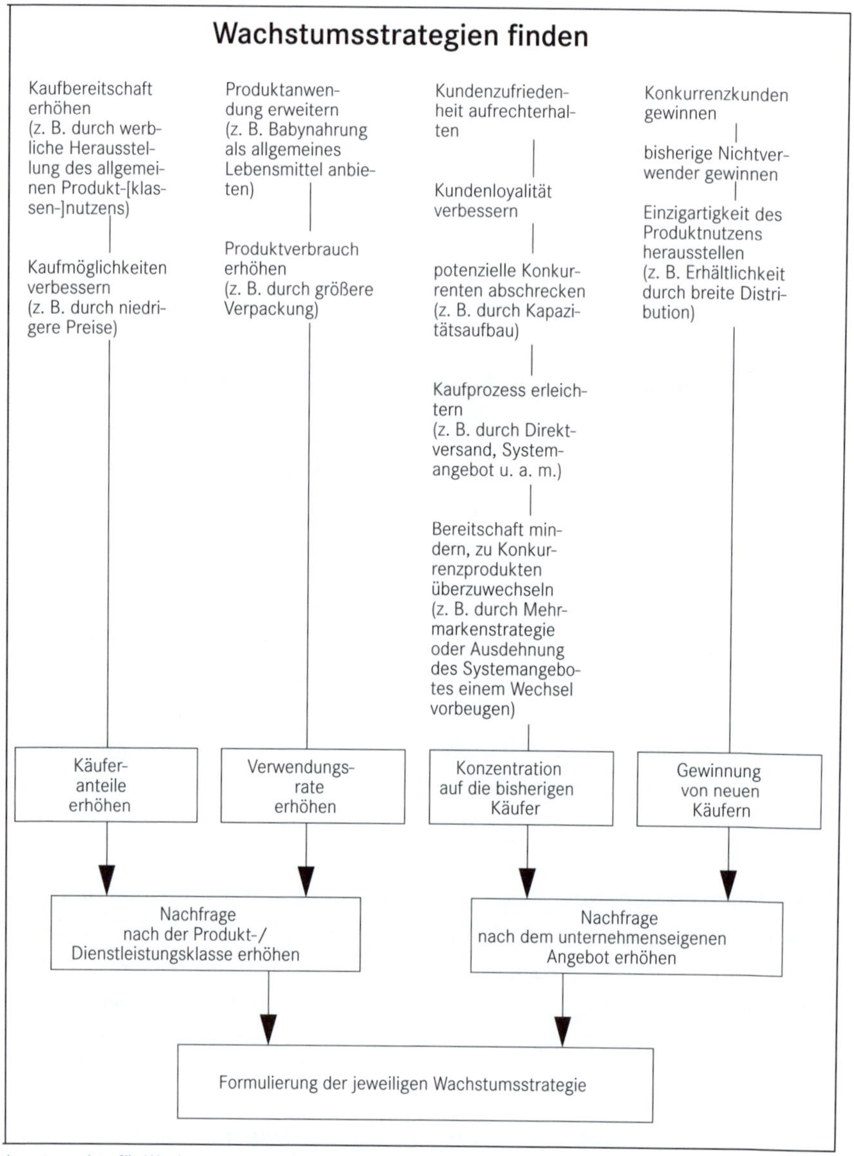

Ansatzpunkte für Wachstumsstrategien

Das Vorgehen bei der Entwicklung der einzelnen Strategien kann dabei von folgenden Verhaltensweisen geprägt sein:

Marktanpassung, Imitation

(1) Verhaltensweise der **Anpassung:** Sie ergibt sich meist als **Reaktion** oder **Imitation** des Vorgehens von Mitbewerbern am Markt (z. B. bei Preisen, Leistungen, Service oder Werbemaßnahmen).

Marktbeeinflussung, Innovation

(2) Verhaltensweise der **Beeinflussung:** Dieses Vorgehen ist geprägt von **Aktion** oder **Innovation.** Hier geht es um ein bewusstes Erarbeiten von Wettbewerbsvorteilen (neue Leistungsangebote, zusätzliche Kundenservices). Auch die Suche nach neuen Kundengruppen, Absatzgebieten, Anwendungs- oder Einsatzmöglichkeiten gehört dazu.

Wachstumsstrategien

Überträgt man diese alternativen Vorgehensweisen auf die Handlungsfelder „Leistungen“ und „SGF oder Absatzmärkte“, können vier Ausprägungen oder **Erscheinungsformen von Wachstumsstrategien** unterschieden werden.

Wachstumsstrategien	auf bisherigen SGF	auf neuen SGF
mit bisherigen Leistungen	**(1) Marktdurchdringung** verstärkte Bearbeitung der bisherigen Märkte mit den bisherigen Leistungen	**(2) Marktentwicklung** Suche nach neuen Märkten für die bisherigen Leistungen
mit neuen Leistungen	**(3) Produktentwicklung** Suche nach neuen Leistungen für die bisherigen Märkte	**(4) Diversifikation** Suche nach neuen Leistungen/Unternehmen für neue Märkte

Wachstumsstrategien eines Unternehmens

Bei den Wachstumsüberlegungen des Unternehmens lässt sich dabei meist ein **„Z-Verlauf“** feststellen. Die vier Formen möglicher Wachstumsstrategien werden nachfolgend im Einzelnen vorgestellt.

(1) Marktdurchdringung

Marktdurchdringung

Marktdurchdringung ist die risikoärmste Wachstumsstrategie. Sie ist geprägt durch gezielte Ausschöpfung des Absatz-, Umsatz- und Gewinnpotenzials eines SGF, seiner Absatzteilmärkte und Kunden/Kundengruppen. Absatz- und Umsatzsteigerung können optimal erreicht werden durch ein kombiniertes Vorgehen in zwei Richtungen:

- **Aktivierung von Bestandskunden:** Sie sollen zu einem Mehrverbrauch, Nachkauf oder Zusatzkauf von bislang erbrachten Leistungen veranlasst werden.

- **Gewinnung von Neukunden:** Dies sind bisherige **Nichtverwender, Kunden** von **Mitbewerbern** und **Wiederkunden** für die Leistungen des Unternehmens.

Beispiele:
Mehrverkauf bisheriger Leistungen pro Haushalt (z. B. Anzahl Pkw oder elektronischer Geräte pro Person; mehr Wartungen und Inspektionen von Anlagen und Geräten), Angebot von **Zusatz- oder Ergänzungsleistungen** (z. B. Tagescafé in der Bäckerei, Partyservice der Metzgerei) oder **Nachfolgeprodukte** und technische Dienstleistungen, etwa unter dem Motto „Alles um den PC"; **Umtauschaktionen** „alt gegen neu" oder **Sonderangebote** sind besonders wirksame Instrumente zur Marktdurchdringung.

Eine intensive Marktbearbeitung bei „Altkunden" ist meist wirtschaftlicher und erfolgreicher als Neukundengewinnung. Letztere ist in der Regel sehr kosten-, arbeits- und zeitintensiv; muss jedoch aus Gründen der **Zukunftssicherung** für das Unternehmen stets betrieben werden.

Zufriedene Altkunden gewinnt man leichter für Zusatzgeschäfte.

Marktentwicklung

(2) Marktentwicklung

Diese Strategie strebt ebenfalls Mengen- und Umsatzwachstum für das eigene Unternehmen an. Hierfür sollen **neue Märkte für bisherige Leistungen** erschlossen werden durch

- **Gewinnung neuer Kunden/Kundengruppen** (bisheriges Absatzgebiet),
- **Erschließung neuer Absatzgebiete** (bisherige Kundengruppen),
- **Gewinnung neuer Kunden in neuen Märkten** (kombinierte Strategie).

Die Wachstumsstrategie „Marktentwicklung" ist auf bislang noch nicht erkannte oder noch nicht bearbeitete Kundengruppen und Märkte ausgerichtet. Solche „neuen" Märkte im B2C- und B2B-Geschäft können durch gezielte **Marktsegmentierung** nach

- demografischen (junge Familien oder Senioren),
- geografischen (neue Standorte, z. B. regional oder im Ausland),
- zeitlichen (24-Std.-Service oder Expressbedarf),
- verbrauchsbezogenen (Kleinkunden oder Großkunden) oder
- branchenorientierten (Handels-, Handwerks- oder Industriezweige)

Gesichtspunkten erkannt und wachstumsorientiert bearbeitet werden. Näheres siehe Abschnitt 1.5.5 „Marktbearbeitungsstrategien“: Segmentierung und differenzierte Marktbearbeitung.

Neue Kunden und neue Märkte sichern das Unternehmenswachstum.

Fallbeispiel „Marktentwicklungsstrategie“

Handlungssituation

Eine auf Wachstum ausgerichtete Marktentwicklungsstrategie kann durch Errichtung zusätzlicher Filialen am bisherigen oder Niederlassungen an neuen Standorten im Inland und Ausland, durch Kooperation mit ausländischen Partnern im Vertrieb oder über Lizenzvergabe umgesetzt werden.

Situationsbezogene Frage

- Was müsste unser Blechbiegebetrieb aus dem obigen Beispiel (S. 34, 59) beachten, wenn er eine Strategie der Marktentwicklung für seine bisherigen Leistungen im Ausland durch Errichtung eines Verkaufsbüros verfolgen möchte?

(3) Produktentwicklung

Produktentwicklung

Hier wird Wachstum durch **zusätzliche, neue Leistungen** für die bisherigen SGF, Zielgruppen und Absatzteilmärkte angestrebt. Dabei sind „neue“ Leistungen

- **Varianten von bisherigen Leistungen** (Aufbau von Produktfamilien),
- **Innovationen als Marktneuheit** (z. B. neuartige Leistungspakete),
- **Imitation von Mitbewerberleistungen** (Entwicklung von „Me too“-Produkten),
- **neue Produkte über Zukauf, Lizenznahme oder Kooperation** (Sortimentserweiterung oder Sortimentsabrundung).

Unter Nutzung des im Unternehmen vorhandenen und am Markt beschaffbaren Wissens (z. B. über Kooperationen, Lizenzen oder Franchising) sollen hier den bisherigen Kundengruppen und Kunden zusätzliche, neue Problemlösungen angeboten werden. Diese sind z. B. in Design oder Funktion verbessert, technologisch angepasst oder neuartig kombiniert. Außerdem wird davon ausgegangen, dass es beim Kunden immer weniger isolierte Einzelprobleme zu lösen gilt. Es treten vielmehr meist funktional **verknüpfte Problemfelder** oder **Bedarfsbündel** auf, für die kundengerechte Lösungen erwartet werden. Hierzu bedarf es einer systematischen, kundenorientierten Ausweitung des Leistungsangebots mit neuen Leistungen/Leistungskombinationen, um sich bei den Kundengruppen gegenüber dem Mitbewerber zu profilieren.

Neuheiten steigern Kundeninteresse und Kaufbereitschaft!

Beispiele:
Unterschiedliche Serviceangebote („Platin-, Gold- und Silber-Service"); **Einsatz anderer Materialen** (mehr Holz statt Kunststoffe); **Angebotsausweitung** (Sortimentsergänzung) ausländische Wurst, Käse oder Fisch; Hausmeisterservice übernimmt auch Gartenpflege; Entwicklung eines neuen SGF (Parfümerie wird zur Wellness-Oase mit Schönheitspflege) u. a. m.

Situationsbezogene Frage

- Welche Möglichkeiten sehen Sie im Rahmen der Produktentwicklung, mit denen der Malermeister Fritz Huber (siehe S. 68 ff., 75) sein bisheriges Leistungsangebot ausweiten könnte?

(4) Diversifikation

Diversifikation

Bei Diversifikation geht es um die Entwicklung eines neuen SGF als sog. „zweites Bein" durch Kombination der Marketingstrategien Produktentwicklung und Marktentwicklung.

Dabei handelt es sich um **„neue Leistungen für neue Märkte"** – neue Leistungen für neue Kunden/Kundengruppen und neue Absatzteilmärkte. Die Chancen-Risiko-Abwägung bei Diversifikation ist umso wichtiger, je mehr die Sortimentserweiterung durch solche Leistungen erfolgt, die in keinem oder nur sehr geringem Bezug zum bisherigen Tätigkeitsfeld (SGF) des Unternehmens stehen.

Diversifikation ist zunächst mit einem hohen unternehmerischen Risiko des Scheiterns infolge Nichtkenntnis des künftigen Verhaltens der Marktteilnehmer (Kunden und Mitbewerber) belastet. Bei Gelingen trägt es jedoch langfristig wesentlich zum Abbau von Marktrisiken infolge Abhängigkeit von einzelnen Kunden (z. B. Großkunden) oder schrumpfender Kundengruppen bei.

Fallbeispiel „Diversifikation"

Handlungssituation

Ein metallverarbeitendes Handwerksunternehmen hat neben dem SGF „Teile für die Automobilindustrie" als zusätzliches SGF (Diversifikation) die „Scheinwerfer für Bühnenbeleuchtung" (Zielgruppen Opern- und Theaterhäuser sowie Filmindustrie) erfolgreich aufgebaut. Ein Stuckateurbetrieb mit SGF „Neubau" (Hauptkundengruppen „Projektgeschäft" und „Öffentliche Auftraggeber") hat zur Minderung der Abhängigkeit als zusätzliches SGF die „Montage von Fertigschwimmbädern" bei der Zielgruppe „Privatkunden" aufgebaut. Dies wurde mit großen Verlusten wieder aufgegeben, da die Besonderheiten der Märkte und die Anforderungen an die Marktbearbeitung der beiden SGF zu unterschiedlich waren. Sie konnten vom Unternehmen führungsbezogen, personell und marketingmäßig nicht mit Aussicht auf langfristigen Erfolg erfüllt werden. Die SGF erforderten eine zu unterschiedliche Marktbearbeitung. Es war kein Synergieeffekt zu erreichen.

Situationsbezogene Fragen

- Wie könnte eine Diversifikationsstrategie für den Blechbiegebetrieb aus obigem Beispiel aussehen, wenn das neue SGF im Ausland liegen würde?
- Worauf müsste der Unternehmer achten?

(5) Kombinierter Einsatz

Wachstumsstrategie-Kombinationen

Je nach Markterfordernissen, Markt- und Gewinnzielen, Unternehmensgröße und Risikobereitschaft werden für die einzelnen SGF, deren z. T. unterschiedliche Kundengruppen und Absatzteilmärkte Wachstumsstrategien entwickelt und gleichzeitig verfolgt. Der kombinierte Einsatz von Wachstumsstrategien bei bisherigen und neuen Leistungen ist beispielhaft in folgender Abbildung dargestellt.

Wachstumsstrategien \ Märkte		SGF I (Massenmärkte)			SGF II (Kundengruppen)		
		M1	M2	M3	KG1	KG2	KG3
bisherige Leistungen	Markt-Durchdringung	✗	✗				
	Markt-Entwicklung			✗	✗		
neue Leistungen	Produkt-Entwicklung		✗	✗		✗	
	Diversifikation	✗					

Kombinierter Einsatz von Wachstumsstrategien

Im SGF I werden lokale Märkte (M1, M2, M3) ohne Unterscheidung nach Kundengruppen bearbeitet (z. B. Märkte von Fleischer- oder Bäckereifilialen). Im SGF II sollen die Wachstumsziele bei ausgewählten Kundengruppen z. B. durch Produktvarianten für Junioren (KG1) oder neue Produkte für Senioren (KG2) realisiert werden.

Handlungssituation

Ein Unternehmen aus der Branche Sanitär & Heizung kann bzw. muss im Einzelfall sogar verschiedene SGF-spezifische Wachstumsstrategien verfolgen, z. B. aus Gründen der Abwehr der Mitbewerber. Dies kann zur Formulierung folgender (Teil-)Strategien führen:

- erhöhte Marktdurchdringung bei Gasheizungen im Neubaugeschäft
- verstärkte Marktentwicklung bei Solarheizungen für Privatkunden
- gezielte Produktentwicklung, z. B. verschiedene Service-Verträge für Privatkunden, Gewerbebetriebe und Betriebe der öffentlichen Hand.

Situationsbezogene Frage

- Wie könnte eine solche Kombination verschiedener Wachstumsstrategien bei dem Blechbiegebetrieb von S. 34, 59, 61) aussehen?

Die Wachstumsziele können über **internes Wachstum** (aus eigener Kraft) oder **externes Wachstum** (zusammen mit anderen Unternehmen) realisiert werden. In der Praxis werden häufig beide Möglichkeiten gleichzeitig eingesetzt.

1.5.4.3 Durchführung des Wachstums

- **Internes Wachstum**

Internes Wachstum

Hier werden die Wachstumsstrategien **„aus eigender Kraft“** realisiert. Es sind die finanziellen, personellen, betrieblichen und organisatorischen Ressourcen des Unternehmens, die sein Verhalten am Markt bestimmen. Internes Wachstum erfolgt durch Zunahme der Betriebsgröße (größere Kapazitäten bei Produktion, Verkaufspersonal, Verkaufsräumen oder zusätzlichen Onlineverkauf).

- **Externes Wachstum**

Externes Wachstum

Externes Wachstum liegt vor, wenn die Unternehmens- und Marktziele durch **Beteiligungen** oder **Übernahme** bisheriger Mitbewerber, Lieferanten oder anderer Unternehmen (Diversifikation) erfolgen. Dies macht Sinn, wenn die „eigenen Kräfte“ nicht ausreichend sind oder für andere Aufgaben geschont oder neues Know-how für die Marktbearbeitung gewonnen werden soll.

Sonderformen des externen Wachstums für mittelständische und handwerkliche Unternehmen sind:

Kooperation

- **Kooperation** (freiwillige, vertraglich geregelte, meist zeitlich befristete Zusammenarbeit von zwei oder mehr Unternehmen, die rechtlich und wirtschaftlich selbstständig sind und bleiben). Beispiele für **horizontale Kooperation** im Handwerk sind Erfa-Gruppen, Einkaufsgenossenschaften, Arbeitsgemeinschaften, Sortimentsaustausch, Gemeinschaftswerbung oder Leistungsverbund „Alles aus einer Hand“ im Bau- und Ausbaugewerbe. Beispiele für **vertikale Kooperation** im Handwerk sind Vertragshändlersystem, Vertragswerkstatt, industriebezogene Zulieferung oder Zusammenarbeit von Handel und Handwerk (Handwerkskunden kaufen beim ausgesuchten Großhandel; Einbau, Montage und Reparatur erfolgt durch Handwerk/Vertragswerkstatt).

- **Lizenzgeschäft** (Erwerb oder Vergabe [Gewähren] von geschützten Rechten, z. B. Patente oder Gebrauchsmuster, gegen stück-, umsatz- oder zeitbezogenes Entgelt). Vergabe oder Nutzung können dauerhaft oder zeitlich begrenzt erfolgen. Lizenzen
- **Franchising** (Nutzung einer Geschäftsidee durch mehrere eigenständige Unternehmen). Franchise-Nehmer treten mit einheitlichem Erscheinungsbild (Marke, Farbkombinationen, Leistungsprogramm, Berufsbekleidung) am Markt auf, um überall gleiche Qualität in Leistung und Service zu signalisieren. Dadurch entsteht bei den Kunden der Eindruck, diese Unternehmen seien Filialen eines Großunternehmens (z. B. McDonalds, Bäckerei Kamps, Master Mint Schlüsseldienst oder Pit Stop - Auto Service GmbH). Franchising
- **Joint Ventures** (eigenständiges Gemeinschaftsunternehmen, von mindestens zwei auch weiterhin selbstständigen Unternehmen gegründet. Durch Bündelung der Kräfte können Marktmacht aufgebaut (z. B. gemeinsame Einkaufs- oder Verkaufsgesellschaften), der Markteintritt eines potenziellen Mitbewerbers in das ausgewählte SGF erschwert oder ferne, neue Märkte mit Risikosplitting erschlossen werden (gemeinsame Einkaufs- oder Vertriebsgesellschaft). Joint Ventures

Voraussetzung für das Gelingen jeder Art von Kooperation ist ein **professionelles Kooperationsmanagement** mit Planung, Organisation und Kontrolle der gemeinsamen Aktivitäten und Kosten.

Beispiele:
In der Praxis sind Kooperationen zur Bewältigung gemeinsamer Aufgaben (z. B. gemeinsame Abgabe eines Angebots von zwei/mehreren Handwerksbetrieben beim Innenausbau; Arbeitsgemeinschaft für die Abwicklung eines Großprojekts), Bildung einer Koordinationsstelle für gemeinsame Messeauftritte (z. B. auf Export-

messe) oder Gemeinschaftswerbung mit Unterstützung durch Handwerkskammern oder Ministerien; Gründung von Einkaufsgenossenschaften (z. B. EGI-Stuck für Gipser- und Stuckateurbetriebe oder BÄKO fürs Bäcker-Handwerk) oder Vertragshändlersysteme, herstellergebundene Vertragswerkstätten, industriebezogene Entwicklung und Zulieferung (gemeinsamer Auftritt in einem Online-Einkaufsportal) in vielfältiger Form gestaltbar und anzutreffen.

Situationsbezogene Fragen

- Überlegen und diskutieren Sie mit Kollegen, welche alternativen Wachstumsstrategien für den Blechbiegebetrieb von S. 34, 59,61 für eine „Markterschließung im Ausland" infrage kommen könnten. Was müsste dabei beachtet werden?
- Welche Strategie/Strategien halten Sie im vorliegenden Fall für sinnvoll?

1.5.5 Marktbearbeitungsstrategien

Marktbearbeitungsstrategien

Hier müssen Marketing und Management darüber entscheiden, wie intensiv die Chancen in den einzelnen Absatzteilmärkten der SGF genutzt werden sollen. Handlungsalternativen sind ein eher **standardisiertes** (undifferenziertes) oder **mehr individualisiertes** (differenziertes) Vorgehen.

1.5.5.1 Undifferenzierte Marktbearbeitung

Undifferenzierte Marktbearbeitung

Bei undifferenzierter Marktbearbeitung wird ohne Berücksichtigung von Wettbewerbsintensität und unterschiedlichen Kaufmotiven der Kunden (z. B. Preis- oder Qualitätsbewusstsein) ein für alle gültiges Marketingkonzept entwickelt und zur Auftragsgewinnung eingesetzt. Die Folge sind hohe Streu- und Wirkungsverluste bei den Marketingaktivitäten **(Risiken einer „Schrotflintenmethode" im Marketing).** Daher ist eine undifferenzierte Marktbearbeitung nur sinnvoll in einem **Massenmarkt** mit dem Angebot von standardisierten (Massen-)Produkten oder bei einer Strategie des Preiswettbewerbs zu vertreten.

Um die Gewinnpotenziale eines Marktes besser zu erschließen, ist eine **Marktsegmentierung** und darauf aufbauend eine **differenzierte Marktbearbeitung** notwendig.

1.5.5.2 Marktsegmentierung und Potenzialanalyse

Da nicht alle Kunden eines Marktes die gleichen Anforderungen an die Leistungskraft und die Marktleistungen des Unternehmens haben und ihre Zahlungsbereitschaft ebenfalls unterschiedlich ist, müssen Voraussetzungen für eine optimale Ausnutzung

Führungsaufgabe

des Marktpotenzials geschaffen werden. Ein Ansatz hierzu ist die Segmentierung des Marktes in unterschiedliche **Marktsegmente/Kundengruppen.**

> Marktsegmente sind Kundengruppen mit einander ähnlichen Kaufentscheidungsmerkmalen und einem Kaufverhalten, das sich wesentlich von anderen Zielgruppen unterscheidet.

Erst Marktsegmentierung als Herausarbeiten unterschiedlicher Kundengruppen macht eine den unterschiedlichen Kundenwünschen entsprechende, **differenzierte Marktbearbeitung** möglich.

Die **Ziele einer Marktsegmentierung** sind

- effektivere Marktbearbeitung durch den Vertrieb (Verkauf und Logistik),
- wirkungsvollere Kundenansprache,
- kundenspezifische Kundenkommunikation,
- bessere Abschöpfung der Zahlungsbereitschaft,
- bessere Kosteneffizienz im gesamten Unternehmen,
- effektivere Kundenbindung und nicht zuletzt
- Erschließung neuer Absatzpotenziale.

Markt- oder Kundensegmente werden gebildet durch Anwenden verschiedener **Auswahl- oder Segmentierungskriterien.**

Bei **Privatkunden** (B2C-Marketing) werden in der Marketingpraxis des Handwerks häufig folgende Segmentierungskriterien verwendet:

Segmentierung – Privatkunden

- **Geografische Segmentierung**
  Aufteilen der SGF in Absatzgebiete, wie z. B. In- und Ausland, Landkreise, Regionen, Gebiete gegliedert nach Nord, Süd, Ost, West oder Postleitzahlgebieten oder in Abhängigkeit von der geografischen Kundendichte.
- **Demografische Segmentierung**
  Bilden von Kundengruppen auf Basis von Kriterien wie etwa Geschlecht, Alter, Single oder Familie, Familiengröße, Haushaltseinkommen, Beruf, Besitztum (Autos, Haus), Haustiere u. a. m.
- **Sozio-psychografische Segmentierung**
  Das Kaufverhalten ist von Persönlichkeitsmerkmalen der Käufer abhängig. Daher sucht man Kundengruppen mit gleichartigen Grundeinstellungen (z. B. preisorientierte oder qualitätsorientierte Kunden), ähnlichen Neigungen und Erwartungen (z. B. Konsumverhalten oder Freizeitgestaltung). Aber auch soziologische Kriterien wie Prestigedenken, sozialer Status oder „Gruppennorm“ bei Besitz und

Konsum haben darauf Einfluss, „was man bei wem wie kauft". Wichtig ist hierbei, dass diese „weichen" Kriterien sich demografisch zuordnen und damit gezielt ansprechen lassen.

- **Bedarfsbezogene Segmentierung**
  Bildung von Kundengruppen nach Unterschieden beim Bedarf, wie etwa Art, Umfang oder Zeitpunkt. Ansatzpunkte können z. B. sein: Kauf von einzelnen Produkten oder Teilsortimenten; Einmalbedarf oder laufender Bedarf; Nachfrage von Reparatur-, Wartungs- und Instandhaltungsservice (einzeln oder als Servicepaket); Kunden für A-, B-, C-Leistungen oder für strategisch wichtige Leistungen (Leistungspakete) u. a. m.

- **Kundenstatusbezogene Segmentierung**
  Hier werden Segmente nach Art und Umfang der Geschäftsbeziehung zwischen Kunde und Unternehmen gebildet. Solche Kundengruppen wären z. B. Neu- oder Bestandskunden, A-, B-, C-Kunden oder strategisch wichtige Kunden; Inhaber von Kundenkarten, Mitglied im Kundenclub; Bezieher von Newslettern (print oder digital) u. a. m.

Segmentierungsansätze bei Geschäftskunden (B2B)

Ähnliche Segmentierungsansätze finden sich auch bei **Geschäftskunden** im B2B-Markteting. Hier kommen als **Segmentierungskriterien im B2B-Geschäft** überwiegend zur Anwendung:

- **geografische Kriterien** (Standort, Region, Inland, Ausland)
- **demografische Kriterien** (Branche, Größe, Technologie, Innovationskraft)
- **quantitative Kriterien:**
  - Absatz und Umsatz, heute und künftig (ABC-Kunden)
  - Ertragskraft heute und künftig (Deckungsbeiträge)
  - Kosten der Kundenbeziehung (Marketing-und Betreuungsaufwand, Reklamationskosten)
  - Dauer der Kundenbeziehung (neuer Kunde, Stammkunde)
- **qualitative Kriterien:**
  - Kundenbedürfnisse (einfache oder komplexe Lösungen)
  - Wachstumspotenzial (Unternehmensgröße, innovationsorientiert, Absatzmärkte)
  - Ertragspotenzial (komplexe Problemlösungen, wachstumsorientiert)
  - strategische Bedeutung der Kundenbeziehung (Marktführer, Referenzkunde)
  - Kaufverhalten (preisorientiert, lieferantentreu, vertrauensvoll, loyal).

Dies zeigt auch folgendes Beispiel:

Segmentierung – Geschäftskunden

Marktsegmentierungskriterien im B2B-Marketing	
	Beispiele
Demografische Variablen	
allgemeine Kriterien	z. B. Branchen, Unternehmensgröße
geografische Kriterien	z. B. Standort
operative Variablen	z. B. von Kunden verwendete Technologien, Verwendungsverhalten und -intensität
Beschaffungskonzepte der Kunden	
Organisation der Beschaffung	z. B. zentralisierter/dezentralisierter Einkauf, Beschaffung über Ausschreibungen, Buying Center als Einkaufsgremium
Machtstruktur	z. B. technikdominierte Unternehmen, marketingdominierte Unternehmen
bestehende Beziehungen	z. B. Kunden/Nicht-Kunden
allgemeine Beschaffungspolitik	z. B. Kunden, die bevorzugt über Ausschreibungen kaufen, Kunden, die Finanzierungsbedarf haben oder die Systemgeschäfte bevorzugen
Kaufkriterien	z. B. preis- oder qualitätsbewusste Kunden
Situationsbedingte Faktoren	
Dringlichkeit	z. B. Unternehmen mit Anforderung nach Just-in-time-Lieferung
spezifische Produktanwendungen	z. B. Konzentrationen auf bestimmte Produktanwendungen
Auftragsumfang	z. B. großer/kleiner Auftragsumfang
Personenbezogene Kriterien	
Ähnlichkeit zwischen Käufer und Verkäufer	z. B. Unternehmen, deren Mitarbeiter Ähnlichkeiten zu den Mitarbeitern des eigenen Unternehmens aufweisen
Risikobereitschaft	z. B. innovative, experimentierfreudige Unternehmen
Lieferantentreue	z. B. Unternehmen mit langen/wechselnden Lieferantenbeziehungen

Ansatzpunkte zur Kundensegmentierung bei Geschäftskunden (Quelle: Bonoma/Shapir; Darstellung nach Kotler/Bliemel, Marketing-Management)

Dabei sind bei jeder Segmentbildung im B2C- un B2B-Marketing stets drei Bestimmungsfaktoren zu beachten:

- **Käufereigenschaften** (Segmentierungskriterien müssen bei allen Gruppenmitgliedern gegeben sein)
- **Größe der einzelnen Kundengruppen** (Ertragspotenzial der Gruppen in Relation zum Bearbeitungsaufwand bestimmt die Mindestgröße der Gruppe)
- **Erreichbarkeit der einzelnen Kundengruppen** (wirtschaftlich sinnvoller Einsatz der Medien - auch digitaler - zur Marketingkommunikation muss möglich sein).

Dies sind **K.-o.-Kritierien** für die Bildung von marketingrelevanten Marktsegmenten. Wird ein Kriterium nicht erreicht, liegt keine Gruppierung vor, die durch differenzierte Marktbearbeitung genutzt werden kann.

Beispiele:
Schreiner, Maler, Fliesenleger, Badausstatter oder etwa Fahrradhändler mit Reparaturbetrieb könnten z. B. den Teilmarkt „Privatkunden" in preisorientierte oder qualitätsorientierte, nutzungsorientierte, statusorientierte Segmente/Kundengruppen gliedern. Auch Dienstleistungsunternehmen wie etwa Friseure, Reinigungsbetriebe oder Landschaftsgärtner können nach diesen Kriterien Segmente bilden. Der Teilmarkt „Geschäftskunden" wird oftmals (nur) nach Branche und Betriebsgröße (A-, B-, C-Kunden) und nach Standort (Inland/Ausland) segmentiert.

Im Rahmen der Segmentierung ist es außerdem wichtig, die Wertigkeit (Umsatz- und Ertragspotenzial) einzelner Kunden und Kundengruppen zu ermitteln. Dies gibt Auskunft über die „Attraktivität der Kundengruppen" für das Unternehmen. Setzt man dies in Bezug zu den Wettbewerbsvorteilen des Unternehmens gegenüber seinen Mitbewerbern („relative Unternehmensstärke"), dann kann man ein **Kundengruppen-Portfolio** oder **Einzelkunden-Portfolio** (im B2B-Systemgeschäft mit Großkunden durchaus sinnvoll) als Basis für differenzierte Wachstums- und Marktbearbeitungsstrategien erstellen.

Markt-Portfolio

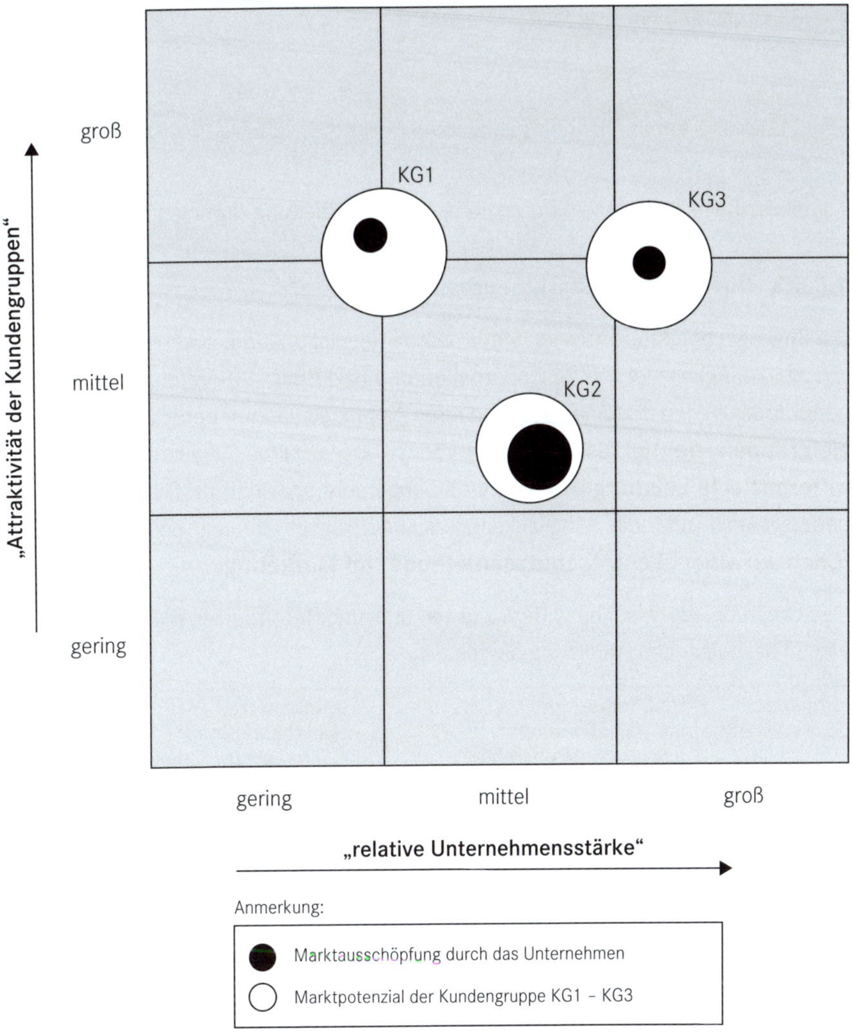

Kundengruppen-Portfolio

Aus dem dargestellten Portfolio ist ersichtlich, dass die Kundengruppen KG 1 und KG 3 für das Unternehmen hoch attraktiv sind. Bei Segment KG 1 muss die zielgruppengerechte Unternehmensstärke kräftig auf- und ausgebaut werden, um näher zur Position von KG 3 zu kommen. Dies würde auch eine ertragreichere Marktausschöpfung erlauben. Bei KG 3 ist eine geringe Marktausschöpfung festzustellen, hier ist eine intensivere Marktbearbeitung zu empfehlen.

Segmentierung und Portfolio-Erstellung sind Hauptaufgaben des Marketingmanagements, denn

> Marktsegmente sind Preissegmente

und

> Kundengruppen-Portfolios zeigen die Ertragspotenziale.

Auf dieser Basis kann eine differenzierte Marktbearbeitung durchgeführt werden.

1.5.5.3 Differenzierte Marktbearbeitung

Differenzierte Marktbearbeitung

Die Strategie der differenzierten Marktbearbeitung ist dadurch gekennzeichnet, dass das Marketingkonzept die Besonderheiten und Bedürfnisse einzelner Kunden/Kundengruppen in den einzelnen SGF und ihren Absatzteilmärkten berücksichtigt. Durch **zielgruppenorientiertes Marketing** können - speziell bei Qualitätswettbewerb - **differenzierte Leistungen** kundengruppengerecht erbracht, profilierende Vorteile herausgestellt und die Möglichkeiten zur Auftragsgewinnung optimiert werden (**Chancen einer „Scharfschützenmethode" im Marketing**).

Der Unterschied zwischen differenzierter und undifferenzierter Marktbearbeitung wird in der folgenden Abbildung dargestellt.

Marktbearbeitungsstrategien, Vor- und Nachteile

Grundsätzliche Vor- und Nachteile	Undifferenzierte Marktbearbeitung („Schrotflintenmethode")	Differenzierte Marktbearbeitung („Scharfschützenmethode")
Vorteile	- Kostenvorteile durch Massenproduktion - Abdeckung des gesamten Grundmarktes (Potenzialausschöpfung) - vereinfachter, durchschnittsorientiert, weniger aufwendiger Marketingmix - geringerer marketing-organisatiorischer Aufwand	- hohe Bedarfsentsprechung (Erfüllung differenzierter Käuferwünsche) - Erarbeitung überdurchschnittlicher Preisspielräume - gute „Lenkungsmöglichkeiten" des Marktes - Möglichkeit, Preiswettbewerb durch Qualitätswettbewerb weitgehend zu ersetzen (zu überlagern)
Nachteile	- je nach Marktstruktur nicht volle Entsprechung von Käuferwünschen - begrenzte Preisspielräume („monopolistischer Bereich" relativ klein) - eingeschränkte Möglichkeiten der Marktsteuerung - eher Gefahr eines Preiswettbewerbs	- Komplizierungen (Verteuerungen) im Einsatz des Marketing-Instrumentariums - vielfach Verzicht auf Massenproduktion (und entsprechende Kostenvorteile) - teilweise eingeschränkte Stabilität von Marktsegmenten - hoher Marketing-Know-how-Bedarf (bzw. entsprechende Marketingorganisation)

Vor- und Nachteile bei undifferenzierter oder differenzierter Marktbearbeitung

Die **Ergebnisse einer Kundensegmentierung** führen im Vertrieb zu Änderungen in den Vertriebsprozessen und Verantwortungen. Neben den teilmarktbezogenen **(Gebiets-)Verkaufsleitern** kommen meist **Key-Account-Manager** mit Verantwortung für einzelne Kunden oder Kundengruppen hinzu. Die bisherige generelle Produktverantwortung wird aufgeteilt auf einzelne **Produktmanager,** die für die Entwicklung/Anpassung der Marktleistung entsprechend den Anforderungen oder Erwartungen des Kunden/der Kundengruppen verantwortlich zeichnen.

Key-Account-Manager

Produktmanager

Die ausgewählten Marktsegmente/Kundengruppen können intensiv, selektiv oder exklusiv bearbeitet werden.

- **Intensive Marktbearbeitung**

Hier sind alle identifizierten Marktsegmente/Kundengruppen Gegenstand von Marketingaktivitäten. Diese werden allerdings auf die Besonderheiten der jeweiligen Kundengruppe abgestimmt; kann bei begrenzten Ressourcen u. U. zu mangelnder Effizienz bei einigen Kundengruppen führen. Daher ist oftmals eine Bündelung der Marketingkräfte sinnvoller.

Marktbearbeitung, intensiv

- **Selektive Marktbearbeitung**

Jedes Unternehmen kann über die **Auswahl besonders attraktiver Marktsegmente** (Kundengruppen oder Absatzteilmärkte) entscheiden. Konzentriert man sich auf einige **wenige Marktsegmente**, spricht man von **selektiver Marktbearbeitung**. Durch Bündelung und konzentrierten Einsatz der finanziellen, personellen und organisatorischen Ressourcen sollen hier hochgradige Ertragswirkungen erzielt werden.

Marktbearbeitung, selektiv

> Konzentration auf attraktive Kundengruppen und Absatzmärkte ist ein zentraler Schlüssel zum Erfolg.

- **Exklusive Marktbearbeitung**

Konzentriert sich das Unternehmen auf nur **ein Marktsegment/eine Kundengruppe** oder nur einen Absatzmarkt, ist das eine **exklusive Marktbearbeitung** mit hoher Abhängigkeit von Kundenwünschen und Kaufverhalten. Nachfrageschwankungen und nachhaltige Änderungen in den Kundenwünschen erfordern hohe fachliche und zeitliche Flexibilität der Anbieter. Beispiele hierfür sind herstellergebundene Vertragswerkstätten, Exklusiv-Vertretungen (mit Gebietsschutz) oder handwerkliche Systemlieferanten für den Maschinenbau oder die Automobilindustrie.

Marktbearbeitung, exklusiv

Situationsbezogene Fragen

- Diskutieren Sie mit Kollegen, ob die bisherige Marktbearbeitungsstrategie von Malermeister Fritz Huber (siehe S. 69f., 70, 75) beibehalten werden sollte (Begründung!).
- Überlegen Sie außerdem, in welche Segmente/Kundengruppen Fritz Huber sein SGF „Privatkunden" gliedern und welche Marktbearbeitungsstrategie er wählen sollte (Begründung!).

Zusammenfassend kann festgelegt werden:

> Marketing nach der „Scharfschützenmethode in den Teilmärkten" bringt mehr Umsatz und Gewinn als Marketing nach der „Schrotflintenmethode im Gesamtmarkt". Der Aufwand für eine kundenbezogene Marktbearbeitung lohnt sich.

1.5.5.4 Push- und Pull-Strategie

Auftragsgewinnung

Dabei geht es um die Bestimmung jener Vorgehensweise am Markt, mit der Aufträge für Leistungen des Unternehmens gewonnen werden sollen. Diese Strategien werden sowohl bei undifferenzierter als auch bei differenzierter Marktbearbeitung eingesestzt.

Push-Strategie

Bei einer **Push-Strategie** wird durch gezielt kaufstimulierende Aktivitäten bei den Kunden ein Druck zur (vermehrten) Nachfrage nach Leistungen des Unternehmens aufgebaut (aggressive Marktbearbeitung). Die Leistungen sollen durch verstärkten Einsatz von sofort kaufauslösenden Marketinginstrumenten (z. B. Preisvorteilen) in den Markt „gedrückt" werden. Die Push-Strategie kommt überwiegend bei Massenwaren und undifferenzierter Marktbearbeitung zum Einsatz.

Pull-Strategie

Bei der **Pull-Strategie,** die bei undifferenzierter und differenzierter Marktbearbeitung eingesetzt werden kann, sollen Kunden stimuliert werden, von sich aus nach Leistungen des Handwerks zu fragen. Durch aktivierten Kundenwunsch soll die Leistung gewissermaßen in den Markt „gezogen" werden. Die Kaufanregung wird über Werbung in allen Medien, Verkaufsförderung und verstärkten Einsatz von Kunden-Direktwerbung auch übers Internet und soziale Medien erreicht.

Beispiele:

Beispiele für Push-Strategien

Marketingpolitik von preisorientierten Anbietern im Handwerk; bei qualitätsorientierten sind dies oft zeitlich begrenzte Preisvorteile. Auch kostenlose Zugaben (etwa Verschleißteile, Reinigungs- oder Pflegemittel) oder Dienstleistungen (etwa kostenloser Transport oder Montage), Hausmessen, Frühjahrs- und Herbstaktionen im Kfz-Handwerk, Wartungs- und Instandhaltungswochen im „Sommerloch" oder Sonderangebote (z. B. „Schweizer Woche") oder Umtauschaktionen „Alt gegen neu" etc. sind hier zu nennen.

Beispiele für Pull-Strategien

Gezielte Endverbraucherwerbung durch die Industrie löst beim Handwerk eine Nachfrage der Kunden nach Produkten (z. B. technischen Geräten) und deren Einbau, Wartung, Reparatur, Ersatzteilen und Zusatzgeräten aus; Direktwerbung (print, digital und über soziale Medien) beim Kunden durch das Handwerksunternehmen; Aufforderung zu vergleichenden Produkttests durch den Kunden u. a. m.

In der Praxis wird meist eine **kombinierte Push-und-Pull-Strategie** eingesetzt.

Situationsbezogene Frage

- Wie könnte bei Malermeister Fritz Huber in seinem attraktivsten Kundensegment eine kombinierte Push-und-Pull-Strategie aussehen?

1.5.6 Absatzmarktstrategien

Absatzmarktstrategien

Bei **Absatzmarktstrategien** geht es um die Bestimmung, Ausdehnung, Verkleinerung oder Aufgabe von Absatzgebieten im In- und Ausland. Es sind jene **geografischen Absatzgebiete und Standorte** festzulegen, in denen durch gezielte Marketingaktivitäten ausreichend viele attraktive Kunden oder Kundengruppen für Aufträge gewonnen werden können.

1.5.6.1 Wahl der Absatzgebiete

Absatzgebiete

Strategien zum Finden und Festlegen der strategisch richtigen **Absatzgebiete** im In- und Ausland sind **konzentrisches Vorgehen** (Erschließung neuer Märkte analog einer „Spirale" vom lokalen Markt ausgehend), **selektives Vorgehen** (bewusste Gebietswahl nach bestimmten Kriterien, z. B. hohe Kaufkraft, große Kundendichte o. Ä.) oder **inselförmiges Vorgehen** (gezielte Auswahl räumlich begrenzter, isolierter Absatzgebiete meist in größerer Entfernung zum eigenen Standort oder mitten im Hauptabsatzgebiet eines Mitbewerbers).

In der Entwicklung und Gestaltung des Marketingkonzepts spielt im Zusammenhang mit der Wahl der Absatzgebiete auch die Standortwahl unter dem Aspekt „Kundennähe“ eine wichtige Rolle. Daher wird sie hier kurz erörtert.

1.5.6.2 Wahl der Vertriebsstandorte

Vertriebsstandorte

Unter **betrieblichem Standort** versteht man den geografischen Ort, an dem das Unternehmen seinen rechtlichen Sitz hat und den Ort/die Orte, an denen die Betriebsstätten (Firmensitz, mehrere Filialen, Zweigwerke oder Außenlager im In- und Ausland) angesiedelt sind. Die Standortwahl ist eine strategische, oft nur schwer revidierbare Entscheidung, was bei der Gründung, Verlegung oder Ausgliederung von Betriebsstätten (z. B. Verkaufsfilialen oder Showrooms in Richtung Kundennähe) zu berücksichtigen ist.

Kurzfristige Effekte durch Steuervorteile, Subventionen oder konkrete Hilfestellung durch die örtliche Wirtschaftsförderung können langfristige Frequenzschwächen (sog. C-Lagen), Personal- oder Kostennachteile eines Standorts nicht ausgleichen.

Standortfaktoren

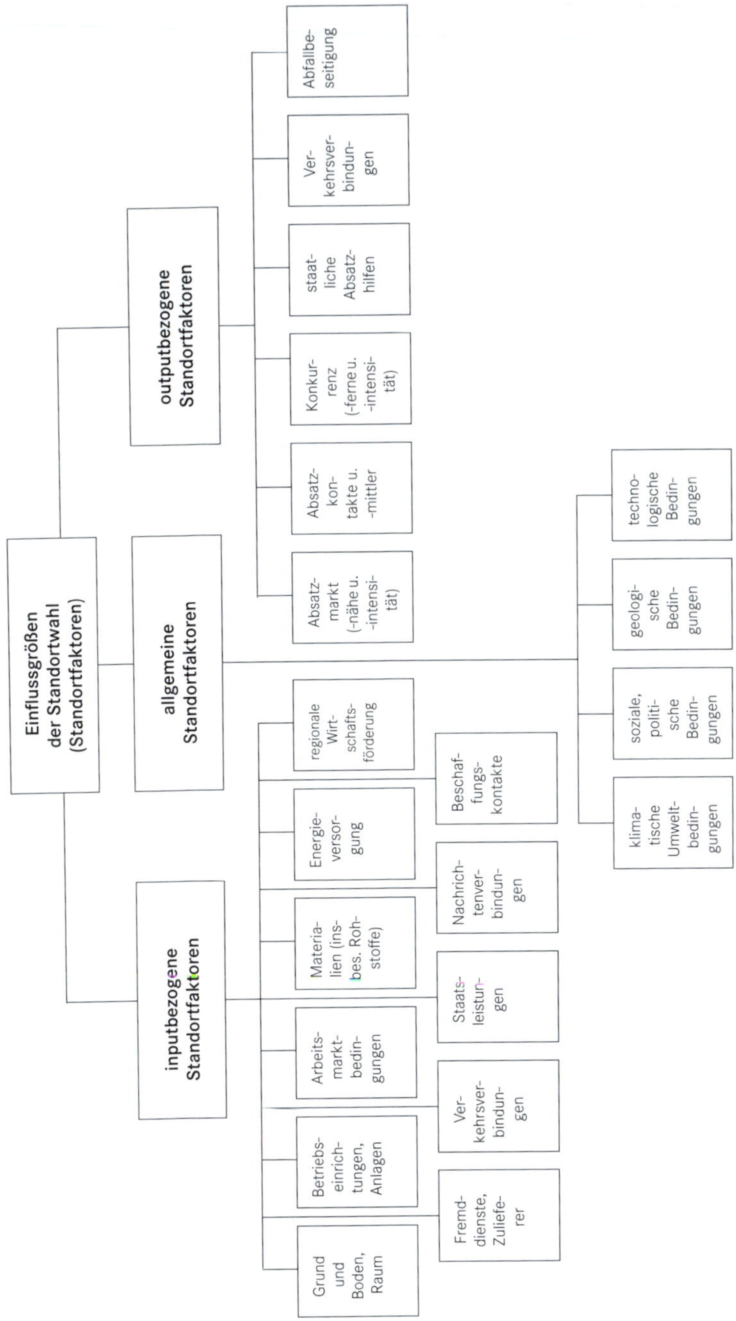

Faktoren der betrieblichen Standortwahl

Durch **Standortanalysen** lässt sich eine optimale **Standortbestimmung** durchführen oder die Notwendigkeit oder Vorteilhaftigkeit einer **Standortverlegung** erkennen. Bei einer **Standortspaltung** wird der Betrieb gegliedert in einen Produktionsstandort (in einem Gewerbegebiet oder im Ausland) und in Verkaufsstandorte in Absatzgebieten im In- und Ausland. So können die Unternehmen ihre Produktionskosten senken und – trotz höherer Vertriebskosten – ihre Marktchancen durch reale Kundennähe besser nutzen.

Die Standortwahl spielt eine **zentrale Rolle** bei der Umsetzung der **Strategie „Profilierung über Kundennähe“** (Abschnitt 1.5.3.2), speziell wenn ein dezentraler Vertrieb/Verkauf vorteilhaft oder erforderlich ist (Näheres siehe „Kundennähe im Vertrieb“ Abschnitt 2.5.2 „Direkter Vertrieb“).

Fallbeispiel „Marketingkonzept entwickeln“

Fallbeispiel zur Kompetenzüberprüfung

Schreinermeister Reiner Kleiner ist seit sechs Jahren selbstständig und beschäftigt derzeit acht Gesellen, zwei Auszubildende und einen jungen Innenarchitekten. Reiner Kleiner ist für die Gesamtunternehmensführung sowie Personalführung, Marketing und Verkauf zuständig. Sein Werbeslogan „Reiner Kleiner – der beste Schreiner“ und sein langjähriges Engagement als Gemeinderat und Sponsor des örtlichen Sportvereins haben ihn lokal sehr bekannt gemacht. Überregionale Bekanntheit hat Reiner Kleiner durch langjährige enge Zusammenarbeit mit national und international anerkannten, z. T. führenden Architekten und Architekturbüros. Bei ihnen und auch bei den anderen Kunden hat er sich einen guten Ruf erarbeitet. Dass hierzu viele 1. Preise seiner Mitarbeiter bei der Teilnahme an nationalen und internationalen Leistungswettbewerben beigetragen haben, glaubt Reiner Kleiner nicht. Dies seien persönliche Auszeichnungen, die die persönliche Leistungsmotivation steigern würden, aber keine Marktwirkung hätten. Wesentlich wirkungsvoller für das Marketing des Unternehmens Reiner Kleiner sei es, wenn Architekturbüros für Hotels und Bürogebäude, an deren Ausstattung das Kleiner-Team beteiligt war, nationale oder internationale Spitzenauszeichnungen erhalten.

Der Handwerksbetrieb von Reiner Kleiner gilt als äußerst kreativer Anbieter von anspruchsvollen, in Gestaltung und Qualität hochwertigen, kundenindividuellen Problemlösungen in Holz. Dabei führen teils innovative Kombinationen von Hölzern und hochwertig veredelten Metallen, Kunststoffen, Glas, Licht und Unterhaltungselektronik häufig zu wahren „Wohlfühlwelten“ – wie dies Reiner Kleiner bezeichnet. Diese übersteigen das Angebotsniveau der Mitbewerber wesentlich. Der Einfluss des Innenarchitekten ist klar erkennbar und wird kundenseitig geschätzt.

Die Antwort der Mitbewerber bei gewerblichen als auch privaten Kunden liegt im Anbieten von – aus ihrer Sicht – kundenoptimalen Preis-Leistungs-Verhältnissen. Sie versuchen über weniger kreative Leistungen zu „günstigen" Preisen zu Aufträgen zu kommen. Zum anderen sind auch Mitbewerber am Markt aktiv, die aus holzreichen Regionen kommen und rein hölzerne Problemlösungen zu „unschlagbaren Tiefpreisen" anbieten. Viele der bisherigen und der potenziellen Kunden werden über Onlinerecherchen auf solche Angebote aufmerksam und konfrontieren Reiner Kleiner mit diesen Preisen in seinen Beratungs- und Akquisitionsgesprächen.

In seinen Gesprächen hat Reiner Kleiner in letzter Zeit ein Zunehmen dieses Preisbewusstseins feststellen müssen; nicht nur bei privaten Interessenten, sondern auch bei den gewerblichen Investoren. Noch vor ein bis zwei Jahren war generell eine größere Preisbereitschaft (Akzeptanz ohne größere Verhandlungen) gegeben. Heute erwarten auch vermehrt Privatkunden mehr preisliche Flexibilität vom Anbieter und solche Lösungsvorschläge, die im Rahmen ihrer subjektiven Budgets liegen. Im Laufe der Gespräche wird jedoch klar, dass die meisten Kunden keine Abstriche von den von Reiner Kleiner angebotenen kundenspezifischen Bestlösungen wollen, da diese sich durch hohes persönliches und soziales Profilierungspotenzial für den Kunden auszeichnen.

„Reiner Kleiner – der beste Schreiner" hat sich vor diesen geänderten Wettbewerbsbedingungen entschlossen, die Erfolgsaussichten seines bisheriges Marketingkonzepts – speziell seine Marketingstrategien – zu überprüfen. Eine Analyse der derzeitigen Kunden-, Umsatz- und Gewinnstruktur im Inland zeigt folgendes Bild:

Kundengruppe	**Umsatzanteil**	**Gewinnanteil**
• Privatkunden – Neubau	30 %	35 %
• Privatkunden – Renovierung	10 %	15 %
• Laden- und Filialausbau	25 %	22 %
• Hotels und Bürogebäude	30 %	20 %
• Serviceleistungen	5 %	8 %
Gesamt	100 %	100 %

Herr Kleiner hat Sie mit der Aufgabe der Analyse und Bewertung betraut. Er liefert Ihnen auch noch folgende „Ideen" für eine Anpassung oder Änderung der bisherigen Marketingstrategien:

- Ausbau der Sparte „Hotels und Bürogebäude" in der Schweiz, da sein Unternehmen in diesem Bereich auch bei guten ausländischen Architekten als hoch kreativ bekannt ist und Reiner Kleiner schon einige Aufträge realisieren konnte.

- Beim Laden- und Filialausbau könnte eine Zusammenarbeit mit einem qualifizierten Kollegen in Norddeutschland weiterhelfen (kreative Entwürfe von Reiner Kleiner, Durchführung durch Kollegen?).
- Privatkundengeschäft „Renovierung“ muss aktiviert oder gestrichen werden.

Situationsbezogene Fragen

- Prüfen, bewerten und begründen Sie die Stärken und Schwächen der Firma Reiner Kleiner.
- Erstellen Sie ein strategisches Profil der Firma Reiner Kleiner und zeigen Sie dessen Nutzen für das Marketing.
- Untersuchen Sie das Verhältnis der SGF „Privatkunden“ und „gewerbliche Kunden“ und zeigen Sie Marketingstrategien für diese SGF auf.
- Wie beurteilen Sie die Idee einer selektiven Bearbeitung des Auslandsmarktes Schweiz?
- Bewerten Sie die Idee der Kooperation mit einem Kollegen aus der Sicht des Marketings der Schreinerei Reiner Kleiner.
- Mit welchem Marketingstrategie-Mix könnte das strategische Marketingziel „Marktwachstum“ beim SGF „Privatkunden - Renovierung“ im Inland erfolgreich nach vorne gebracht werden?

2. Marketing operativ gestalten

Lernziele und Kompetenzen

Die folgenden Lehr- und Lerninhalte sind so aufgebaut und dargestellt, dass Sie jene Kenntnisse und Fähigkeiten erwerben, die Sie befähigen,

- bekannte und neue Maßnahmen bei den einzelnen Marketinginstrumenten segmentspezifisch anzuwenden,
- Innovationsprozesse und Kreativitätstechniken zur Entwicklung und Auswahl von Marketingmaßnahmen einzusetzen,
- alternative Marketingmaßnahmen in ihrer Eignung bewerten zu können,
- bei den einzelnen Marketinginstrumenten strategie- und kundengerechte Maßnahmenbündel zu gestalten,
- für einzelne Marketingstrategien und für einen Marketingstrategien-Mix einen abgestimmtem Marketingmaßnahmen-Mix zu entwickeln,

um in der täglichen Praxis die operativen Marketingziele und damit auch die strategischen Unternehmensziele zu erreichen.

Handlungssituation

Fallbeispiel „Marketingkonzept gestalten“

Mechanikermeister Karl Windig betreibt eine Reparaturwerkstatt für Fahrräder und Mopeds mit angeschlossenem Fahrradhandel. Zu seinem bisherigen Sortiment an traditionellen Nutz-, Sport- und Rennrädern hat er – als Erster im Bezirk – seit Neuestem E-Bikes in sein Verkaufsprogramm aufgenommen. Er entwickelte ein Marketingkonzept „Markterschließung für E-Bikes in Kleinasbach und Umgebung“. Sein Marketingkonzept will er nun durch gezielte Maßnahmen beim Einsatz der Marketinginstrumente umsetzen. Hierbei stellen sich ihm u. a. die folgenden Fragen:

Situationsbezogene Fragen

- Welche Marketinginstrumente stehen K. Windig überhaupt zur Verfügung?
- Welche besonders profilierenden Serviceleistungen beim Verkauf und Kundendienst könnte K. Windig anbieten?
- Welche Möglichkeiten der Preisfindung sollte Windig nicht einsetzen?
- Welche Möglichkeiten der attraktiven Preisgestaltung ohne Niedrigpreis könnte Windig einsetzen?
- Durch welche Verkaufsförderungsmaßnahmen könnte er den Absatz ankurbeln und forcieren?
- Sollte Karl Windig auch Onlineverkauf betreiben und Social Media für das neue Geschäft nutzen?

2.1 Bestimmungsfaktoren beachten

2.1.1 Einsatz der Marketinginstrumente

Marketing-
instrumente

Marketinginstrument ist als ein Sammelbegriff für verschiedene am Markt, speziell bei den Kunden, wirksame Maßnahmen zu verstehen. Auswahl und Gestaltung der **Marketinginstrumente** und der dazugehörenden Marketingmaßnahmen sind darauf ausgerichtet, die strategischen Ziele zu erreichen; mit diesen Entscheidungen werden die Marketingstrategien umgesetzt.

> Marketinginstrumente sind segmentspezifische Maßnahmenbündel zur zielorientierten Kundenmotivation und aktiven Auftragsgewinnung.

In Theorie und Praxis lassen sich vier Marketinginstrumente unterscheiden:

- **Marktleistungen**
  Die Gestaltung und Kombination von Sach- und Dienstleistungen zu einem für die Kunden attraktiven Leistungsprogramm ist Antwort auf die zentrale Marketingfrage: „Wem soll was angeboten werden?“

- **Preise und Konditionen**
  Die reale Gestaltung des Preises zur Ausnutzung der Zahlungsbereitschaft der/des Kunden ist Antwort auf die Frage: „Zu welchem Preis soll eine Leistung angeboten werden?“

- **Marketingkommunikation**
  Die Gestaltung des gegenseitigen Informationsaustauschs mit Marketingpartnern ist Antwort auf die Frage: „Welche Informationen sollen wie kommuniziert werden?“

- **Vertrieb und Logistik**
  Die Gestaltung der Wege zur Auftragsgewinnung und zur Erledigung/Lieferung von Leistungen ist Antwort auf die Frage: „Wann und wo sollen Leistungen verkauft und geliefert werden?“

Diese vier Marketinginstrumente werden kombiniert und koordiniert eingesetzt. Sie bilden den unternehmensspezifischen Marketinginstrumente-Mix, in der Praxis kurz Marketing-Mix genannt.

Gestaltungselemente eines Marketing-Mix

Der Marketing-Mix

Die beim Einsatz der Instrumente zu treffenden Marketingentscheidungen (Ziele und Maßnahmen zur Zielerreichung) werden von folgenden **zentralen Einflussfaktoren** bestimmt:

(1) Kundenbedürfnisse,

(2) strategische Position des Unternehmens und Position der Produkte im Lebenszyklus eines Marktes/SGF.

Diese Einflussfaktoren wurden bereits in Abschnitt 1.2.4 „Informationsgewinnung" dargestellt. Sie sollen hier lediglich kurz bezüglich der **operativen Gestaltung der Marketinginstrumente** betrachtet werden.

2.1.2 Bedürfnisse/Kaufmotive

Bedürfnis, Bedarf, Nachfrage

Bedürfnisse sind Ausdruck eines Mangels oder eines Problems und Ausgangspunkt menschlichen Verhaltens. Kommt **verfügbare Kaufkraft hinzu, entsteht ein potenzieller Bedarf.** Daraus wird **Nachfrage,** wenn beim Kunden **Zahlungsbereitschaft** hinzu kommt.

Zusammenhang zwischen Bedürfnissen, Bedarf und Nachfrage

Bedürfnisse	Bedarf	Nachfrage
Mangelerlebnis	Mittel zur Bedürfnisbefriedigung	Kaufentschluss
Bedürfnis nach Wärme	Neue Heizungsanlage	Auftrag beim Fachbetrieb für Heizungsbau

Bedürfnis - Bedarf - Nachfrage

B2C-Geschäft

Bei **Privatkunden** (B2C-Geschäft) sind es folgende Bedürfnisarten (Näheres siehe S. 38), die als individuelle Kaufmotive für Leistungen des Unternehmens auftreten:

(1) **Grundbedürfnisse** (z. B. Essen, Trinken, Arbeit u. a.) und

(2) **Zusatzbedürfnisse,** wie z. B.

- soziale Anerkennung
- Bequemlichkeit (Komfort)
- Sicherheit (Schutz, Gesundheit)
- Besitz (Prestigedenken)
- Umweltbewusstsein (Bio-..., Öko-...)
- u. a.

Bedürfnisbündel

Gruppennorm

Diese Bedürfnisse wirken als komplexe Wünsche oder **Bedürfnisbündel.** Sie unterliegen auch der im aktuellen sozialen Umfeld herrschenden Gruppennorm („Man trägt ..., man fährt ..., man hat ....“ bestimmte Marken, Sportarten, Bekleidung, Wohnungsausstattung etc. bis hin zum Haarschnitt). Werden zu deren Befriedigung finanzielle Mittel eingesetzt, kommt es zur **Nachfrage nach individuell bedürfnisbefriedigenden Leistungen.** Nur solche Leistungen sollte das Unternehmen herstellen (Produkte) oder erbringen (Dienstleistungen).

B2B-Geschäft

Bei **Industrie- und Gewerbekunden** (B2B-Geschäft) dominieren in aller Regel die Bedürfnisse an technisch und kaufmännisch optimalen Problemlösungen. Die Erwartungen und Anforderungen an einen Lieferanten, auch an handwerkliche Unternehmen, sind dabei

B2B-Bedürfnisse

- operative Leistungsfähigkeit (Qualität, Quantität, Lieferzeit, Lieferort und Preis),
- strategische Potenziale (Innovationskraft, Flexibilität, Integrationsfähigkeit, Vernetzungspotenzial),

- kaufmännische Stabilität (Finanzkraft, Liquiditätsstruktur),
- leistungsbezogene Kontinuität (Informationsvernetzung, Versorgungssicherheit).

Allerdings sind auch im B2B-Geschäft bei der Gestaltung der Marktleistung, deren Präsentation und der Art der Marketingkommunikation wichtige psychologische, kauffördernde Wirkungen zu beachten. Diese gilt es bei den beteiligten Personen der Verkaufs- und Kaufteams in den verschiedenen Phasen des Verkaufsgesprächs gezielt zu aktivieren.

Handlungssituation

Das Reinigungsunternehmen Fritz Sauber will in das für es neue SGF „Reinigung von Privathaushalten“ mit den Segmenten „Eigenständige Rentner“ und „Gut situierte Familien“ einsteigen.

Situationsbezogene Frage

- Welche Bedürfnisse lassen sich bei den beiden Zielgruppen herausfinden und unterscheiden, die später bei der Leistungsgestaltung berücksichtigt werden sollten?

2.1.3 Strategische Position im PLC

Diese bestimmt wesentlich die Gestaltung der Marketinginstrumente und die Festlegung der operationalen Marketingziele (siehe Abschnitt 1.4.3).

Produktlebenszyklus

Erst gibt es wenig Nachfrage (Einführung einer neuen Leistung), dann möchten viele Kunden die Leistung erwerben (Wachstum). Danach tritt eine Beruhigung der Nachfrage infolge großer Marktdurchdringung ein (Sättigung). Am Ende bricht die Nachfrage fast vollständig weg; ein Verbleib der Leistung im Angebot ist wirtschaftlich nicht sinnvoll (Degeneration und Verzicht). Damit sind die zentralen Phasen im Produktlebenszyklus einer Leistung angesprochen. Im Zeitablauf lassen sich **fünf Lebensphasen einer Leistung/eines Produktes** unterscheiden:

Phasen eines Produktlebenszyklus

Phasen eines Produktlebenszyklus

Betrachtet man die Umsatz- und Gewinnentwicklung einer Marktleistung im Zeitablauf, dann lässt sich im Allgemeinen ein nachfolgend aufgezeigter Kurvenverlauf feststellen. Für die **Positionsbestimmung im Lebenszyklus** (in welcher Phase befindet sich die Leistung?) können die **Zuwachsraten** von Umsatz und Gewinn (pro Halbjahr oder Jahr) **als Maßstab** herangezogen werden (siehe nachfolgende Abbildung).

Phasen eines Produktlebenszyklus und optimale Altersstruktur eines Sortiments

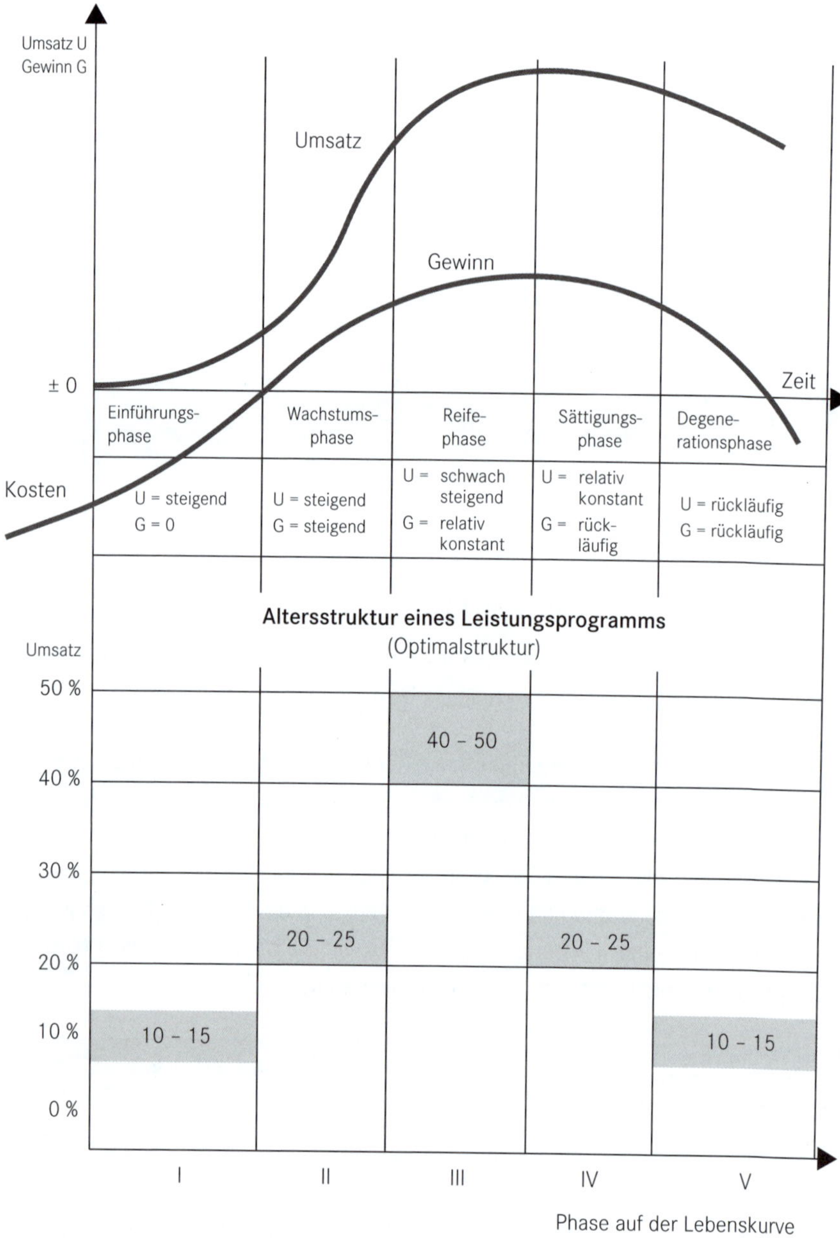

Lebenszyklus einer Leistung und optimale Altersstruktur des Gesamtsortiments in den einzelnen Lebensphasen

Idealstruktur eines Sortiments

Ein Unternehmen ist dann gut „aufgestellt", wenn sein Gesamtumsatz der „Idealstruktur" sehr nahe kommt (siehe untere Hälfte der Abbildung). So sollten jeweils ca.

20 % des Umsatzes mit Leistungen erzielt werden, deren Märkte in einer Wachstums- oder Sättigungsphase sind. In sog. „reifen" Märkten sollten ca. 40 bis 50 % des Gesamtumsatzes erzielt werden.

Beurteilt man die Marktleistungen unter den Gesichtspunkten „Attraktivität für die Kunden" und „Wettbewerbsstärke des Unternehmens", dann lassen sich die Einzelleistungen als „Fragezeichen", „Sterne", „Cash Cows" oder „arme Hunde" im Sortiment erkennen (siehe nachfolgende Abbildung).

Klassifikation der Leistungen aus Kunden- und Unternehmenssicht

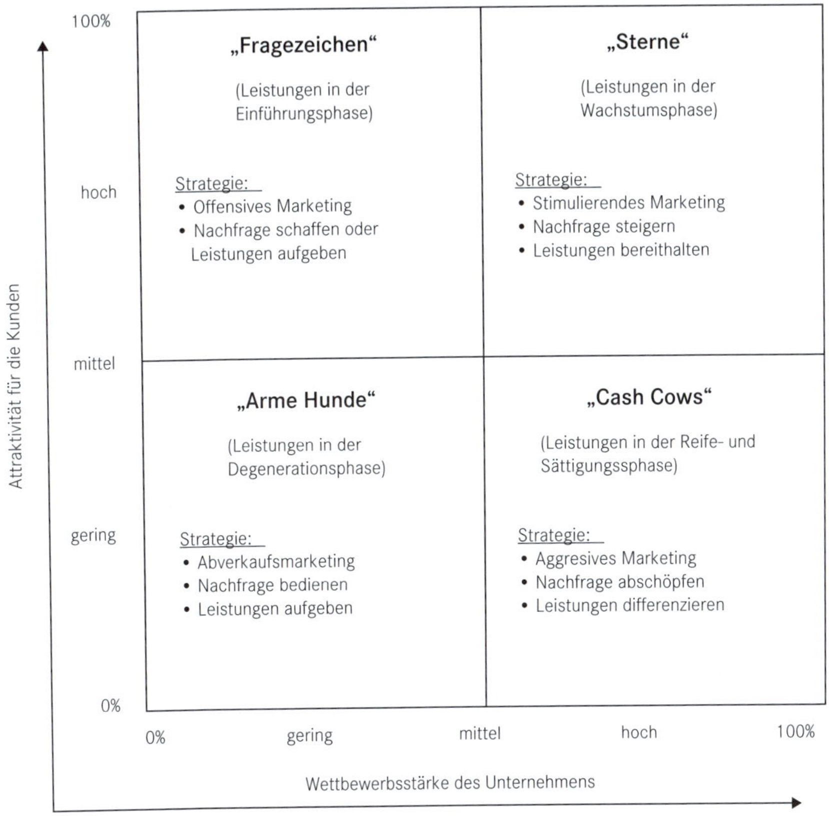

Bezeichnung der Leistungen in ihrem Lebenszyklus

Phasen eines Produktlebenszyklus

Damit die Leistungen in der jeweiligen Lebensphase ihren optimalen Beitrag zum Unternehmenserfolg leisten können, sollen die Besonderheiten und Marketingaktivitäten in den einzelnen Phasen eines Produktlebenszyklus kurz betrachtet werden.

(1) Einführungsphase

Einführungsphase

Die Leistung wird am Markt eingeführt und hat mit Kaufwiderständen zu kämpfen. Handelt es sich um eine Marktneuheit, kann von einer monopolartigen

Marktstellung ausgegangen werden. Es gibt keine oder wenige Mitbewerber mit ähnlichen Leistungen. Die Umsätze sind gering, und wegen der Entwicklungs- und hohen Marktbearbeitungskosten ist mit Anlaufverlusten zu rechnen.

Das **Unternehmen** muss in dieser Phase risikofreudig und flexibel sein. Es muss sich durch offensives Marketing als innovativ und zukunftsorientiert präsentieren und Nachfrage schaffen. Andernfalls muss die neue Leistung wieder vom Markt genommen werden.

Bei **Kunden** mit Nachfragebereitschaft für neue und innovative Leistungen handelt es sich meist um Avantgardisten, Konsum-Pioniere. Dies sind meist neugierige, technisch, modisch oder ökologisch interessierte Menschen/Unternehmen, die eine besondere Positionierung/Profilierung in ihrem sozialen oder wirtschaftlichen Umfeld suchen. Häufig gehören Stammkunden zu den Erstkunden der neuen Leistung, denn sie haben Vertrauen in die Leistungsfähigkeit des Unternehmens.

Markterschließungsstrategie

Im Rahmen der **Markterschließungsstrategie** ist intensive Werbung „auf allen Kanälen" - auch online - (wegen der Multiplikatoreffekte) zu empfehlen, da die Leistung schnell und umfassend bekannt gemacht werden muss. (Denn: Neuheiten „verderben" - wie frisches Obst - schnell, Beispiel Smartphones) Kaufanreize sollen durch intensive Verkaufsförderung (Einführungsaktionen) ausgelöst werden; Preisgestaltung und Nebenleistungen haben relativ geringe Bedeutung. Oftmals kann - auch im Handwerksbereich - ein hoher Preis angesetzt werden, da bei neuen Leistungen meist die unmittelbare Vergleichbarkeit fehlt und mit „Innovation" ein Qualitätsimage verbunden wird. Bis die Leistung von den Kunden im gewünschten Umfang angenommen wird, bleibt sie für das Unternehmen ein **„Fragezeichen"**, das möglicherweise auch wieder aus dem Angebot genommen werden muss.

„Fragezeichen"

(2) Wachstumsphase

Wachstumsphase

Dies ist die Phase der **Durchsetzung,** wenn die Ziele der Einführung erreicht wurden. Die Leistung ist bekannt und wird mit großen Steigerungsraten zunehmend nachgefragt. Der Durchbruch der Leistung am Markt ist gelungen.

Das **Unternehmen** verliert immer mehr seine Rolle als Innovator und Erstanbieter. Einige Mitbewerber bringen ihrerseits ähnliche Leistungen auf den Markt („Me-too-Leistungen"). In der Wachstumsphase steigen Umsatz und Gewinn überproportional, erreichen aber gegen Ende dieser Phase ihren Höhepunkt.

Die hier aktiven **Käufer** profitieren von den Erfahrungen und Erlebnissen der Erstkäufer, die sich eventuell mit „Kinderkrankheiten" einer neuen Leistung auseinandersetzen mussten. Sie sind von den Vorteilen der Leistung überzeugt und legen Wert auf gute, sichere Qualität - zu einem angemessenen (?) Preis. Die Kunden müssen nicht mehr überzeugt, sondern vielmehr aktiviert werden.

Die **Marketingstrategie** ist weiterhin darauf ausgerichtet, den Kaufwunsch durch stimulierende Marketingkommunikation (viel Direktwerbung, auch online und über Social-Media-Kontakte) zu aktivieren und die Absatzgebiete auszuwei ten. Aufgrund der starken Nachfrage wird die Leistung zum **„Stern"** im Leistungsprogramm. Gegen Ende der Wachstumsphase ist über eine Leistungs- und Preisdifferenzierung nachzudenken. Damit können zusätzliche Käufergruppen erschlossen werden. Im Vertrieb wird das Verkaufs- oder Filialnetz verdichtet, um mehr Kunden in den Marktsegmenten/Zielgruppen zu erreichen. „Stern"

(3) Reifephase

Diese Phase ist nach der Wachstumsphase der wirtschaftlich interessanteste Lebensabschnitt der Marktleistung für das Unternehmen. Der Umsatz nimmt immer noch zu, erreicht aber in dieser Phase seinen Höhepunkt. Das Gewinnwachstum hat zwar den Höhepunkt bereits überschritten und geht zurück, aber der absolute Gewinn ist immer noch positiv. Reifephase

Der **Markt** ist zwischenzeitlich durch **Verdrängungswettbewerb** mit ähnlichen Leistungen geprägt, was in der Regel zu Preiswettbewerb mit sinkenden Preisen und sinkenden Margen führt.

In dieser Phase werden die meisten **Kunden** („die breite Masse") aktiv. Sie kennen nun die Leistung und deren Vorteile, die sie mit denen der Mitbewerber vergleichen. Sie suchen nach dem subjektiv besten Angebot, wobei der Preis immer mehr kaufentscheidend werden kann. Durch kundenorientierte (segmentspezifische oder individuelle) Leistungs- und Preisdifferenzierung können zusätzlich Kaufanreize geschaffen und oftmals ruinöser Preiswettbewerb vermieden werden.

Es ist eine **aggressive Marketingstrategie** erforderlich, um weiteres Umsatzwachstum zu erreichen. Die Leistung wird immer noch gut nachgefragt, aber es sind zusätzliche Kaufreize erforderlich. Die Leistung hat sich vom Wachstums-Stern zur **„Cash cow"** gewandelt, mit der die Umsätze auf hohem Niveau gehalten werden sollen. Dies ist jedoch nicht gleichbedeutend mit weiterem Gewinnwachstum. Durch Marktsegmentierung nach Kundengruppen können zusätzliche Leistungsvarianten zu attraktiven Preisen angeboten und zusätzliche Gewinne erzielt werden. Das wirksamste Marketinginstrument in dieser Phase ist eine aktive, segmentorientierte Preisgestaltung mit direkten, zeitlich begrenzten oder dauerhaften Preissenkungen; Leistungsverbesserungen bei Preiskonstanz sind in „Cash Cow" dieser Phase im Allgemeinen keine gewinnwirksame Alternative. Da die Nachfrage langsam zurückgeht, sind Nachfolgeleistungen (Folgeprodukt) oder andere Umsatzträger zu entwickeln, damit diese am Ende der anschließenden Sättigungsphase am Markt eingeführt werden können.

(4) Sättigungsphase

Sättigungsphase

In der Sättigungsphase ist der Nachfrageboom vorbei. Die rückläufige Nachfrage wird getragen durch Nachzügler („späte Mehrheit der Kunden“) und ist Zeichen einer gewissen Marktsättigung mit Desinteresse der Kunden.

Das **Marktverhalten** der Mitbewerber ist geprägt durch harten, meist tiefpreisorientierten Wettbewerb mit minimalen Margen bei allen Anbietern. Wer kann, entzieht sich dem Wettbewerb durch das Angebot einer neuen Nachfolgeleistung.

Kunden sind, wie bereits in der Reifephase, sehr preisbewusst und preissensibel - auch bei den angebotenen Leistungsvarianten. Als Kaufkriterium ist weniger die Leistung als vielmehr die Preishöhe kaufentscheidend. Es dominiert „billig“, nicht preiswert (vgl. Werbeslogan von MediaMarkt „Ich bin doch nicht blöd“)!

Das **Marketing** sieht in der Leistung immer noch eine **„Cash Cow“**, die noch Umsatz und Gewinnbeiträge für das Unternehmen erzielt und weiterhin im Verkauf forciert werden soll. Die bereits in der Reifephase begonnene Preisaggressivität und intensive Direktwerbung „auf allen Kanälen“ zur Kaufanregung genügt jedoch nicht. Es müssen zusätzliche Impulse durch preisorientierte Leistungs- oder Verpackungsvarianten hinzukommen. Durch Verbesserungen der „alten“ Leistung (Anpassung an den technischen, ökologischen oder modischen Fortschritt als „Produktpflege“) kann die „Cash Cow“ für die Kunden aufgewertet und ohne Preissenkungen wieder attraktiver werden. Das bedeutet nicht nur eine zeitliche Verlängerung der Sättigungsphase, sondern auch zusätzliche Umsatz- und Gewinnsteigerung. Ist dies nicht möglich oder nicht gewollt, wird die Leistung mehr oder weniger rasch aus dem Angebot gestrichen werden (müssen).

(5) Degenerationsphase

Degenerationsphase

Diese Phase ist auch als Rückgangs- oder Verfallphase bekannt. Umsatz und Gewinne brechen weg. Als neue Kunden kommen nur noch einzelne „Nachzügler“; meist mit Ersatz- und Ersatzteilaufträgen. Ein Beibehalten der Leistung führt zu Verlusten infolge der hohen Bereitstellungskosten. Die Marktleistung ist ein

„Armer Hund“

„armer Hund“ geworden, der nichts mehr zur weiteren Entwicklung des Unternehmens beitragen kann, sondern nur Kosten verursacht.

Die Marktleistung wird entweder mit sofortiger Wirkung aus dem Angebot gestrichen, oder der Abverkauf der Restpositionen wird mit aggressiven Preis-, Werbe- und Verkaufsförderungsmaßnahmen forciert (Abverkaufsmarketing). Spätestens in dieser Phase sollte auch die Markteinführung einer neuen oder Nachfolgeleistung erfolgen. Andernfalls sind Kundenverlust und starker Umsatzeinbruch mit gravierenden Folgen für das Unternehmen nicht auszuschließen.

Einflussfaktoren

Zusammenfassend kann man feststellen, dass insbesondere folgende Einflussfaktoren bei den praxisbezogenen Entscheidungen zur Gestaltung der Strategien- und der Maßnahmenbündel bei den einzelnen Marketinginstrumenten zu beachten sind:

- die strategischen und operativen Zielvorgaben,
- die Bedarfe der Kunden/Kundengruppen (Privat-/Geschäftskunden, Inland/Ausland),
- die Lebensphase der einzelnen SGF, in denen das Unternehmen tätig ist oder tätig werden will,
- die Phase des Produktlebenszyklus bei den einzelnen Leistungen des Unternehmens,
- die Stärken und Schwächen der Mitbewerber in den SGF, bei den einzelnen Leistungen, in den Absatzmärkten oder bei Kundengruppen (Stärken-Schwächen-Analysen),
- die internen Möglichkeiten und Grenzen bei Personal, Kapazität und Finanzen (Potenziale) sowie
- die realen und voraussichtlichen Kostenbelastungen und Ertragsaussichten.

Fallbeispiel „Marketingstrategien-Mix in der Einführungsphase einer Leistung“

Handlungssituation

Fritz Sauber möchte in das neue SGF „Reinigung von Privathaushalten“ einsteigen. Dafür hat er klare strategische Ziele gesetzt. Er analysiert diese Entscheidung auch unter dem Aspekt „Lebenszyklus“ dieser Marktleistung. Das erste Jahr sieht er für sich und alle Mitbewerber als Einführungsphase. Danach beginnt die Wachstumsphase für diese Marktleistung. Hierauf will er sich bereits heute einstellen.

Situationsbezogene Frage

- Überlegen Sie, welche Marketingstrategien bzw. welchen Strategien-Mix Fritz Sauber in der Einführungsphase und in der Wachstumsphase am sinnvollsten einsetzen sollte.
- Was muss Fritz Sauber bei der Gestaltung der neuen Marktleistung beachten?

2.2 Gestaltungsmöglichkeiten bei Marktleistungen

Bei der Gestaltung der Marktleistungen sind Kundenbedürfnisse und Kaufmotive, die strategischen Unternehmens- und Marketingziele, die Aktivitäten der Mitbewerber und nicht zuletzt der Produktlebenszyklus einer Leistung zu beachten.

Markt-leistungen

Marktleistungen sind eine Kombination aus Haupt-, Zusatz- und Nebenleistungen des Unternehmens, mit denen eine bestmögliche Befriedigung der sich stetig wandelnden Kundenbedürfnisse erreicht werden soll.

2.2.1 Hauptleistungen

Haupt-leistungen

Hauptleistungen sind Produkte, Dienstleistungen oder Kombinationen. Sie sind als **Hauptumsatzträger** der Kern der unternehmerischen Tätigkeit. Selbst bei geringem Gewinnbeitrag können sie notwendig sein, um Zusatzleistungen mit u. U. höheren Gewinnanteilen anbieten zu können.

Das mögliche Angebot an Hauptleistungen ist bei Handwerksbetrieben meist aus der Zugehörigkeit zu einem Gewerk erkennbar. Das reale Angebot richtet sich nach dem Unternehmenszweck, den gewählten SGF und der gewählten Ausrichtung als „Generalist" oder „Spezialist für ...". Dies lässt sich am Leistungsangebot eines Betriebs „Sanitär, Heizung, Klimatechnik" verdeutlichen. Hier kann der Betrieb typische Hauptleistungen wie Einbau, Reparatur, Wartung, vorbeugende Instandsetzung von Küchen und Bädern, Gas-, Öl- oder Solarheizungen anbieten. Dabei interessieren den/die Kunden (z. B. bei einer Badinstallation) meist weniger die technischen Aspekte der Leistungserbringung als vielmehr das Ergebnis und die persönlichen Vorteile. **Kaufentscheidend** sind **persönliche Vorteile,** die eine nach den Kundenbedürfnissen gestaltete Hauptleistung **für das subjektive Wohlbefinden** bieten kann. Letzteres wird allerdings wesentlich bestimmt von Zusatzleistungen (z. B. den ausgewählten Armaturen, den Formen und Farben der eingebrachten Fliesen und einer evtl. eingebauten Fußbodenheizung).

Kaufkriterium

Das bedeutet: **Hauptleistungen sind Grundleistungen**, die alle Unternehmen einer Branche erbringen können. **Grundleistungen haben oft wenig/kein Potenzial zur Abhebung vom Mitbewerber und zur Profilierung beim Kunden** (z. B. Grundleistungen bei Friseur, Sanitär, Gärtner oder Maler).

Grund-leistungen

> Grundleistungen sind durch ergänzende Leistungen (Zusatz- und Nebenleistungen) oder andere Marketingaktivitäten beim Kunden psychologisch aufzuwerten, um für diesen attraktiv zu sein.

Erfolgt keine kundenspezifische Gestaltung, besteht die Gefahr des reinen Preiswettbewerbs (siehe Ausschreibungswettbewerb bei Neubauleistungen).

Im **Dienstleistungsbereich** werden daher Hauptleistungen meist als spezielle, an den Vorteilen für den Kunden ausgerichtete Kombinationen entwickelt und als „Produkte“ mit eigenen Namen (z. B. Premium-, Standard- oder Economy-Service, Winter-Check oder Rund-um-sorglos-Paket) angeboten.

Produktdesign

Bei **Konsum- oder Investitionsgütern** sollten die Hauptleistungen ein eigenes, an den Kundenvorteilen ausgerichtetes „Produktdesign“ aufweisen. Das **Produktdesign** (Produktgestaltung) ist ausgerichtet auf eine optimale Befriedigung der technischen Nutzungsanforderungen (Ergonomie) und den sozio-psychologischen Vorteilen für den Kunden. Die **Leistungsgestaltung samt Namensgebung** erfolgt nach CI-Gesichtspunkten. Ziel muss es sein, **eine unverwechselbare, „einzigartige“ Leistung** mit jenen objektiven und subjektiven Vorteilen für den Kunden zu schaffen, die bei ihm eine **kaufmotivierende Begeisterung** für dieses „Produkt“ auslösen.

Die **Bedeutung des Produktdesigns für Sach- und Dienstleistungsbündel** - auch für Handwerksbetriebe - verdeutlicht nachstehende Abbildung.

Produktgestaltung

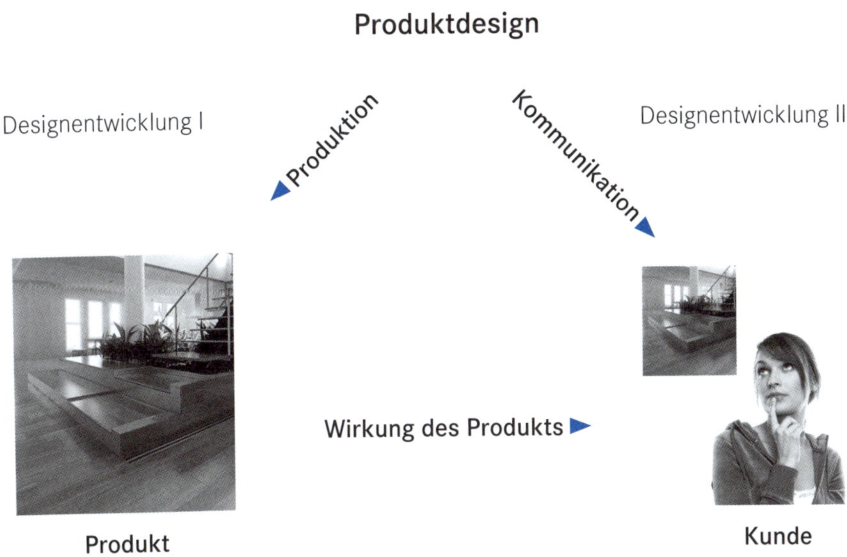

Doppelte Designentwicklung (Belz)

Designentwicklung I betrifft die reale, kundenorientierte Gestaltung der Marktleistung (Produktdesign). Designentwicklung II ist die Vermittlung von Vorstellungen und Vorteilen der Leistung an den Kunden (Erwartungshaltung aufbauen). Damit soll vermieden werden, dass die reale Leistung (Produkt) von den Erwartungen und Vorstellungen des Kunden abweicht und eine Zustimmung oder Begeisterung unterbleibt.

Strategie der Vereinfachung

Die funktionale, technische und optische **Gestaltung der Leistung** erfolgt nach Kundenbedürfnis oder Kundenwunsch. Unter Beachtung der Zahlungsbereitschaft kann es **preisorientiert** zu einer **Strategie der Vereinfachung** (Leistungen werden „abgespeckt" zu sog. **„lean products"**) kommen durch

Einfach-Produkte

- Reduktion bei der Leistungsgestaltung (Absenkung auf Standard- oder branchenübliches Leistungsniveau),
- Verringerung der Varianten bei den einzelnen Leistungen (flaches statt differenziertes Leistungsprogramm),
- Verringerung der Anzahl der angebotenen Leistungen (schmales statt breites Leistungsprogramm).

Strategie der Anreicherung

Diese Strategie ist allerdings für die Kunden wenig attraktiv; es besteht die Gefahr der Abwanderung. Das Gegenteil davon ist Kundentreue. Sie kann erreicht und verbessert werden, wenn das Unternehmen **qualitätsorientiert** zu einer **Strategie der Anreicherung** (Leistungen werden „aufgewertet" bis hin zu sog. **„premium products"**) kommt durch

Premiumprodukte

- Weiterentwicklung der bisherigen Leistungen (Verbesserung über andere Materialien, Design, Farben, Mehrleistung, bessere ergonomische Gestaltung)
- Ausbau der Varianten bei den Zusatz- und Nebenleistungen (Verbreiterung des Leistungsprogramms für individualisierte Angebote)
- Neuentwicklung höherwertiger Marktleistungen (erweiterte Bedürfnisbefriedigung durch neuartige „Produkte" als Kombinationen aus Haupt-, Zusatz- und Nebenleistungen).

Die **Gestaltungsaufgabe** besteht darin, ein dem individuellen Bedürfnisbündels des Kunden entsprechendes Leistungsbündel aus Muss-, Kann- und Soll-Leistungen anzubieten.

Aufbau einer Marktleistung

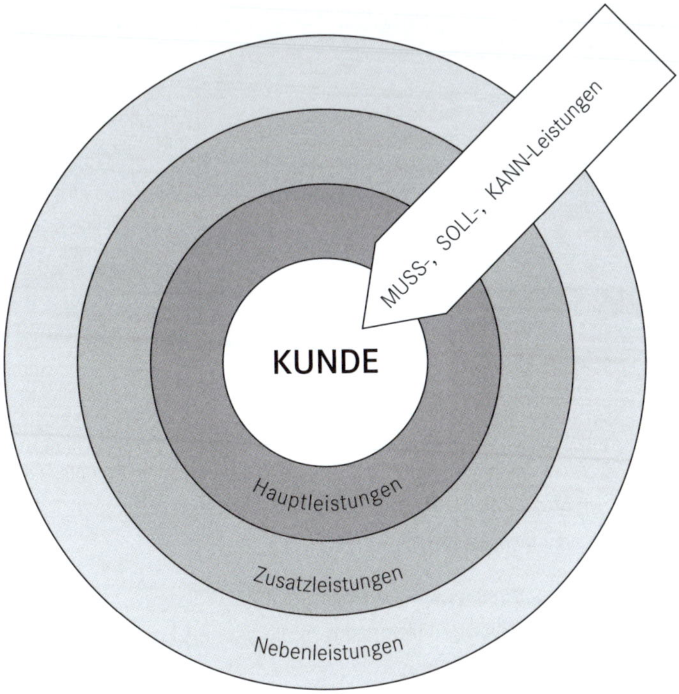

Aufbau einer Marktleistung aus Muss-, Soll- und Kann-Leistungen

Marktleistungen werden um die **Hauptleistungen** (Muss-Leistungen), die vom Kunden absolut erwartet werden, herum aufgebaut. Diese werden ergänzt um profilierende, attraktive **Zusatzleistungen** (Soll-Leistungen) und abgerundet mit **Nebenleistungen** (Kann-Leistungen), welche die Kundenzufriedenheit erhöhen.

2.2.2 Zusatzleistungen

Zusatzleistungen

Zusatzleistungen sind jene Leistungen, die Kunden einzeln oder in Kombination mit einer Hauptleistung angeboten werden. Da sie der fachlichen **Ergänzung und Aufwertung der Hauptleistungen** dienen und die Attraktivität der Marktleistungen in den Augen der Kunden erhöhen, sind sie als Soll-Leistungen ein unverzichtbarer Bestandteil des Leistungsprogramms. Hauptleistungen (HL), die mit Zusatzleistungen (ZL) angereichert sind, nimmt der Kunde als „bessere" oder umfassendere Lösung für seine verschiedenen, aber unterschiedlich wichtigen Bedürfnisse wahr. Beispiele für bekannte Haupt-/Zusatzleistungen-Kombinationen zeigt die folgende Darstellung.

Leistungskombinationen

Hauptleistungen (HL) Zusatzleistungen (ZL)	Sachleistungen	Dienstleistungen
Dienstleistungen	Produkt-Dienstleistungs-Kombinationen: - Angebot von Hebebühnen (HL) und Reparaturdienst (ZL) - Metzgerei (HL) und Partyservice (ZL)	Dienstleistungs-Dienstleistungs-Kombinationen: - Angebot von Reparaturdienst (HL) und Abholservice (ZL) - Friseurleistungen (HL) und Nagelpflege (ZL)
Sachleistungen	Produkt-Produkt-Kombinationen: - Angebot von Gartengeräten (HL) und Pflanzenschutzmitteln (ZL) - Fahrräder und zugehörige Bekleidung (ZL)	Dienstleistungs-Produkt-Kombinationen: - Angebot von Reparaturdienst (HL) und Ersatzteilhandel (ZL) - Friseurleistungen (HL) und Haarpflegemittel (ZL)

Leistungskombinationen zur Marktbearbeitung

Hierbei ist zu beachten, dass sich durch Wandel im Kundengeschmack, wechselnde Mode- oder Lifestyle-Trends oder technisch-ökologischen Fortschritt das Kräfteverhältnis von HL zu ZL verändern kann.

Sowohl im B2B- als auch im B2C-Geschäft gehen die Kundenerwartungen weg von isolierten Einzel-, Standard- oder Normlösungen. Gefragt sind immer **mehr individuelle und umfassende Problemlösungen aus HL und ZL** für mehrschichtige Bedürfnisbündel.

Dies bedingt für manchen handwerklichen Unternehmer ein Umdenken hin zu umfassenden Kundenbedürfnissen, wie diese Beispiele zeigen:

Umfassende Bedürfnisbündel

Branche	früher	heute/morgen
Stuckateur	Fassadenverputz	Wohnraumgestaltung
Maler	Malen und Tapezieren	„Schön +Sauber"-Service
Sanitär	Bad einbauen	Wellness-Oasen gestalten
Schreiner	Möbelbau	Wohnwelt einrichten
Heizungsbauer	Installation	Wohlfühlklima

Premiumprodukte

Im Wettbewerb um lukrative Kunden sind bereits heute und speziell zukünftig **Marketing- und Leistungskonzepte mit erweiterten Marktleistungsangeboten aus Muss- und Soll-Leistungen** erforderlich, die entsprechend der **Strategie der Anreicherung** für die/den Kunden bedürfnisgerechte **„premium products"** darstellen.

Handlungssituation

Fallbeispiel „Ansatzpunkte zur Entwicklung einer Marktleistung"

Der Reinigungsunternehmer Fritz Sauber aus obigem Beispiel möchte für die neue Zielgruppe „eigenständige Rentner" mögliche Alternativangebote entwickeln. Hierzu liegt ihm ein unvollständiger Entwurf eines „Baukastens" für die Gestaltung von entsprechenden Marktleistungen vor.

Morphologischer Kasten

Elemente	**Lösungsalternativen**					
Unternehmensziele	Profilierung als „Spezialist für Sauber" (3)	Imageverbesserung bei Alt-Kunden	Mindestumsatz in Einführungsphase (3)			
SGF/ZG	„Gut situierte Familien"	„Eigenständige Rentner" (3)				
Gestaltungsstrategie	Strategie des Beibehaltens	Strategie der Anreicherung (3)	Strategie der Vereinfachung			
Hauptleistungen	Kehren (A)	Staubsaugen (B)	Staubwischen (C)	nass Putzen (D)	feucht Wischen (A)	
Zusatzleistungen	Fenster putzen (F)	Gardinen waschen (F)	Betten überziehen (C)	Bilder und Türen feucht wischen (E)	Reinigungs-/Wäscheservice (D)	
Leistungsumfang	komplette Wohnung (3)	Wohnzimmer und Küche	Schlafzimmer	Balkon	(3) Treppenhaus	Garage
Leistungsfrequenz	nach Bedarf (A)	1 x Woche (B)	14-tägig (C)	1 x Monat (D)	1 x Quartal (E)	1 x Halbjahr (F)
Sauber – Angebote mit Angebotsumfang	Sauber-Kehrservice ••••	Sauber-Putzservice ••••	Sauber-Spezial-Service ••••	Sauber-TOP Cleanings ••••	Sauber First Class Cleaning Service ••••	

Legende: 1, 2: Zielgruppe oder SGF; 3 = Rentner mit guter Kaufkraft
A – F: Frequenz der Leistungserbringung wird den Leistungen zugeordnet

Morphologischer Kasten zur Entwicklung von Marktleistungen

Situationsbezogene Fragen

- Entwickeln Sie mithilfe dieser Darstellung zwei Angebote für diese Zielgruppe; eine davon soll eine erweiterte Marktleistung (Premium-Produkt) sein.

- Markieren Sie die ausgewählten Lösungsmöglichkeiten, bringen Sie diese in Tabellenform und erstellen Sie eine Liste der Vorteile für die Kunden.

Die Wertschätzung der persönlichen Vorteile (Nutzen) aus einer Leistung bestimmt die **Preisbereitschaft** des Kunden. Zur Einschätzung der **Preiswertigkeit** eines Angebots tragen ganz wesentlich die Nebenleistungen als Bestandteil der gesamten Marktleistung bei.

Preisbereitschaft

Preiswertigkeit

2.2.3 Nebenleistungen

Nebenleistungen sind aus Sicht des Unternehmens sog. Kann-Leistungen, welche den Absatz der Haupt- und Zusatzleistungen erleichtern können. Nebenleistungen sind profilierende **Serviceleistungen oder Kundendienst**, die als ergänzendes Gestaltungselement beim Angebot der Marktleistungen eingesetzt werden.

Nebenleistungen

Kundendienst

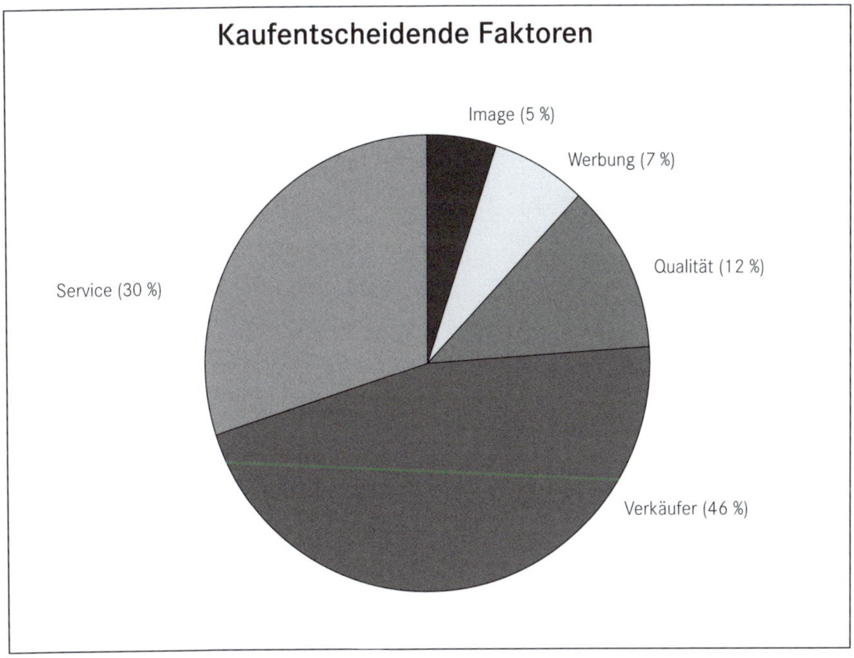

Beispiel für kaufentscheidende Faktoren

Die größte Wirkung geht von den direkt kundenbezogenen Marketingaktivitäten aus; im Beispiel beeinflussen Verkäufer und Service den Kaufentscheid zu 76%.

„Dienst am Kunden“ wird im Kaufprozess mit **Leistungen vor, während und nach dem Abschluss** erbracht. Welche kaufmännischen und technischen Serviceleistungen wann erbracht werden können, zeigt nachstehende Abbildung.

Checkliste „Serviceleistungen im Kaufprozess“

Serviceleistung und Zeitpunkt des Kaufprozesses

	Zeitpunkt und Art der Leistungserstellung					
	Zeitpunkt				Art der Leistung	
Leistung einer Kundendienstorganisation	vor dem Kauf der Hauptleistung	beim Kauf der Hauptleistung	nach dem Kauf der Hauptleistung	unabhängig vom Kauf der Hauptleistung	technisch	kaufmännisch
Muss-Leistung						
- Gewährleistung[1]			×		×	× (bei Dienstleistungen)
Soll-Leistung						
- Sicherheitsprüfungen			×	×	×	
- Installation[2]			×		×	
- Bereitschaftsdienst/Notdienst			×	×	×	×
- technische Beratung	×		×	×		×
Kann-Leistung						
- Kundendienstvertrag (Inspektion bis Full-Service)			×	×	×	
- Entsorgung			×	×	×	
- Zubehörverkauf			×	×		×[4]
- Verbrauchsmittelverkauf			×	×		×[4]
- Telefonunterstützung			×			×
- Kundenschulung			×	×[3]		×
- Ersatzteildienst			×	×[3]	×	
- Umtauschrecht			×			×
- Zustellung			×			×
- Testlieferung	×				×	
- Bestelldienst	×					×
- Verpackung		×				×
- Unterweisung im Gebrauch		×			×	

[1] Häufig auch als Garantie bezeichnet.
[2] Bei höherwertigen Anlagen meist eine „Muss-Leistung“.
[3] Sehr stark abhängig von der Kompetenz.
[4] Häufig auch als technische Leistung eingestuft.

Formen von Serviceleistungen im Kaufprozess (Bruhn)

Diese Darstellung gilt für alle Unternehmen, die komplexe, hochwertige Sach- und Dienstleistungskombinationen (Leistungssysteme) anbieten. Hier wird **Kundenservice** als kompetente **Beratung und Betreuung** über die gesamte Dauer der Geschäftsbeziehung erwartet.

Kundenservice

> Serviceleistungen bieten den Kunden ein großes Vorteilspotenzial, erleichtern den Kauf und verbessern den Kundennutzen der Leistungen. Damit tragen sie wesentlich zur Kundenzufriedenheit und Kundenbindung bei.

Ein undurchsichtiges Serviceangebot oder Service erst bei Kundenanfrage bewirkt bei Kunden Verwirrung, Verunsicherung und letztlich Kaufzurückhaltung. Wichtig ist:

> **Kunden erwarten Eindeutigkeit und Zuverlässigkeit**
> - bei den Ansprechpartnern (in Marketing, Verkauf und Service),
> - bei Angebot und Ausführung der Leistungen (Gesamtleistung),
> - beim Serviceangebot (einzeln oder als Servicepakete),
> - bei der Vorteilsargumentation (bei allen am Kaufprozess beteiligten Personen).

2.2.4.1 Abschlussbezogener Service

Abschlussbezogener Service

Diese Art von Serviceleistungen wird **vor und während des Kaufprozesses** bei potenziellen Kunden eingesetzt. Aus der Sicht der Kunden oder Absatzhelfer (z. B. Architekten) handelt es sich um kaufmännische oder technische Serviceleistungen (Beratung, Schulung, Zugeständnisse oder Unterstützungen) als Entscheidungshilfen.

Serviceleistungen

Bei einem starken Preis- oder Werbewettbewerb, bei dem sich die Bemühungen der Mitbewerber häufig gegenseitig aufheben und wirkungslos verpuffen, versuchen manche Unternehmen sich durch **besonders attraktive Serviceleistungen vor dem Kauf** zu profilieren. So kann sich das Unternehmen beispielsweise durch

- Modelle oder kombinierbare Module zur Demonstration vor Ort,
- digitale 3D-Einrichtungsplanung am Tablet vor Ort beim Kunden,
- Konfiguration der Problemlösung mittels digitaler Komponentendateien auf dem Tablet oder Notebook direkt vor Ort beim Kunden,
- eine telefonische oder digitale Störungshotline
- einen „365-Tage-rund-um-die-Uhr Notdienst“,
- Reparaturanleitungen im Internet oder über Apps im Smartphone u.a.

wirkungsvoll von Mitbewerbern abheben und Marktvorteile erlangen.

Aus Sicht des Marketings sind dies besonders **wirkungsvolle Anbahnungs- und Verkaufsförderungshilfen.**

2.2.4.2 Verwendungsbezogener Service

Verwendungsbezogener Service

Hierbei handelt es sich um technische und kaufmännische **Serviceleistungen nach dem Kaufentscheid** und **nach der Lieferung** (Installation, Probelauf, Einsatzberatung, Anleitung oder Schulung beim Kunden, Inspektion, Wartung, Reparatur und Ersatzteildienst), wichtige präferenz- vertrauensaufbauende Leistungen.

Diese Leistungen werden bereits bei der Kaufentscheidung berücksichtigt. Kundenbezogene Ausgestaltung und fehlerfreie Ausführung dieser Leistungen führen zu höherer Kundenzufriedenheit und Kundenbindung - speziell bei neuen Kunden und A-Kunden (Stammkunden).

2.2.4.3 Differenzierte Servicepakete

Besonders wirkungsvoll und profilierend ist das Angebot von speziell auf die Kundenbedürfnisse ausgerichteten „differenzierten Servicepaketen". Diese können aus ganz verschiedenen Dienstleistungen zusammengestellt werden; eine Orientierungshilfe ist folgende Auflistung.

Serviceleistungen von „A – Z“

Absatzgarantien
Absatzhilfen (mehrstufiges Marketing)
Alt-Maschinen-Instandstellung
Anpassung an bestehende Anlagen (Upgrading)
Antriebsdimensionierung
Arbeitsvorbereitung
Auftragsforschung
Bedienerschulung
Beratungen
Beschaffungshilfen – Betriebsmittel
Beratung
Dokumentation
Engineering
Ersatzteildienst 24 h
Ersatzteilverträge
Ersatzteillisten online
Einsatz- bzw. fertigungssynchrone Anlieferung (JIT)
Fachbeiträge in Zeitschriften
Feasibility-Studien
Finanzierungshilfen/Financial Engineering
Garantieleistungen
Gebrauchtmaschinenvermittlung (z. B. West/Ost)
Generalunternehmer
Herstellung von Kundenprodukten, Beweis an Werkstücken
Inspektion
Joint Venture
Kalkulationsunterstützung
Know-how-Verträge
Kompensationsgeschäfte
Konsignations-Ersatzteile
Kulanzleistungen
Kundendemos
Managementverträge
Miet- und Leihmaschinen
Mikrofilm (Ersatzteile/Zeichnungen)
Montageleistungen
Monteureinsatz innerhalb 24 h
NC-Programmerstellung
Nullserie-Fertigung
Occasionseintausch
Patent- und Lizenzverträge
Personalvermittlung/Leihmaschinisten
Produktions-Engpass-Überbrückung
Produktionsoptimierung
Projektierung
Recycling/Verschrottung
Risikountersuchungen
Rücknahme von Verpackung
Seminare und Fachvorträge für Kunden
Software-Anpassungen
Spezialentwicklungen
Technologietests
Telefonische Verknüpfung Maschine/Hersteller
Telefon-Ratgeber/Hotline (Trouble shooting)
Transport-Organisation
Transportversicherung
Übersetzung der Betriebsanleitungen
Umstrukturierungshilfen für den Betrieb
Umwelt – Verpackung
Umweltverträglichkeitsprüfungen
Universitätsunterstützung/Forschungsaufträge
Unterhalt im Vertrag
Werkzeugberatung
Wertanalysen
Zeitstudien

Serviceleistungen von „A - Z“ für Investitionsgüter (Belz)

Die Gestaltung der differenzierten Servicepakete richtet sich nach spezifischen Wünschen des Kunden und kann sich unterscheiden nach

- Geschwindigkeit (z. B. Eil-, Not- oder Normalabwicklung),
- Organisation (z. B. eigener oder fremder Reparaturdienst),
- Berechnung (z. B. pauschal oder nach Aufwand),
- Kaufentscheidung (z. B. Spontankauf oder Angebotsvergleiche),
- Digitalisierung (z. B. Onlinefehlerbehebung, E-Zugriff auf technische Dokumentationen),
- u. a. m.

„Differenzierte Servicepakete“ sind sehr geeignet, die angebotene Gesamtleistung als einzigartig bedürfnisgerecht und hoch attraktiv zu positionieren. Dies belegen auch folgende Ausführungen eines Marketingpraktikers:

> Kundendienst schafft Vertrauen und steigert den Wert des Unternehmens. Durch gezielten Dienst am Kunden lassen sich zufriedene Dauerkunden gewinnen, die den guten Ruf des Unternehmens festigen und die Attraktivität des Unternehmens für potenzielle Kunden steigern: Zufriedene Kunden danken es Ihnen.

„Differenzierte Servicepakete“ bringen den Kunden **individuelle Zeit-, Informations- und Kompetenzvorteile** (wie z. B. Schnelligkeit/Aktualität und hohe Problemlösungskompetenz). Sie bewirken bei B2B-Kunden, bei technikbegeisterten B2C-Kunden und beim eigenen Verkaufs- und Servicepersonal **starke** verkaufsfördernde **Impulse und Zufriedenheit.**

Fallbeispiel „Differenzierte Serviceleistungen“

Handlungssituation

Der Reinigungsunternehmer Fritz Sauber (siehe S. 127, 128) überlegt, durch welche Serviceleistungen er seine Haupt-Reinigungsleistungen bei den Zielgruppen „Gut situierte Familien“ und „Eigenständige Rentner“ differenzieren könnte, um eine direkte Vergleichbarkeit der Preise zu vermeiden.

Situationsbezogene Fragen

- Versuchen Sie, für beide Zielgruppen unterschiedliche Serviceangebote (mit/ohne Bezahlung) als Bestandteile der Marktleistungen für diese Zielgruppen zu entwickeln.
- Welche Serviceleistungen würden Sie bei einem sog. „First Class Cleaning Service“ als umfassendes Leistungspaket einbauen?
- Würden Sie dieses Angebot bei den Zielgruppen differenzieren? Wenn ja, wie?

2.2.5 Sortimentsgestaltung

Im Rahmen des Leistungsprogramms wird entschieden, **was und in welcher Vielfalt** den/dem Kunden in den SGF als Haupt-, Zusatz- und Nebenleistungen angeboten wird. Dies sind zentrale Entscheidungen über die Zusammensetzung des Leistungsprogramms aus **Produktfamilien und Produktvarianten.** Die Zahl der Produktfamilien oder angebotenen Leistungsarten zeigt die **Programmbreite**, während die Zahl der Produkt- oder Leistungsvarianten die **Programmtiefe** darstellt (Produktfamilien „Brot“, „Gebäck“, „Kuchen“, „Torten“ und „Snacks“ mit jeweils unterschiedlichen Produkten, Formen und Größen).

Produktfamilien

Produktvarianten

> Das Leistungsprogramm ist ein Portfolio aus Haupt-, Zusatz- und Nebenleistungen, die sich in unterschiedlichen Positionen ihres Lebenszyklus befinden.

Da Kundenbedürfnisse, Wettbewerbssituation und Ertragssituation einem fortlaufenden Wandel unterliegen (siehe Produktlebenszyklus, dargestellt in Abschnitt 2.2.1), ist auch das Leistungsangebot (Leistungsprogramm) in größeren Zeitabständen strategisch zu überprüfen, anzupassen, zu ergänzen oder zu straffen. **Entscheidungen zur Optimierung des Leistungsprogramms** zeigt folgende Darstellung.

Gestaltungsmöglichkeiten des Leistungsprogramms

Leistungsprogramm (Haupt-, Zusatz- und Nebenleistungen)					
Entwicklung von Leistungen (Innovation)		Veränderung von Leistungen (Variation)		Verzicht auf Leistungen (Elimination)	
Programmerweiterung	Diversifikation	Leistungsdifferenzierung	Leistungsanpassung	Verzicht auf einzelne Leistungen	Verzicht auf Leistungsbereiche

Entscheidungen zur Gestaltung des Leistungsprogramms

Im Folgenden wird auf die drei Gestaltungsbereiche Entwicklung, Änderung und Verzicht auf Leistungen kurz eingegangen.

2.2.5.1 Leistungsentwicklung

Technischer Fortschritt, veränderte Kundenbedürfnisse, Aktivitäten der Wettbewerber u. a. m. bedingen permanente Entwicklung neuer Leistungen und deren erfolgreiche Einführung in den Markt. Diese Aktivitäten stellen einen der wichtigsten Bausteine im Marketing dar, denn „Neues“ erhöht stets die Attraktivität des Unternehmens für derzeitige und potenzielle Kunden.

Leistungsentwicklung

> Nur Neuentwicklungen sichern dauerhaftes Überleben, Wachstum und Gewinne des Unternehmens in einem sich ständig wandelnden sozio-ökonomischen Umfeld.

Markt-neuheiten

Firmen-neuheiten

Neue Leistungen sind grundsätzlich **keine** Veränderungen vorhandener Leistungen (z. B. durch Änderung des eingesetzten Materials), sondern stets **Neuheiten im Angebot**, entweder als **Marktneuheiten** (Innovationen) oder **Firmenneuheiten** (Imitationen). Bei der Entwicklung von Marktneuheiten (**Innovationen**) bietet sich ein systematisches Vorgehen zur Risikominimierung an. Den kompletten Entscheidungsprozess zur Entwicklung einer neuen Leistung zeigt die nachfolgende Abbildung.

Checkliste „Entwicklungsprozess einer Marktleistung“

Entscheidung für eine neue Marktleistung

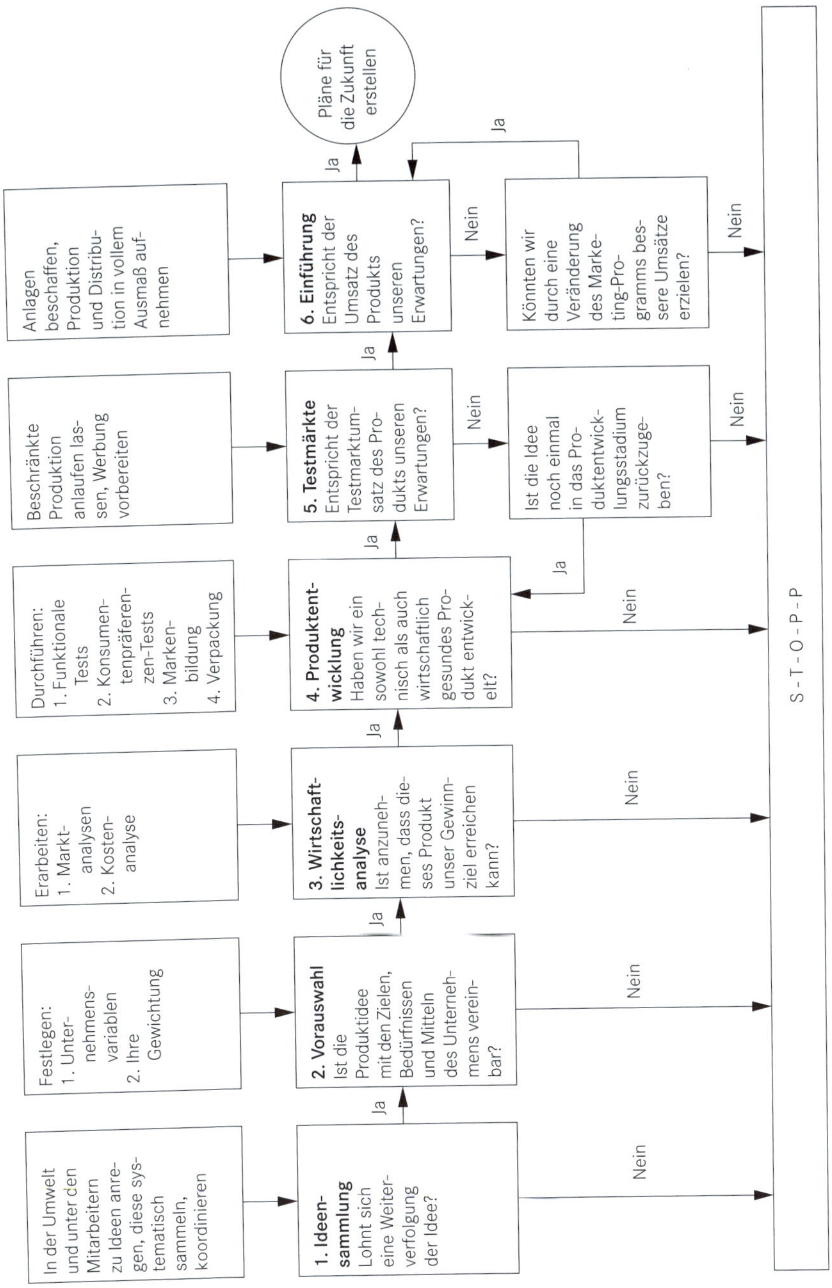

Entscheidungsprozess für eine neue Marktleistung (Kotler)

Im mehrstufigen **Entscheidungsprozess zur Schaffung einer neuen Marktleistung** (Einzelprodukt oder Sach-Dienstleistungs-Paket) lassen sich folgende praxisrelevante Aufgabenfelder unterscheiden:

Produktideen – Gewinnung

- **Gewinnung von Produktideen**: Systematische Ideensuche durch Auswertung von internen und externen Quellen oder Befragung von Kunden, Lieferanten oder Mitarbeitern aus Verkauf und Service. Die Suche kann **marktorientiert** (Erkennen bislang nicht befriedigter Bedürfnisse ausgewählter Zielgruppen, z. B. Wandfarben für Allergiker oder Digitalisierung der Kundenkontakte), **leistungsorientiert** (Erkennen von Alternativen zur Abrundung des Leistungsangebots, z. B. Fliesenverlegung durch SHK-Betrieb oder Einsatz der 3D-Drucktechnologie bei Einzelfertigung) oder **distributionsorientiert** (Entwicklung neuer Leistungen für die vorhandenen Vertriebskanäle oder Entwickeln neuer Vertriebswege für bisherige Leistungen, z. B. in Richtung Multi-Channel-Strategie) sein.

– Vorauswahl

- **Vorauswahl von Produktideen**: Prüfung der Ideen nach ihrer Verträglichkeit mit den Unternehmenszielen und -grundsätzen, Ressourcen und Potenzialen; qualitative Ideenbewertung durch Messen an sog. „Muss-Zielen", bei deren Nichterreichen die Idee verworfen wird. Bei positiver Beurteilung kann eine Feinauswahl im Hinblick auf Chancen und Risiken der neuen Leistung für das Unternehmen erfolgen.

– Wirtschaftlichkeitsanalyse

- **Wirtschaftlichkeitsanalyse**: Für eine positive Idee wird eine **wertmäßige Beurteilung** in Form von Wirtschaftlichkeitsrechnungen oder Nutzwert-Analysen erstellt. Bei Nichterreichen von Mindestvorstellungen ist zu prüfen, ob durch Änderungsmaßnahmen wie z. B. Einsatz anderer Materialien, Fertigungsverfahren, andere Einsatzmöglichkeiten oder andere Kundengruppen die Erfolgsaussicht der Idee verbessert werden kann. Ein stets gültiges K.-o.-Kriterium ist:

> Innovationen ohne voraussichtliche Akzeptanz durch Kunden sind „wertlos".

– Testphase

- **Produktentwicklung, Testphase, Markteinführung:** Unter Berücksichtigung der Belange anderer Marketinginstrumente geht die neu entwickelte Leistung (z. B. Multikorn-Brot geschnitten und verpackt), zur Probe in einen Produkt- und Markttest. Der Prototyp wird in einem Testmarkt (z. B. einer repräsentativen Filiale der Bäckerei) hinsichtlich seiner Nachfrage überprüft. Bei technischen Produkten/Geräten werden Labortests oder **Tests im Einsatz** im Unternehmen oder bei Kunden durchgeführt und bewertet.
- **Bewertung alternativer Produktvarianten:** Die Ergebnisse der Testphase oder für die Entscheidung „Eigenfertigung oder Kauf" können mit dem **Verfahren der Nutzwertanalyse** bewertet werden, um die beste Lösung zu

ermitteln. Die Anwendung dieser Entscheidungshilfe zeigt folgendes Bespiel zur Bewertung alternativer Wurst-Abfüll- und -Dosierautomaten.

Beispiel für eine Nutzwertanalyse

1. Ziel der Entscheidung	Entwicklung eines Wurst-Abfüll- und -Dosierautomaten						
2. Unbedingte Forderung	1. Preis nicht über .... 2. Hohe Portionier- und Abdrehgeschwindigkeit						
3. Auswahlkriterien	4. Gewichtungen (G) in %	5. Alternativen					
		Automat 1		Automat 2		Automat 3	
		(W)	(GxW)	(W)	(GxW)	(W)	(GxW)
Preis, Rabatt	25	6	150	10	250	8	200
Maschinen-Leistung							
• hohe nutzbare automatische Portionier- und Abdrehgeschwindigkeit	10	8	80	7	70	8	80
• Portioniergenauigkeit	5	8	40	8	40	10	50
• Füllleistung pro Stunde	5	6	30	6	30	8	40
• Beschaffenheit des Portionier- und Fördersystems	5	7	35	4	20	7	35
• Füllgutbehandlung durch die Maschine	5	10	50	6	30	8	40
• schonendes Fördern, auch empfindlicher Massen	6	10	60	5	30	10	60
• universelle Einsetzbarkeit für verschiedene Füllprodukte	10	6	60	4	40	10	100
• Baukastenmögliche Ausbaufähigkeit der Maschine mit Zusatzgeraten	4	5	20	5	20	10	40
Ergonomieberücksichtigung für das Bedienungspersonal	3	8	24	8	24	8	24
Bedienbarkeit der Maschine einfach, schnell	3	8	24	6	18	10	30
Reinigungsfreundlichkeit, Hygiene	4	10	40	6	24	10	40
Design	2	10	20	5	10	8	16
Kundendienst	6	8	48	8	48	6	36
Firmenimage zur Maschinenhaltbarkeit	3	10	30	5	15	10	30
Wiederverkaufswert	4	8	32	10	40	10	40
Ergebnisse	100		743		709		861
Entscheidung							X

Nutzwertanalyse zur Bewertung alternativer Wurst-Abfüll- und -Dosierautomaten

Erläuterung:
Die Auswahlkriterien werden **gewichtet** (10 = sehr wichtig, 2 = weniger wichtig); insgesamt 100 Prozent); die Ausprägungen der Kriterien bei den alternativen Automaten werden **bewertet** (10 = sehr gut; 1 = genügend). Durch Mulitplikation und Addition der ermittelten Werte werden die Unterschiede bei den Alternativen deutlich und die beste Lösung ermittelt (Automat 3).

Die gewonnenen Erkenntnisse können Anpassungen erforderlich machen, zur Einführung zu einem späteren Zeitpunkt oder gar zum Verzicht der Markteinführung führen.

2.2.5.2 Leistungsänderung

Bei diesen Maßnahmen geht es darum, vorhandene Sach- oder Dienstleistungen an technische, wirtschaftliche, ökologische oder soziale Veränderungen im Markt anzupassen. Eine **Leistungsanpassung** ist notwendig, wenn vorhandene Leistungen dem Marktstandard und/oder den von Kunden erwarteten Leistungsstandards nicht (mehr) entsprechen.

Leistungsanpassung

Leistungsverbesserung

Eine **Leistungsverbesserung** durch Nutzung des technischen und ökologischen Fortschritts soll die bisherigen Leistungen „aktualisieren", damit sie mit dem Prädikat „neu" versehen für den Kunden (wieder) attraktiv werden und neue Kaufimpulse auslösen, z. B. durch verbesserte „Nachhaltigkeit" beim Materialeinsatz.

Leistungsdifferenzierung

Mit einer **Leistungsdifferenzierung** bei bisherigen und neuen Marktleistungen sollen Leistungsvarianten für bisherige und neue Kunden/Kundengruppen gewonnen werden. Ziel ist eine gewinnoptimale Abschöpfung der Zahlungsbereitschaft der Kunden!

Leistungsvarianten

Mit kunden- oder kundengruppenspezifischen **Leistungsvarianten** bei Einzelleistungen oder Leistungspaketen (umfassende Problemlösungen) können **andere oder höhere Nutzen für die Käufer** erreicht werden, die für ihn vorteilhaft (mehr wert) sind.

Differenzierung kann z. B. durch Abwandlungen bei Materialeinsatz, Verpackung, Farbe, Form, Größe, Leistungsfähigkeit, Qualität oder Design erfolgen.

Auch durch Unterschiede bei den Nebenleistungen (z. B. Beratung, Garantiegewährung oder Kundendienst u. a.) kann eine Hauptleistung weiter differenziert und an die Erwartungen der einzelnen Kundengruppen besser angepasst werden (Angebot von Leistungsmodulen, die der Kunde selbst zusammenstellen kann). Dies bringt eine **erhöhte Attraktivität für den Käufer. Es steigert seine Zahlungsbereitschaft,** da seine Bedürfnisse durch die Leistungsvariante genauer oder umfassender befriedigt werden. Das erhöht sein Zufriedenheitsniveau und macht ihn weniger preisempfindlich.

> Leistungsdifferenzierung auf Basis einer Marktsegmentierung erschwert die Vergleichbarkeit von Leistungen und Preisen.

Beispiel:
Bei Klima- und Kältetechnik sind Leistungsdifferenzierungen denkbar für folgende Zielgruppen/Marktsegmente:

- Wohngebäude (mit status- und gesundheitsorientierten Kunden)
- Firmengebäude (Fabrikhallen, Bürogebäude)
- Krankenhäuser (Krankenstation, Intensivstation)
- Restaurants
- Lagerräume
- Schulen (Neubauten oder Sanierungen).

Die für diese Kundengruppen erforderlichen Leistungsvarianten haben zwar vieles gemeinsam, doch können sie in Umfang, Kombination und Ausgestaltung der Haupt-, Zusatz- und Nebenleistungen so unterschiedlich angeboten werden, dass keine direkte Preistransparenz gegeben ist.

Ansatzpunkte für Leistungsvariationen

Orientiert sich das Unternehmen bei seinen Entscheidungen zur Leistungsdifferenzierung an kundenbezogenen Marktsegmenten (z. B. Endverbraucher, Gewerbebetriebe und öffentliche Hand), dann kann sich das positiv auf die Ertragsentwicklung des Unternehmens auswirken, wenn die Kundengruppen untereinander keinen starken Informationsaustausch haben. Hier besteht die Möglichkeit, für gleiche Preise unterschiedliche Leistungen anzubieten oder für kundenspezifische Leistungsvarianten unterschiedliche Preise zu erzielen.

> Zielgruppenorientierte Leistungsdifferenzierung ermöglicht gewinnsteigernde Preisdifferenzierung.

Dies bedingt aber auch einen differenzierten Einsatz der übrigen Marketinginstrumente **(differenziertes Marketing),** damit die Ertragsmöglichkeiten optimal ausgeschöpft werden.

2.2.5.3 Leistungsverzicht

Leistungsverzicht

Leistungsverzicht ist ein unternehmerisches Problem, das bei Leistungen entsteht,
(1) die selten nachgefragt werden,

(2) relativ geringe Wachstumschancen haben (z. B. infolge Marktsättigung oder Nachfrageänderungen),

(3) hohe Bereitstellungskosten an Kapital oder Fachpersonal erfordern und

(4) daher (oder aufgrund starker Wettbewerbssituation) geringe oder keine Deckungs- bzw. Gewinnbeiträge erzielen.

Solche ertragsschwachen Produkte gilt es mithilfe der Absatzerfolgsrechnung (siehe Abschnitt 3.2.2 „Erscheinungsformen der Marketingkontrolle") zu erkennen. Anhaltspunkte für die Entscheidung **„Aufgeben oder Beibehalten"** kann das Unternehmen durch den Einsatz von Checklisten erhalten (siehe Beispiel).

Checkliste „Verzicht auf eine Marktleistung"

Beispiel: Checkliste – Verzicht auf eine Marktleistung			
Wie ist der Marketingaufwand heute?	normal	hoch	übertrieben
Wie viel Verkaufszeit ist erforderlich?	normal	viel	zu viel
Wie viel Innendienstzeit wird gebraucht?	normal	viel	zu viel
Sind Kunden auf das Produkt angewiesen?	ja	bedingt	nein
Wie ist der Branchentrend?	steigend	eben	fallend
Beeinflusst das Produkt unser Image?	positiv	nicht	negativ
Ist das Produkt zu verbessern?	leicht	vielleicht	nicht
Wäre eine Preissenkung erfolgreich?	sicher	fraglich	nicht
Kann der Ertrag normalisiert werden?	ja	vielleicht	nein
Werden durch Streichung Mittel frei?	nein	vielleicht	ja
Sind sie anderweitig besser anzulegen?	nein	vielleicht	ja
Kann ein neues Produkt den Platz übernehmen?	nein	vielleicht	ja

Sind nachfrage- oder ertragsmäßig schwache Marktleistungen festgestellt, so ist zunächst zu prüfen, ob man die Absatz- und Gewinnchancen verbessern kann.

Ertragsschwache Leistungen

- **Beibehalten ertragsschwacher Leistungen**
  Eine **Ertragssteigerung** bei solchen Leistungen ist z. B. durch **technische Maßnahmen** zu erreichen; etwa durch Normung oder Typisierung einer Leistungsart zur Senkung von Herstell-, Lager- und Verkaufskosten, Leistungen anpassen und „neu" definieren durch Anreicherung zu einem „premium product" oder durch Vereinfachung zu einem „lean product" u. a. m. Auch **unterstützende Marketingmaßnahmen** (Verstärkung oder Änderung der Marktbearbeitungsstrategie, der Werbung, der Verkaufsförderung, verstärkte Digitalisierung

der Kundenkontakte, neue Vertriebswege, z. B. Multi-Channel-Vertrieb) haben ertragssteigernde Wirkung.

Gelingt die angestrebte Verbesserung des Gewinnbeitrags nicht, muss vor der Entscheidung zum Verzicht auf diese Leistung geprüft werden, ob Gründe für den Verbleib im Leistungsangebot des Unternehmens sprechen. Hierzu gehören HL und ZL, die als „Lockartikel" die Funktion eines „Marktöffners" haben. Auch können verschiedene ZL (z.B. Garantie- und Kulanzregelungen) - da allgemeiner Standard - nicht problemlos unterbleiben. Sie werden vom Kunden als „Muss" erwartet und würden bei der Elimination außer Imageproblemen (sicher) auch Kundenverluste für das Unternehmen mit sich bringen.

- **Verzicht auf ertragsschwache Leistungen**
  Entschließt sich das Unternehmen, bestimmte Leistungen nicht mehr anzubieten, so ist zu entscheiden, wie die **Sortimentsbereinigung** zu erfolgen hat.

  Leistungsverzicht

  Dies kann durch **sofortigen Verzicht** (Aufträge für die jeweilige Leistung werden ab sofort nicht mehr angenommen) oder durch mehr oder weniger rasches **Auslaufenlassen** (systematischer Abbau der Aufträge über einen bestimmten Zeitraum bis zur endgültigen Ablehnung solcher Aufträge) geschehen.

  Für welche Art der Bereinigung des Leistungsprogramms sich das Unternehmen entscheidet, ist abhängig von

  - der Art der Leistung (Sach- oder Dienstleistung),
  - wie lange gesetzliche oder vertragliche Verpflichtungen/Garantien, Zusagen für Ersatzteile, Wartungs- oder Reparaturleistungen zu erbringen sind,
  - ob eine Verlagerung dieses Geschäfts auf andere durch Verkauf oder Kooperation sinnvoll ist und
  - ob und in welcher Höhe Restbestände bei Rohstoffen und halbfertigen Erzeugnissen vorliegen und wie diese anderweitig verwendet werden können.

Bei der Aufgabe von Leistungen ist zu beachten, dass die **Gefahr von Kundenabwanderung** besteht, wenn der Kunde von der Entscheidung überrascht wird. Frühzeitige Information, verknüpft mit Kundenbindungsaktivitäten (z. B. Gutscheine o. Ä.), mindert beim Kunden psychologisch eine aufkommende Wechselbereitschaft zu Mitbewerbern.

Kundenabwanderung

Fallbeispiel „Marketingkonzept für ertragsschwache Leistungen“

Handlungssituation

Friseurmeisterin Katja Schmidt ist Inhaberin eines kleinen Friseursalons mit drei Vollzeit-Mitarbeiterinnen. Neben der Haarpflege bietet sie den Kunden als Service auch Echthaar-Perücken an, was früher ein ganz gutes Geschäft war. Die Nachfrage hat in den letzten zwei Jahren jedoch stark nachgelassen. Junge Kundinnen, auf deren Frisuren sie sich spezialisiert hat, sind daran nicht (oder noch nicht?) interessiert. Katja Schmidt überlegt, das Perückengeschäft zu „verjüngen“, d. h. junge Frauen dafür zu gewinnen, sich für spezielle Anlässe mal mit einer anderen Frisur „auszustatten“ und mit ihrer Erscheinung zu „spielen“.

Situationsbezogene Fragen

- Für welche Anlässe könnte Katja Schmidt den jungen Damen welche Angebote machen?
- Welche Vorteilsargumente könnte Katja Schmidt ihren Mitarbeiterinnen und den jungen Kundinnen nennen?
- Was sollte Frau Schmidt tun, wenn diese Idee nicht zum Tragen kommt? Haben Sie einige weitere Ideen? Wie sollte sie vorgehen? Worauf ist dabei zu achten?

2.3 Gestaltungsmöglichkeiten bei Preisen und Konditionen

2.3.1 Entscheidungen zur Preisbildung

Preisbildung

Preise entstehen beim finanziellen Ausgleich von Angebot und Nachfrage nach einer Leistung. Die **Preisbildung** im Rahmen des Kaufprozesses erfolgt durch Ausgleich der Preisforderung des Unternehmens mit der Zahlungsbereitschaft des Kunden.

Preise ergeben sich aus den Preisvorstellungen der Anbieter und Nachfrager/Kunden. Diese Preisvorstellungen spiegeln die Wertschätzung der Leistung (HL oder ZL) durch den Anbieter („Das soll die Leistung kosten!“) und durch den Kunden („Das ist mir die Leistung wert!“) wider.

Preisvorstellung

Preisvorstellungen können wie folgt ermittelt werden:

- auf Kundenseite: Angebots- und Preisvergleiche, Wertanalysen (im B2B-Geschäft), Erfahrungen aus früheren Geschäften, Empfehlungen von Dritten, Freunden etc.
- auf Anbieterseite: Kalkulationen zu Voll- und Teilkosten, Preis- und Wertanalysen, Erfahrungswerte aus früheren, ähnlichen Projekten/Aufträgen, Schätzungen o. Ä.

Reale Preise können wie folgt zustande kommen:

Preisbildungs-alternativen

Preisbildung	Verkäufer		Kunde
Situation 1	Preisvorstellung	- - - - - - - - - - - - →	Akzeptanz
Situation 2	Akzeptanz	← - - - - - - - - - - - -	Preisvorstellung
Situation 3	Preisvorstellung	← - - - - - - - - - - - → (Verhandlungslösung)	Preisvorstellung

- **Situation (1)** findet sich überwiegend im B2C-Geschäft (z. B. Preisakzeptanz beim Kauf im Einzelhandel, beim traditionellen oder elektronischen Kataloggeschäft, in Onlineshops und bei Verkaufsplattformen wie etwa amazon u. a.). Im B2B-Geschäft gilt das bei Verbrauchsgütern, geringwertigen Sach- und Dienstleistungen im Direktgeschäft und bei den oben genannten Formen des Verkaufs.
- **Situation (2)** ist z. B. gegeben bei Auktionen im B2C- und B2B-Geschäft (z. B. Schmuck, Autos oder Gebrauchtmaschinen) sowie vor allem im Zuliefergeschäft mit Großkunden (Preisvorgaben durch Marktmacht) und bei starkem Angebotswettbewerb (Überangebot).
- **Situation (3)** mit Preisbildung über Verhandlungen ist vor allem im B2B-Geschäft gegeben, bei komplexen, von beiden Seiten als hochwertig eingeschätzten Produkten und Problemlösungen (sog. Systemgeschäft). Hier werden meist Lösungsumfang, Preishöhe und Preisgestaltung gleichzeitig verhandelt, um über Kompromisse einen für beide Seiten als „fair" akzeptierbaren Preis zu bekommen.

> Preis- und Leistungspolitik müssen auf die Grundorientierung der Kunden (preis- oder qualitätsbewusst) ausgerichtet und eng miteinander gekoppelt sein.

Qualitäts-orientierung

Bei der **Qualitätsorientierung,** geprägt durch einzigartige Leistungen in Technik und Design (Qualitäts-, Luxus- oder Premiumprodukte) mit hohen persönlichen Vorteilen für B2C- und B2B-Kunden können auch einzigartige Preise mit hoher Gewinnmarge gefordert werden **(Hochpreispolitik).** Hier kommt man auch mit kleineren Absatzzahlen zur angestrebten Rendite.

Kosten-orientierung

Bei einer **Kostenorientierung,** geprägt durch Vereinfachung, Rationalisierung und Standardisierung bei der Leistung, deren Erstellung, Vermarktung und Logistik können einzigartige Preise mit niedriger Gewinnspanne als Kaufanreiz realisiert werden

(Tiefpreispolitik). Hier bringen große Absatzmengen den erforderlichen Umsatz und führen so zur gewünschten Rendite.

Ein Unternehmen kann sich mit jeder dieser Preisstrategien im Wettbewerb positionieren und profilieren. Es sollte jedoch **keine Mischung aus Hoch- und Tiefpreispolitik** stattfinden, denn das führt zu keinem klaren und einheitlichen Image bei den Kunden.

> Kunden sind abhängig vom Umfeld (Wo?), Zeitpunkt (Wann?) und Objekt (Was?) preis- oder qualitätsorientiert aktiv. Die jeweilige Handlungsorientierung wird von der subjektiven Bedeutung des Bedarfs für den Kunden bestimmt.

> Je wertvoller eine Leistung vom Kunden eingeschätzt wird, desto größer ist seine Zahlungsbereitschaft für den geforderten Preis.

Top- oder Spitzenleistungen erlauben in den Augen der Kunden - wegen des subjektiven Mehrwerts - höhere Preisforderungen (siehe Luxusgüter) als Standard- oder Einfachleistungen.

Preis- und Leistungsgestaltung

> Preis- und Leistungsgestaltung müssen eng miteinander gekoppelt sein.

Der Eindruck eines fairen oder guten, in den Augen des Kunden vorteilhaften Preis-Leistungs-Verhältnisses ist - neben persönlichen Präferenzen für das Unternehmen oder den Verkäufer - kaufentscheidend.

> Der Kunde entscheidet sich für das subjektiv günstigste Preis-Leistungs-Verhältnis.

Daran ist die Preisgestaltung mit ihren Entscheidungen zur Gestaltung kaufauslösender Preise und Konditionen auszurichten.

Preisgestaltung

Ziele

Durch eine bewusste, d. h. **gezielte Preisgestaltung** können

(1) Marktleistungen für potenzielle Kunden attraktiver gemacht (Image eines vorteilhaften Preis-Leistungs-Verhältnisses),

(2) Nachteile bei anderen Marketingmaßnahmen (geringerer Qualitätsstandard, weniger Werbung, eingeschränkter Kundendienst o. Ä.) gegenüber Mitbewerbern ausgeglichen,

(3) strategische und operativen Marketingziele besser erreicht und

(4) die Gesamtkosten nebst Gewinn verdient werden.

> Das Ziel der Preisgestaltung müssen stets Preise mit Gewinnanteilen oder hohen Deckungsbeiträgen sein.

Kundenbezogene Preisgestaltung sollte stets **im Verbund** mit **weiteren Marketinginstrumenten** (z. B. Leistungsvarianten, Design, Verpackung, Werbung, Verkaufsförderung und Kundenbindung) gesehen und getroffen werden. Kundenbezogene Preisgestaltung

> Eine Festlegung von strategischem Preisniveau und operativer Preishöhe im Wirkungsverbund Marketing-Mix erleichtert Positionierung, Präferenzbildung und Vertrauensaufbau bei Kunden wesentlich.

2.3.2 Ansatzpunkte zur Preisbildung

Der Preis ist das flexibelste aller Marketinginstrumente, denn er kann kurzfristig an veränderte Marktsituationen angepasst werden. Damit ist dieses Marketinginstrument in aller Regel sofort kaufwirksam. Preisbildung

Durch eine bewusste, auf die Unternehmensziele ausgerichtete **Preispolitik** als Summe aller strategischen und operativen Maßnahmen zur Preisgestaltung für die Haupt- und Zusatzleistungen kann ein Unternehmen Preispolitik

- seine Marktleistungen für die potenziellen Kunden attraktiv machen (Image eines vorteilhaften Preis-Leistungs-Verhältnisses),
- Nachteile bei anderen Marketingmaßnahmen (z. B. geringerer Qualitätsstandard, eingeschränkter Kundendienst o. Ä.) ausgleichen,
- seine strategischen und operativen Marketingziele besser erreichen,
- die erforderliche Liquidität schaffen, sichern und erhöhen sowie
- seine Gesamtkosten und seinen Gewinn einer Periode „verdienen".

Von diesen **Zielen der Preispolitik** kann für kurze Zeit auch abgewichen werden, wenn umgehend auf strategisch bedrohliche Wettbewerbsaktivitäten reagiert, die Nachfrage zur Kapazitätsauslastung angeregt oder eine neue Kundengruppe gewonnen werden muss.

Die Preisbestimmung orientiert sich an Kosten, Kunden und Konkurrenz als den zentralen wirtschaftlichen Erfolgsfaktoren. Daher kann man auch eine kosten-, kunden- oder konkurrenzorientierten Preisbildung unterscheiden.

2.3.2.1 Kostenorientierte Preise

Kostenorientierte Preisbildung

Diese Art der Preisbildung basiert auf der Grundüberlegung, dass der Preis schwerpunktmäßig von den Kosten bestimmt wird, die eine Leistung an Einzel- und Gemeinkosten verursacht. **Kostenorientierte Preisbildungen** (Kalkulationen) sind **mit Vollkosten** oder **mit Teilkosten** möglich.

Vollkostenpreise

Preise auf Vollkostenbasis (inkl. Gewinnzuschlag) sind das Ergebnis einer regulären Kalkulation mit Einzel- und Gemeinkostenzuschlägen. Sie werden als Festpreise vorgegeben oder müssen in den Kaufverhandlungen mit dem Kunden durchgesetzt werden (sofern keine Abschläge bereits einkalkuliert wurden).

Teilkostenpreise

Preisuntergrenze

Preise auf Teilkostenbasis werden häufig eingesetzt, um kurzfristig und spontan Kaufentscheidungen auszulösen (z. B. bei temporärer Unterbeschäftigung, Markteinführung neuer Leistungen oder Abverkauf bei Marktverzicht). Diese müssen klar als Sonderpreise, Aktionspreise oder Schnäppchenpreise gekennzeichnet sein, da sonst Kunden dies als Teil einer Tiefpreisstrategie sehen könnten. Die Ermittlung einer **kurzfristigen Preisuntergrenze** ohne Liquiditätsprobleme kann mit einer **Break-even-Analyse** oder einer **Deckungsbeitragsrechnung** ermittelt werden (Darstellung der Methoden im Detail siehe Band „Unternehmensrechnung“ dieser Lehrbuchreihe).

Da die Deckungsbeitragsrechnung ein sehr wichtiges Instrument der täglichen Marketingpraxis ist, wird sie hier kurz dargestellt.

Der zu erzielende **Mindestpreis** (Preisuntergrenze) und der ggf. **erwirtschaftete Deckungsbeitrag** lassen sich etwa nach folgendem Schema ermitteln:

Deckungsbeitragsrechnung

Beispiel einer Deckungsbeitragsrechnung für einen Fertigungsbetrieb

Verbrauch von Fertigungsmaterial	100,- €
+ Fertigungslöhne	150,- €
Einzelkosten (leistungsabhängig)	250,- €
+ leistungsabhängige Gemeinkosten	100,- €
Grenzkosten (variable Kosten) = absoluter Mindestpreis	350,- €
erzielbarer Verkaufspreis	600,- €
Deckungsbeitrag I	250,- €
- vertriebsfixe Kosten (pro Stück gerechnet)	70,- €
Deckungsbeitrag II	180,- €
- Unternehmensfixkosten (pro Stück gerechnet)	100,- €
Betriebsergebnis pro Stück (Beitrag dieses Artikels)	80,- €

Eine Preisbildung auf Teilkostenbasis (hier z. B. 350,- €) kann nur eine zeitlich begrenzte Maßnahme sein, da hierbei weder Fixkostenanteile „verdient“ noch Gewinnbeiträge erwirtschaftet werden. Für diese steht aus diesem Auftrag ein Deckungsbeitrag I in Höhe von 250,- € zur Verfügung. Erst mit Deckungsbeitrag II und nach Abzug der Unternehmensfixkosten kann überprüft werden, ob sich dieser Auftrag für das Unternehmen rentiert hat. Hier wird zwar ein Betriebsergebnis von 80,- EUR/ Stück ausgewiesen, jedoch wird erst eine differenzierte Vollkostenkalkulation zur Kontrolle zeigen, ob das auch zutrifft.

Grenzkostenpreise

Grenzkostenpreise sollten stets eine Ausnahme sein und bleiben, um kurzfristig auf den Markt zu reagieren (z. B. als Lockpreis, um einen neuen, strategisch wichtigen Kunden zu gewinnen, als Aktionspreis zur kurzfristigen Abwehr der Mitbewerber). Langfristig ist damit keine reale Kapitalerhaltung und Rentabilität zu erzielen; hierzu bedarf es stets **Vollkostenpreise.** Sollten diese für eine Leistung langfristig nicht erreichbar sein, ist mit einer **Umsatz- und Sortimentsanalyse** zu klären, ob man diese Leistung aufgeben kann (vgl. in Abschnitt 2.2.5.3 „Leistungsverzicht“).

2.3.2.2 Kundenorientierte Preise

Kundenorientierte Preisbildung

Bei dieser Art der Preisbildung wird die **Preisempfindlichkeit der Kunden** angesprochen, um bei bisherigen oder neuen Kundengruppen bestimmte Marktanteile oder Umsatzanteile zu erreichen und zu sichern. Dies kann erfolgen über

Preissenkung

- **Preissenkungen** (Absenkung von Einzelpreisen oder des gesamten Preisniveaus auf Dauer oder zeitlich befristet als Saisonpreise oder Aktionspreise, um Spontankäufe auszulösen),
- **Preiskonstanz** (als dauerhafte oder befristete Maßnahme stärkt sie das Vertrauen, erhöht die Präferenz beim Kunden und wirkt bei steigenden Preisen der Mitbewerber auch verkaufsfördernd),

Preiserhöhung

- **Preiserhöhungen** (wirken nicht/selten absatzhemmend bei „neuen" oder „veränderten" Leistungen mit hohem Prestigewert oder Exklusivcharakter, die jeder „Trendsetter" sofort haben will [vgl. Strategie von Apple]. In den Augen des Kunden liegt ein verbessertes „neues Produkt mit neuem Preis" mit hohem subjektivem Mehrwert vor, das sich einem direkten Preisvergleich entzieht. Somit kann man die Präferenzen des Kunden und seine Zahlungsbereitschaft gezielt für „bessere" Preise und höhere Deckungsbeiträge nutzen),
- **Preisdifferenzierung** (für gleiche oder ähnliche Leistungen werden in unterschiedlichen Marktsegmenten [verschiedene Kundengruppen, Absatzmärkte] unterschiedliche Preise gefordert; Ausnutzen unterschiedlicher Kaufkraft und Kaufbereitschaft [Inland ≠ Ausland]).

> Marktsegmente sind Preissegmente.

Preisdifferenzierung

Preisdifferenzierung lässt sich gestalten als

- räumliche Preisdifferenzierung (z. B. Stadt/Land, Inland/Ausland),
- zeitliche Preisdifferenzierung (z. B. Jahreszeit, Urlaubszeit/Nichturlaubszeit, Tag/Nacht, morgens/mittags/abends),
- kundenbezogene Preisdifferenzierung (z. B. Industrie, Kommune, Privathaushalte),
- personelle Preisdifferenzierungen (z. B. Schüler, Studenten, Rentner),
- mengenmäßige Preisdifferenzierung (z. B. Groß- und Kleinpackungen).

Preisintransparenz

Werden diese Kriterien kombiniert angewendet (z. B. räumlich und zeitlich kombinierte Differenzierung), erschwert dies die Markt- und Preisübersicht für Kunden und Mitbewerber erheblich. Verstärkt wird diese gewollte **Preisintransparenz,** wenn die **Preisdifferenzierung auf einer nach gleichen Kriterien erfolgten Produktdifferenzierung** aufbauen kann. So lassen sich relativ leicht **Preise mit unterschiedlichen Gewinnbeiträgen** zur Verbesserung der Ertragslage des Unternehmens bilden.

> Produktdifferenzierung ermöglicht profitable Preisdifferenzierung.

Dieses Vorgehen ist ein richtiger Schritt, dem reinen Preiswettbewerb auszuweichen.

2.3.2.3 Konkurrenzorientierte Preise

Bei diesem Vorgehen versucht man seine Preise so festzulegen, dass sie denen des Wettbewerbs entsprechen oder unter den Wettbewerbspreisen liegen. Diese Maßnahme wird meist dann vom Unternehmen ergriffen, wenn mengenmäßige Absatzsteigerungen ohne eigene Kalkulation angestrebt werden (z. B. bei Neugründung eines Unternehmens, Kundenbindung eines A-Kunden oder ruinöser Preiswettbewerb um Aufträge).

Konkurrenz-orientierte Preise

Konkurrenzorientierte Preisbildung kann sehr gefährlich sein, denn jedes Unternehmen hat eine andere Betriebs- und Leistungsstruktur. Somit sind Preise der Mitbewerber auch anders kalkuliert und passen in aller Regel nicht zur eigenen Kostenstruktur. Werden niedrigere Wettbewerbspreise ungeprüft übernommen, kann dies – längerfristig – zu existenzbedrohenden Liquiditätsengpässen führen.

Konkurrenzorientierte Preise müssen daher stets mit einer Deckungsbeitragsrechnung auf Basis eigener variabler Kosten überwacht werden.

Besondere Bedeutung hat die konkurrenzorientierte Preisbildung bei solchen Handwerksbetrieben, die sich über **Ausschreibungen** um Aufträge bemühen. Dabei kann durch Berücksichtigung von Erfahrungswerten und subjektiven Wahrscheinlichkeiten bezüglich des Preisbildungsverhaltens der Hauptmitbewerber eine wesentliche Verbesserung der eigenen Preisfindung erreicht werden.

Ausschreibungen

2.3.3 Anlässe zur Preisbildung

Im Prinzip gibt es drei Situationen, in denen sich ein Unternehmen mit Fragen der Preisbildung und Preisgestaltung befassen muss: erstmalige Preisfindung, eigene Preisänderung und Preisänderung durch die Mitbewerber.

- **Preisfindung**

Das Unternehmen ist neu am Markt oder ermittelt einen Preis für eine Leistung, die neu ins Programm aufgenommen wurde. Dabei kann – je nach Zielgruppe, Marktsegmentierung oder Neuheitsgrad der Leistung – ein hoher oder niedriger Preis angesetzt werden.

Festlegung des Preisniveaus und der Preishöhe

Ein **hoher Preis** in der Einführungsphase einer Leistung zielt auf sehr kaufkraftstarke Käufer, die mit dem Kauf der Leistung einen Prestigeeffekt verbinden. In späteren

Phasen des Produktlebenszyklus wird der Preis reduziert, um weitere Käuferschichten zu gewinnen („**Abschöpfungspreise**").

Mit einem **niedrigen Preis** versucht das Unternehmen größere Marktanteile zu erreichen. Bei qualitativ ansprechender Leistung und einer äußerst attraktiven Preisgestaltung sollen Produkte in den Markt „gedrückt" und Kunden für den Kauf gewonnen werden („**Penetrationspreise**"). Dieses Vorgehen wird gern von jungen Unternehmen angewandt; Instrument der Push-und-Pull-Strategie.

- **Eigene Preisänderung**

Situative Preisgestaltung

Das Unternehmen versucht durch bewusste **Gestaltung des Preisniveaus** (z. B. Preiskonstanz über einen längeren Zeitraum) oder durch **situative Preisgestaltung** wie **Pauschalpreise, Sonderpreise** oder **Aktionspreise** eine Verhaltensänderung bei Kunden (z. B. mehr Nachfrage) auszulösen. Auch die **Preisbündelung bei Leistungspaketen** (Änderung von mindestens zwei Preisen) mit Ziel einer maximalen Abschöpfung der Zahlungsbereitschaft der Kunden für sich ergänzende Leistungen ist hier zu nennen.

Preisbündelung

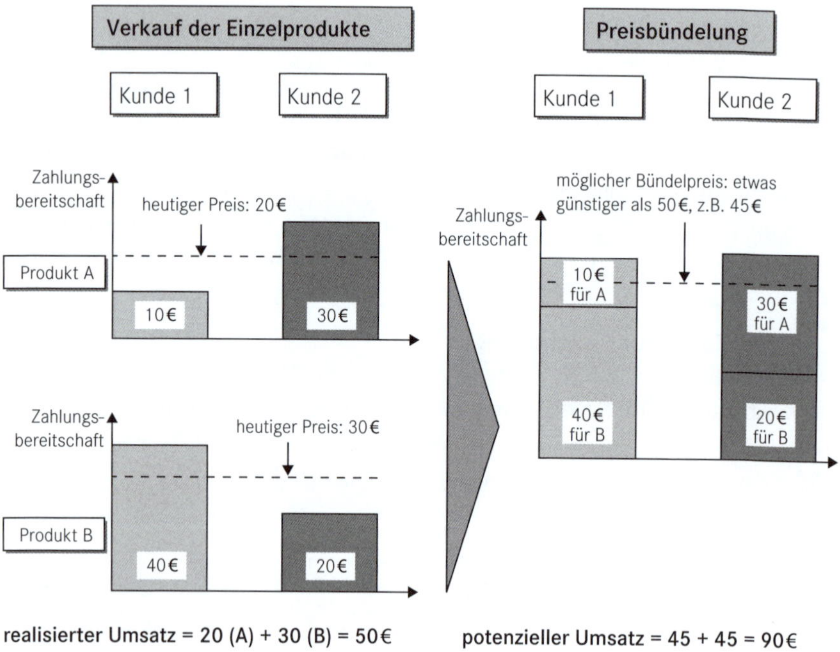

Wirkung einer Preisbündelung (Homburg)

Obige Abbildung zeigt einen Mobilfunkanbieter, der ein Handy zum Preis von 20,- € und einen Vertrag „Spezialservice" für 30,- € anbietet (undifferenzierte Marktbearbeitung). Durch Kundenbefragung wurde herausgefunden, dass die Leistungen für verschiedene Kunden unterschiedlich wertvoll sind und eine unterschiedliche Zahlungsbereitschaft dafür besteht. Wird der Bündelpreis günstiger als die Summe der jeweiligen Einzelpreise gesetzt, könnte eine Umsatzsteigerung von insgesamt 40,- € gegenüber dem derzeitigen Umsatz von 50,- € erzielt werden.

Leistungs- und Preisbündelung, Systemgeschäft

Dieses Vorgehen einer **Leistungs- und Preisbündelung** wird in Industrie, Handel und Handwerk bei attraktiven „Leistungspaketen" und im „Systemgeschäft" (Kombination von Haupt-, Zusatz- und Serviceleistungen) mit **ertragssteigerndem Erfolg** eingesetzt.

- **Konkurrenzpreisänderung**

Änderung von Konkurrenzpreisen

Hier muss das Unternehmen versuchen, den spezifischen **Zweck** der Konkurrenzmaßnahme zu erkennen (z. B. **Erhöhung, Senkung oder Differenzierung von Preisen** als Maßnahme zur Marktsegmentierung, besseren Kapazitätsauslastung, Ausschaltung von Wettbewerbern o. Ä.). Außerdem ist die voraussichtliche Dauer der Maßnahme zu ermitteln (kurzfristig-taktische oder langfristig-strategische Preisänderungen). Es gilt, Anhaltspunkte für die eigene Reaktion zu gewinnen. Das folgende Schaubild kann einige Hinweise für die Überlegungen des Unternehmens in einer solchen Situation geben.

Checkliste „Reaktionen bei Preisänderungen der Konkurrenz“

Reaktion auf Preisänderung der Konkurrenz

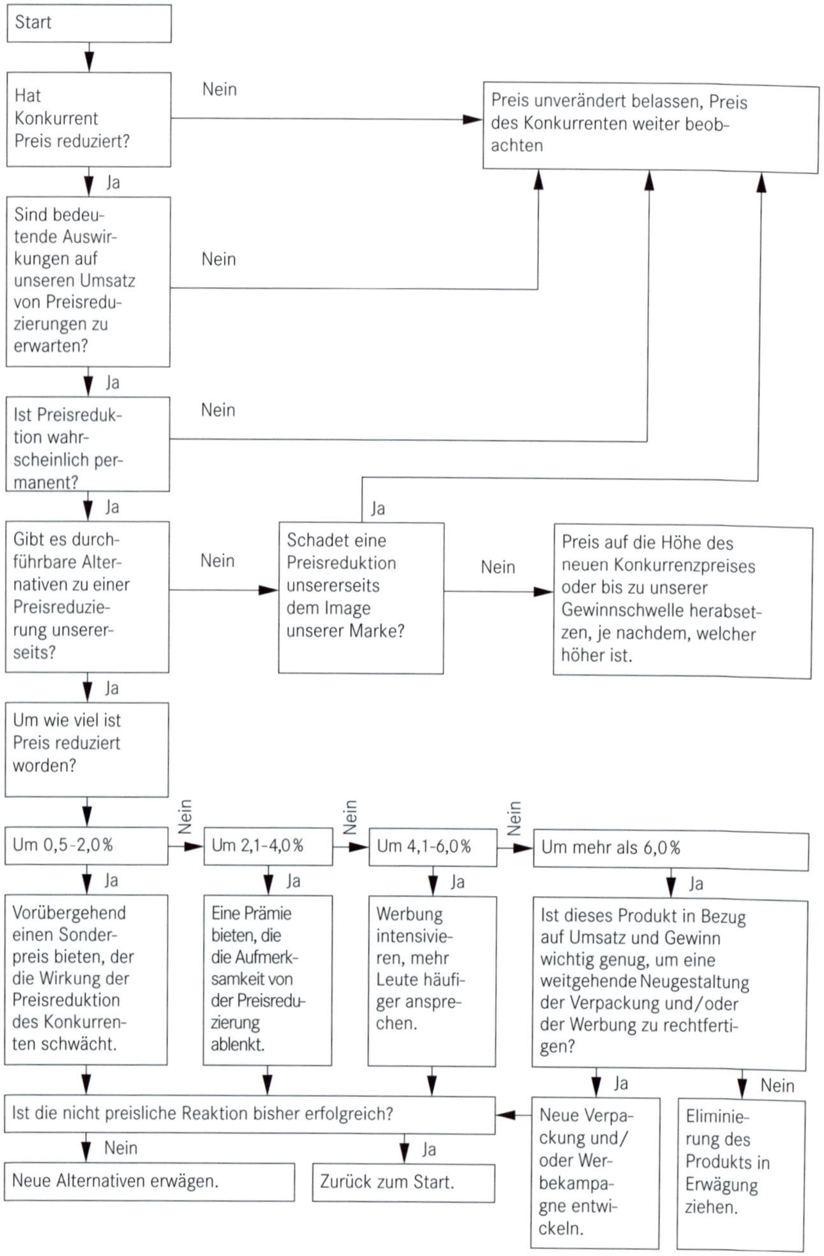

Entscheidungsalternativen bei Preissenkung eines Mitbewerbers

Auf Preissenkungen muss man **nicht (sofort) mit eigenen Preisnachlässen** reagieren. Es ist sinnvoller, sich **zunächst andere Marketingaktionen** (z. B. Leistungsänderung, verstärkte Verkaufsförderung) zu überlegen und auf ihre Wirkungen hinsichtlich Kunden, Mitbewerber und Gewinnsituation zu prüfen.

2.3.4 Instrumente der Preisgestaltung

Sonderformen der Preisbildung

Um vom „reinen" Preis als dem alleinigen Entscheidungskriterium des Kunden abzurücken, bieten sich die Instrumente der Preisgestaltung an. Diese Entscheidungen werden häufig auch als **„Sonderformen der Preisbildung"** bezeichnet und betreffen die Ausprägung von Rabatten, Konditionen und Absatzfinanzierung. Sie sind Kostenverursacher und somit Bestandteil der Kalkulation und Preisbildung.

2.3.4.1 Rabattarten

Rabatte und Bonussysteme

Rabatte sind **Preisnachlässe,** die in Form von Preisabschlägen (Nominalrabatt) oder Mengenzugaben (Naturalrabatt) an Abnehmer gewährt werden. Eine differenzierte Rabattgewährung spielt heute fast nur noch im B2B-Handelsgeschäft eine Rolle. Im B2C-Geschäft mit Endverbrauchern kommen vor allem Rabattsystemen als Instrument der **Kundenbindung** zum Einsatz. Beispielhaft seien hier **individuelle Bonussysteme** im Nahrungsmittelhandwerk (sog. „Treuepunkte") oder **übergreifende Bonussysteme** (z. B. „Payback") genannt.

Rabattarten

Da die wirkungsvollsten Rabattarten, die meist kombiniert eingesetzt werden, weitläufig bekannt sind, sollen sie hier lediglich aufgezählt werden. Zu nennen sind Funktionsrabatte, Mengenrabatte und Boni, Treuerabatte, Einführungsrabatte, Verbraucherrabatte und Barzahlungsrabatt. Eine Möglichkeit vielfältiger Rabatt- und Bonusgewährung für ein technisches Gebrauchsgut zeigt nachfolgende Abbildung.

Anwendung von Rabatten und Boni

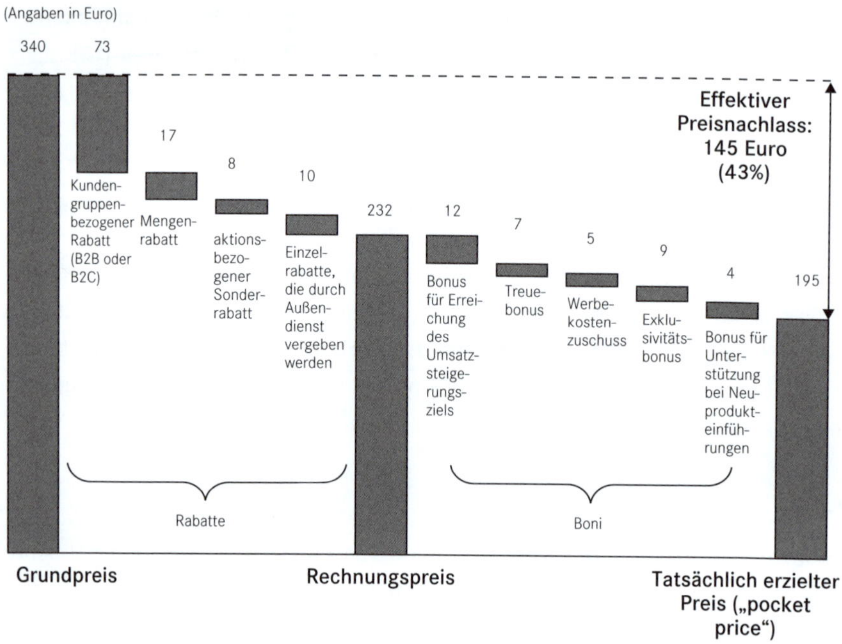

Beispiel einer Preisgestaltung mit Rabatten und Boni (ähnlich Homburg)

2.3.4.2 Absatzfinanzierung

Zur Absatzfinanzierung gehören alle Aktivitäten, die ein Unternehmen ergreift, um Kunden durch die Gewährung oder Vermittlung von Krediten zum Kauf zu veranlassen, den sie ohne Kredit nicht getätigt hätten. Im **B2C-Geschäft** werden Gebrauchsgüter (Auto, Möbel, Elektronikprodukte, Bekleidung) mit unterschiedlichsten Formen von Konsumentenkrediten verkauft. Im **B2B-Geschäft** wird die Gewährung von Zahlungszielen am häufigsten eingesetzt.

Absatzfinanzierung

Die **Absatzfinanzierung** kann als **Kreditgewährung** durch das Unternehmen selbst erfolgen. Auch die **Vermittlung einer Finanzierung** durch Einschalten von Kreditinstituten ist hier zu nennen. In beiden Fällen erfolgt die Kreditgewährung über Einräumen von Zahlungszielen, Ratenzahlungen zu bestimmten Terminen, Monatsrechnungen oder über eine Kunden(kredit)karte.

Vermietung, Leasing

Je nach Art der Leistung kann anstelle des Verkaufs auch eine **Vermietung** treten, was aus der Sicht des Unternehmens ebenfalls eine Art Kreditgewährung an den Kunden darstellt. Dies gilt auch für **Leasing** als spezielle Erscheinungsform der Vermietung von Gebrauchs- und Investitionsgütern, wobei häufig zusätzliche Dienstleistungen (z. B. Inspektion, Wartung und Reparaturdienst) mit verkauft werden. Leasing als Kaufalternative ist eine strategische Marketingentscheidung. Das Handwerk könnte hier zusätzliche Umsätze im Hobby- bzw. Do-it-yourself-Markt gewinnen durch Vermietung von Werkzeugen, Geräten oder Maschinen (z. B. für Gartenarbeiten, Hausrenovierungen) und einem zusätzlichem Verkauf von Material, Verbindungselementen, Farben etc.

2.3.4.3 Liefer- und Zahlungsbedingungen

Hier geht es um die Gestaltung der **Konditionen** bezüglich Rechte und Pflichten der Vertragspartner in einer Geschäftsbeziehung. Hierzu gehören

Konditionen, Bestimmungsfaktoren

- **Allgemeine Geschäftsbedingungen (AGB):** Deren Gestaltung nach Inhalt, Umfang und Spezifizierung (z. B. erweiterte Garantie nach BGB statt VOB oder verbessertes Rückgaberecht) ist u. a. abhängig von
  - den Vertragspartnern (direkter oder indirekter Vertrieb),
  - der Dauer und Intensität der Zusammenarbeit (einmalige, gelegentliche oder dauernde Geschäftsbeziehung, z. B. Kooperation oder Franchisesystem),
  - der Kundengruppe (Gewerbebetriebe oder Privatkunden),
  - der Marktregion (geografisch naher oder ferner Markt) sowie
  - der Größe des Auftrags und des Kunden (Klein- oder Großkunden).

Zahlungsbedingungen

- **Zahlungsbedingungen:** Sie umfassen Regelungen zu Zahlungsweise und Abwicklung der Zahlung (einschließlich Verzugszinsen), Inzahlungnahme gebrauchter Waren sowie Zahlungsfristen und Gewährung von Skonti.

  Skonti

  Wegen der **Anreizfunktion des Skontos** ist es das effizienteste Instrument der Preisgestaltung und der Steuerung des Geldeingangs. Es wird vom Kunden als „echter" Preisnachlass empfunden und gibt nicht selten den Ausschlag zum Vertragsabschluss. Die Höhe der Abschläge richtet sich nach der vereinbarten Zahlungsweise, z. B. Vorauszahlung, Anzahlung, Zahlung bei Lieferung oder innerhalb einer bestimmten Frist danach.

Lieferbedingungen

- **Lieferbedingungen:** Sie werden vom Kunden oftmals nicht als Instrument der Preisgestaltung erkannt, obwohl hier Kostenverteilungen zwischen Käufer und Verkäufer geregelt werden. Dies betrifft z. B. Ort und Zeit der Warenübergabe und des Gefahrenübergangs; Vereinbarungen über Verpackungs-, Transport- und Versicherungskosten (Wer kommt dafür auf?), Konventionalstrafen bei verspäteter oder ausgefallener Lieferung oder Leistung und nicht zuletzt das Recht zum Umtausch.

Gegengeschäfte

Auch die Inzahlungnahme von Altgeräten und die Bedingungen zum Abschluss von Gegengeschäften (Gegenlieferungen) sind hier zu regeln.

> Konditionen und Absatzfinanzierung beeinflussen über ihre Kostenwirkungen direkt und indirekt die Höhe des Preises.

Die **Instrumente zur Preisgestaltung** sind jedoch nur dann ein wirksames Marketinginstrument, wenn sie dem Kunden in der Marketingkommunikation als **attraktive, vorteilbringende Servicepakete** vermittelt werden.

Das Know-how zur Gestaltung von Preis und Konditionen als Instrument eines attraktiven Marketings kann im folgenden Fallbeispiel überprüft werden.

Fallbeispiel „Preisbildung in der Einführungsphase“

Handlungssituation

Der zu Beginn des Abschnitts erwähnte Reinigungsbetrieb Fritz Sauber (siehe S. 127, 128) will neue Kundengruppen erschließen. Durch Befragung hat er herausgefunden, dass viele „eigenständige Rentner“ sehr preissensibel sind. Er überlegt, ob er deshalb - trotz der Hochwertigkeit der neuen Dienstleistungen - für die Markteinführung bei dieser Zielgruppe ein attraktives Preisangebot machen sollte. Dieser „Einführungspreis“ von 50,- € pro Stunde „First Class Cleaning Service“ soll auf das erste Halbjahr begrenzt sein. Der Einführungspreis liegt 20% unter dem des Hauptmitbewerbers. Fritz Sauber geht von folgenden Annahmen aus:

Einsatz von 3 Mitarbeitern je 37 Arbeitsstunden/Woche bei 46 Arbeitswochen/Jahr.

Die variablen Kosten (Lohn) betragen 15,- €/Stunde; der dem Lohn direkt zurechenbare Gemeinkostenzuschlag liegt bei 100%.

Die Fixkosten für die Markterschließung hat er für das erste Jahr mit 100.000,- € angesetzt, davon für das erste Halbjahr 60%.

Situationsbezogene Fragen

- Ist der Preis von 50,- €/Stunde für ein halbes Jahr überhaupt vertretbar? Zur Überprüfung bedient sich Fritz Sauber einer Deckungsbeitragsrechnung. Zu welchen Erkenntnissen kommen Sie?
- Wie würde sich ein solcher Preis auf die Umsatzrendite auswirken, wenn Fritz Sauber aus Wettbewerbsgründen diesen für das gesamte erste Jahr verlangen müsste?
- Was würden Sie Fritz Sauber raten, wenn der Hauptmitbewerber ebenfalls auf den Niedrigpreis eingeht? Welche alternativen Strategien könnte und welche sollte Sauber dann verfolgen?
- Welche Gefahren sehen Sie in der geplanten Preisgestaltung für die künftige Leistungs- und Preisstrategie bei Fritz Sauber?

- Welche Möglichkeiten sehen Sie in einer attraktiven Gestaltung der Konditionen, um den reinen Tiefpreis zu umgehen und den Rentnern zusätzlichen „Mehr-Wert“ zu bieten?

2.4 Gestaltungsmöglichkeiten der Marketingkommunikation

2.4.1 Marketingkommunikation als Aufgabe

Erfolgreiche Unternehmen bieten mehr als nur gute Leistungen zu attraktiven Preisen. Sie bieten Kunden gute, für sie wertvolle Informationen über Vorteile ihrer Leistungen und verankern dies im Bewusstsein der Angesprochenen.

Marketingkommunikation ist eine bewusste und zwanglose Einflussnahme auf Menschen mithilfe spezieller Kommunikationsmittel und -maßnahmen, um strategische und operative Marketingziele zu erreichen. Hierzu gehören alle von einem Auftraggeber bezahlten Informationen, Darstellungen und Präsentationen der Leistungen eines Unternehmens unter Einsatz von Personen und Medien als Informationsträger.

Marketingkommunikation, Begriff

2.4.1.1 Erscheinungsformen

Die **Grundstruktur der Marketingkommunikation** zeigt folgende Darstellung. Es basiert auf den Fragestellungen: „**Wer** (Sender) sagt **was** (Botschaft) über **welchen** Kanal (Medien/Informationsträger) zu **wem** (Empfänger/Zielgruppe) **mit welchem Ziel** (Wirkung/Handlung)?“

Zentrale Fragen der Kommunikation

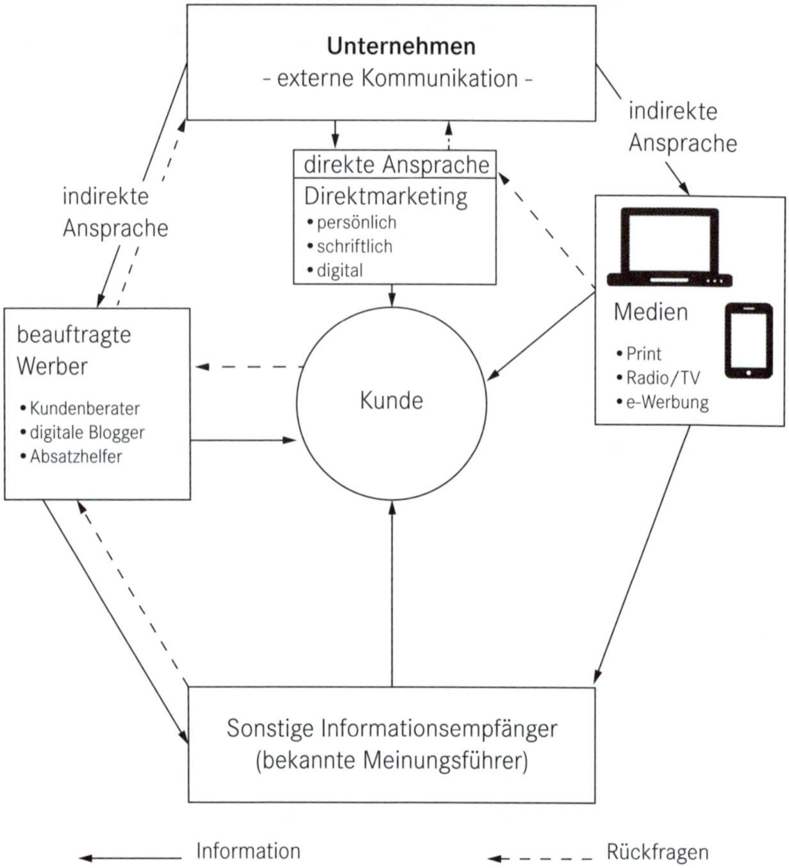

Modell der Marketingkommunikation

Einseitige und zweiseitige Kommunikation

Der Kommunikationsprozess kann mit oder ohne Rückmeldung durch den Empfänger gestaltet werden.

- **Einseitige Kommunikation** (ohne Rückmeldemöglichkeit) liegt vor bei einfachen Prospekten, Anzeigen, TV-Werbespots oder Einstellen eines Online-Produktkatalogs im Internet. Die Reaktionsmöglichkeit des Empfängers besteht hier in Erinnern/Vergessen bzw. in Kauf/Nichtkauf.
- **Zweiseitige Kommunikation** (Informationsaustausch) liegt vor, wenn der Empfänger mit dem Unternehmen in Kontakt treten kann (z. B. über Informations-, Beratungs- und Verkaufsgespräche, Anzeigen mit Antwort-Coupons, Gutscheine, Preisausschreiben, Produktkataloge im Internet mit Frage- und Bestellmöglichkeiten oder durch den Informationsaustausch auf Internet-Plattformen wie Twitter und YouTube u. a.). Da man beim direkten Informationsaustausch stets „mit dem Kunden im Gespräch" bleibt, sind diese Maßnahmen wesentlich

wirkungsvoller als die der indirekten Kommunikation. Daher setzen Unternehmen verstärkt auf **direkte Kunden- und Zielgruppenbeeinflussung (Direktmarketing).**

> Erfolgreiche Unternehmen kommunizieren mit ihren Kunden; sie wollen den Dialog mit den Kunden.

2.4.1.2 Beachtung des AIDA-Prinzips

Wie Marketingkommunikation wirken soll, lässt sich am besten am Beispiel der **Kommunikation in einem Kaufprozess** verdeutlichen. Hier ist in jeder Kaufprozessphase beim potenziellen Kunden eine bestimmte Wirkung zu erzielen. Diese werden zusammen als **AIDA-Aufgaben der Marketingkommunikation** bezeichnet. Im Kaufprozess stellt sich dies wie folgt dar:

AIDA im Kaufprozess

Kaufprozess

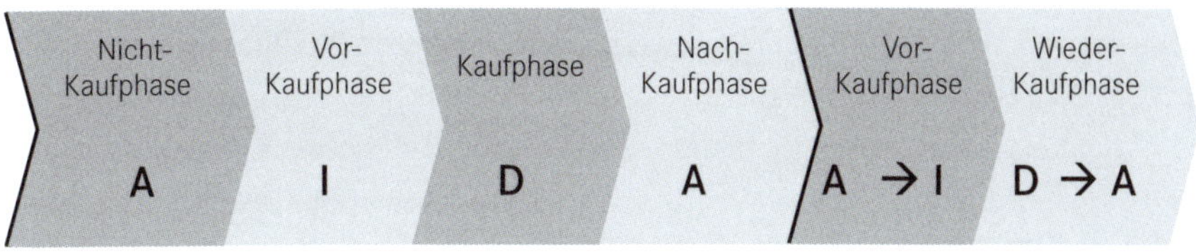

Kommunikationsaufgaben

Präferenz aufbauen, Präsenz zeigen	Interesse, Aufmerksamkeit, Kaufwunsch wecken	Kaufwunsch intensivieren, Kauf auslösen	Kaufrichtigkeit bestätigen, Kundenbindung erzeugen

AIDA im Kaufprozess

Für die Konzeption und Ausgestaltung der phasenbezogenen Marketingkommunikation bedeutet AIDA im Einzelnen:

Aufmerksamkeit (attention)

A = **Aufmerksamkeit:** Aussage muss dem Adressaten Vorteile signalisieren, auffallen, sich vom Wettbewerber abheben und einprägsam sein. Dies wird durch **rationale Aussagen** (z. B. „Vorsprung durch Technik") und **emotionale Ansprache** (z. B. Produktpräsentation in ansprechender Landschaft, mit speziellem Sound oder mit sympathischen Menschen oder beliebten Schauspielern in einer Handlungssituation) erreicht. Damit sollen positive, vorteilversprechende Signale gesandt und Sympathie für die Leistung (HL oder ZL) geweckt werden.

Interesse (interest)

I = **Interesse:** Informationen über Besonderheiten der Marktleistungen und deren Vorteile für den Kunden sollen als **Handlungslöser** für weitere Informationen wirken oder einen Kaufwunsch auslösen.

Dringlichkeit (desire)

D = **Dringlichkeit/Kaufwunsch:** Durch noch intensivere, möglichst persönliche Kommunikation der Kundenvorteile soll der Kaufwunsch emotional aktiviert und rational verstärkt werden - evtl. auch unterstützt durch monetäre Anreize (Sonderpreis oder Erstkäuferbonus): „Ja, jetzt kaufe ich!"

Aktion (action)

A = **Aktion/Kauf:** Durch **Bestätigungsargumente** soll der Kunde für seine Kaufentscheidung gelobt, die Vorteilhaftigkeit seines Kaufs nochmals herausgestellt und Kundenzufriedenheit erreicht werden. Gleichzeitig gilt es, Zusatz- und Wiederkäufe anzuregen, z. B. über Gutscheine.

Mithilfe des AIDA-Konzepts kann jede Marketingbotschaft auf die Besonderheiten der einzelnen Zielgruppen (Einzelpersonen oder Personengruppen im B2C- und B2B-Geschäft) der Marketingkommunikation ausgerichtet und auf die erzielte Wirkung überprüft werden.

> Nichts erhöht die Präferenzbildung und steigert die Kaufneigung mehr als persönliche Kommunikation!

2.4.1.3 Konzeptorientiertes Vorgehen

Ausgangspunkt für eine konzeptionelle Gestaltung der Marketingkommunikation sind die Antworten auf die sog. „7 W-Fragen" der Marketingkommunikation.

Die 7 W-Fragen der Marketingkommunikation

• **Warum** soll geworben werden?	→	Werbeziele
• **Wer** soll angesprochen werden?	→	Zielgruppen
• **Was** wird übermittelt?	→	Informationsgehalt der Werbebotschaft
• **Wann** wird die Werbebotschaft übermittelt?	→	zeitlicher Einsatz, Koordination
• **Womit** wird übermittelt?	→	Werbemittel, Werbeträger
• **Wie** wird übermittelt?	→	Form, Stil und Präsentation
• **Wie viel** darf dies kosten?	→	Gesamtkosten, Budgetierung

Die 7 W-Fragen der Marketingkommunikation

Diese 7 W-Fragen sind zielgruppenspezifisch zu beantworten: Für Kunden (Privat- oder Geschäftskunden), Absatzmittler (Handel) oder Absatzhelfer (z. B. Verbrauchs- oder Ernährungsberater, Architekten oder Ärzte) und Meinungsbildner in der Öffentlichkeit.

Die Umsetzung fordert ein klar strukturiertes, abgestimmtes **Marketingkommunikationskonzept.** Dieses Konzept umfasst die **Kommunikationsziele** und die **Kommunikationsinstrumente.**

Kommunikationsinstrumente

Hauptziele der Marketingkommunikation sind:

- Auf das Unternehmen und seine Leistungen aufmerksam machen.
- Ein positives Image des Unternehmens bei Mitarbeitern, Geschäftspartnern und in der Öffentlichkeit aufbauen und pflegen.
- Einstellungen und Handlungsweisen von Adressaten innerhalb und außerhalb des Unternehmens beeinflussen.
- Den Verlauf des Kaufprozesses beim Kunden beeinflussen.
- Kunden zu Wiederkäufen und Zusatzkäufen veranlassen.
- Kundenzufriedenheit und Kundenbindung erreichen.

Diese Ziele sollen erreicht werden durch gezielten Einsatz der Kommunikationsinstrumente:

- Werbung
- Öffentlichkeitsarbeit (Public Relations)
- Verkaufsförderung (Sales Promotion)
- persönlicher Verkauf (Personal Selling)
- digitales Marketing.

Die beim Einsatz der Instrumente festgelegten Einzelmaßnahmen bilden einen inhaltlich und zeitlich abgestimmten, zielgerichteten **Kommunikationsmix.** Geschieht diese Abstimmung nicht oder nicht umfassend, muss mit „Kommunikationsbrüchen“ und Wirkungsverlusten gerechnet werden.

> Marketingkommunikation soll alle Marketingpartner mit image- und verhaltensprägenden Informationen versorgen – auf allen Kanälen!

Die Entwicklung und Gestaltung eines **Marketingkommunikationskonzepts** erfolgt nach folgenden Arbeitsschritten:

Schritte zur Kommunikationsgestaltung

– Briefing

- **Briefing**
  Zusammenstellung sämtlicher für die Entwicklung des Kommunikationskonzepts relevanten strategischen und operativen Unternehmens-, Markt- und Umweltinformationen, wie z. B. das Unternehmensleitbild, das Marketingkonzept mit strategischen und operativen Marketingzielen und -strategien pro SGF und Zielgruppen, die Kommunikationszielgruppen und **Vorgabe der „USP“** (Unique Selling Proposition) als „einzigartigem Kaufanreiz für die/den Kunden“)ist es **das** profilierende Alleinstellungsmerkmal gegenüber Mitbewerbern.

- Entwicklung

- **Entwicklung des Marketingkommunikationskonzepts**
  Vom USP ausgehend, sind strategische und operative Kommunikationsziele, -instrumente und -wege zielgruppenbezogen festzulegen und Kommunikationsmaßnahmen zu entscheiden).

- Budget

- **Festlegung des Kommunikationsbudgets**
  Ermittlung des Mittelbedarfs, Festlegung und Bereitstellung des verbindlichen Kommunikationsetats; häufig ist auch eine Anpassung des Kommunikationskonzepts an die verfügbaren Mittel erforderlich.

- Gestaltung

- **Gestaltung der Kommunikationsmittel**
  Inhaltliche, textliche und grafische Umsetzung des Marketingkommunikationskonzepts in ein CI-gerechtes Layout (Gestalt) der einzelnen Kommunikationsmittel und deren inhaltliche und gestalterische Koordination, damit man am Markt „mit einer Stimme" spricht.

- Medienplan

- **Erstellung des Medienplans**
  Entscheidungen über die Art der Kommunikationsträger (Medien); Einsatzplanung nach Umfang und Häufigkeit für die Werbemittel und Werbeträger.

- Erfolgskontrolle

- **Kommunikationserfolgskontrolle**
  Vergleich von Kommunikationszielen und Ergebnis der Kommunikationsmaßnahmen, um Steuerungsinformationen für spätere Kommunikationsaktivitäten zu erhalten.

Die Festlegung des optimalen Marketingkommunikationsmix ist abhängig von **Bestimmungsfaktoren** (Unternehmensziele, strategische Marketingziele und die gewählten Marketingstrategien), **generellen Einflussfaktoren** (die **„2-K- + 2-U-Informationen"**, siehe Abschnitt 1.2.1) und einigen **speziellen Einflussfaktoren** wie z. B.:

Einflussfaktoren

- **Einfluss der Phase im PLC**

- Phase des Produktlebenszyklus

Die unterschiedlichen Marketingstrategien in der Einführungs-, Wachstums, Reife- oder Verfallsphase eines PLC bei Haupt- und Zusatzleistungen verlangen auch einen entsprechend ausgerichteten, kombinierten Einsatz der Kommunikationsinstrumente.

In der **Einführungsphase** eignen sich z. B. Werbung und Öffentlichkeitsarbeit, um **A**ufmerksamkeit und **I**nteresse zu bewirken. Durch Verkaufsförderung mit Proben, Mustern, Demonstrationen oder Einführungsangeboten können Kaufwunsch und Kaufhandlung stimuliert werden. In der **Wachstumsphase** sind vermehrt Maßnahmen zur direkten Zielgruppenbeeinflussung einzusetzen (z. B. Direktwerbung über E-Mails oder Social Media und vor allem Verkaufsförderung). In der **Reifephase** kommt überwiegend Erinnerungswerbung zum Einsatz. In der **Verfallphase** wird man mit gezielten Marketingmaßnahmen versuchen, ertragsschwache Leistungen zu verbessern oder rasch aus dem Programm zu nehmen.

- **Kundenstruktur**

- Art der Käufer

Für die Gestaltung der Marktingkommunikation und den Einsatz der Kommunikationsinstrumente spielt die **Art der Kunden** (Privatkunden oder Gewerbekunden; A-, B-, C-Kunden, strategisch wichtige Kunden) eine große Rolle.

Im **Marketing für Privatkunden** (B2C-Marketing) ist bei großer Kundenzahl (Massenmarkt) der Einsatz von Werbung und Öffentlichkeitsarbeit zur Information und eine anreizstarke Verkaufsförderung (z. B. Sonderangebote, Aktionen) wichtig. Bei Dienstleistungen und individuellen Problemlösungen für Privatkunden ist persönlicher Verkauf entscheidend.

Im **Marketing bei Geschäftskunden** (B2B-Marketing) ist der persönliche Verkauf (durch den Chef oder Mitarbeiter) am wichtigsten, gefolgt von Verkaufsförderung, Werbung und Öffentlichkeitsarbeit.

Nachfolgende Abbildung verdeutlicht nochmals die Unterschiede beim Einsatz des Marketingkommunikationsmix.

Kommunikationsunterschiede bei B2C- und B2B-Marketing

Marketing für Privatkunden (Business-to-Consumer-Marketing) **(„B2C"-Marketing)**	**Marketing für Geschäftskunden** (Business-to-Business-Marketing) **(„B2B"-Marketing)**
Werbung	persönlicher Verkauf (Außendienst)
Verkaufsförderung	Verkaufsförderung
persönlicher Verkauf	Werbung
Öffentlichkeitsarbeit	Öffentlichkeitsarbeit

Schwerpunkte im Marketingkommunikationsmix (Länge der Balken entspricht der Bedeutung)

- **Einfluss der Phase des Kaufprozesses**

Phase des Kaufprozesses

In der **Informationsphase** (Nicht-Kaufphase und Vor-Kaufphase) ist Werbung, ergänzt durch Öffentlichkeitsarbeit, das wichtigste Instrument, um Aufmerksamkeit und Wissen zu vermitteln. Sie ist hier viel wirkungsvoller als Besuche von Mitarbeitern oder sog. „Kaltakquise" mittels Telefonanrufen. In der **Prüf- und Entscheidungsphase** (Vor-Kaufphase und Kaufphase) können Präferenzen und Überzeugungen leichter durch Verkaufsförderung sowie persönliche Beratungs- und Verkaufsgespräche erreicht oder beeinflusst werden. Auch in der **Nutzungsphase** (Nach-Kaufphase) muss der Kunde kommunikativ begleitet werden, z. B. durch Zufriedenheitsbefragungen, Besuche beim Kunden, Einladung des Kunden zu speziellen Anlässen des Unternehmens o. Ä. Das kann die Kundenbindung erhöhen und die Wiederkaufrate steigern.

- **Komplexität des Kaufprozesses**

Komplexität des Kaufprozesses

Hier lassen sich **Einzelentscheidungen** (eine Person) und **Teamentscheidungen** (mehrere Personen) auf der Angebotsseite als auch auf der Nachfrageseite eines Kaufprozesses unterscheiden. Dies erzwingt **unterschiedlich komplexe Kommunikationsprozesse** mit einseitigen und zweiseitigen Informationsflüssen.

Verkäuferseite (Absender)	Käuferseite (Adressat)	Komplexität des Kommunikationsprozesses
Einzelentscheider	Einzelentscheider	**„einfache" Struktur** (jeweils nur 1 Akteur)
Verkaufsteam	Einzelentscheider	**verkäuferseitige Komplexität** (mehrere Absender informieren 1 Adressaten: Gefahr des Informationsüberflusses)
Einzelentscheider	Kaufteam	**käuferseitige Komplexität** (nur 1 Absender informiert mehrere Adressaten: Gefahr eines teilweisen Informationsdefizits)
Verkaufsteam	Kaufteam	**doppelseitig hohe Komplexität** (mehrere Absender liefern an mehrere Adressaten unterschiedliche Informationsinhalte)

Komplexität der Informations- und Entscheidungsstrukturen

Die Gestaltung des jeweiligen Kommunikationskonzepts und der Einsatz der Kommunikationsmaßnahmen müssen sich speziell nach dem Informationsbedarf der Beteiligten (Einzel- oder Teamentscheider) richten: **„Wer braucht welche Informationen?".** Sind mehrere Personen an der Entscheidungsfindung beteiligt, dann übernehmen sie unterschiedliche Aufgaben/Rollen mit unterschiedlichen Informations- und Kommunikationsbedarfen.

- **Rolle der kaufbeeinflussenden Personen**

Rolle der kaufbeeinflussenden Person

Für die Entwicklung eines erfolgreichen Marketingkommunikationskonzepts sind Kenntnisse über **Zahl und Einfluss der an einer Kaufentscheidung beteiligten Personen** sehr wichtig.

Bei **Alleinentscheidungen** ist der gesamte Kommunikationsprozess auf eine Person auszurichten. Ein positives „Erleben" der Kommunikation führt zum Kauf, negative Eindrücke führen zum Mitbewerber! Sind mehrere Personen im Kaufprozess involviert, spricht man von **Teamentscheidungen**, die im sog. **Buying Team** getroffen werden. Hierbei lassen sich folgende **„Rollen"** als Einflussnahme im Kaufprozess unterscheiden, die unterschiedliche Erwartungen an die Marketingkommunikation haben:

Rollen im Buying Team

- **Initiator:** Diese Person (z. B. Lieferanten, Techniker, der spätere Verwender, das Rechnungswesen mit Kosten-Nutzen-Analysen oder Geschäftsführer) ist Impulsgeber und Auslöser für einen Kauf.
- **Beeinflusser:** Sie haben oft keine formale Entscheidungsbefugnis, aber auf ihr Urteil wird großen Wert gelegt. Dies sind sehr häufig die technischen Abteilungen/Bereiche, denn sie definieren Anforderungen und Schnittstellen; sie erstellen die angebotsentscheidenden Pflichten- und Lastenhefte, oder sie geben Qualitäten und Normen vor. Aber auch Assistenten der Geschäftsleitung oder Sekretärinnen sind wirkungsvolle Beeinflusser oder „Türöffner" zur Kommunikation mit anderen beteiligten Personen.
- **Verwender:** Diese Person oder Personengruppe nimmt Einfluss über ihre Erwartungen und Anforderungen an die zu beschaffende Leistung sowie über ihre Erfahrungen mit der erhaltenen Leistung. Entscheidungswirksam sind auch ihre Erfahrungen in der Nach-Kaufphase beim Verhalten des Verkäufers (z. B. bei Beschwerden oder Zufriedenheitsbefragungen) oder des Servicepersonals bei der Unterstützung hinsichtlich Einsatz, Wartung und Reparatur der Produkte.
- **Entscheider:** Diese Person trifft aufgrund ihrer formalen Fachkompetenz die eigentliche Sachentscheidung für oder gegen eine angebotene Problemlösung eines Lieferanten und gibt dies dem Einkäufer als „vereinbart" vor. Dieses Vorgehen entspricht nicht dem Teamdenken des Einkäufers und kann daher die Preisverhandlungen sehr belasten. Es liegt daher im Interesse des Anbieters, den Einkäufer über die Gespräche mit dem/den Entscheidern zu informieren.

- **Einkäufer:** Er/Sie hat die Kompetenz zur formalen Auftragsvergabe und zeichnet für den erzielten Kaufpreis samt Konditionen verantwortlich. Im Einzelfall kann diese Person auch gleichzeitig als Entscheider wirken.

Diese Rollen findet man im **B2B-Geschäft** als Teamkauf oder Buying Center mit **klaren Kommunikationsregeln** organisiert. Das gilt besonders bei Kaufentscheidungen für technisch anspruchsvolle und komplexe Leistungen (z. B. Zuliefergeschäft, Projektgeschäft und Systemgeschäft).

Im **B2C-Geschäft** übernehmen häufig Familienangehörige (Eltern, Kinder), Lebenspartner, Verwandte oder Freunde und Berater die oben genannten Rollen bei Kaufentscheidungen - auch wenn diese vom Käufer gegenüber dem Verkäufer als Einzelentscheidungen dargestellt werden; letztlich ist es eine **Teamentscheidung.** Die **privaten Rollenträger** sind zu identifizieren, AIDA-bezogen zu kontaktieren und entsprechend zu informieren.

Ausgabenbereitschaft

- **Ausgabenbereitschaft/Höhe des Etats**

Kommunikationsetat

Die Entwicklung eines optimalen Kommunikationskonzepts samt Kommunikationsmaßnahmen erfolgt mittels Eigen- und Fremdleistungen (z. B. durch Agenturen, Medien und Betreiber elektronischer Medien). Die hierbei anfallenden **Eigen- und Fremdkosten** ergeben in der Summe den benötigten **Kommunikationsetat.** Die hierzu erforderlichen Ressourcen an Personal und finanziellen Mitteln sind bereitzustellen oder zu beschaffen. Bestehen Engpässe oder **Ressourcenknappheit,** dann begrenzt dies den Einsatz und die Kombination der Kommunikationsinstrumente.

Budgetierungsmethoden

Der Finanzbedarf für die Maßnahmen der Marketingkommunikation kann in der Praxis nach folgenden vier Methoden ermittelt werden:

- **Restbetragsmethode** (Der Werbeetat ist „das, was man sich noch leisten kann". Dieser Betrag bleibt übrig, nachdem die Finanzmittel für alle anderen Funktionsbereiche budgetiert wurden. Vorteil: einfach zu ermitteln; Nachteil: keine Planungssicherheit für langfristigen Imageaufbau.)
- **Prozent-vom-Umsatz-Methode** (Als Kommunikationsbudget wird ein bestimmter Prozentsatz, meist zwei bis vier Prozent, des geplanten oder des gegenwärtigen Jahresumsatzes bereitgestellt. Vorteil: einfach zu ermitteln; Nachteil: keine Anpassung bei z. B. plötzlich erforderlicher Push-Strategie für mehr Umsatz.)
- **Wettbewerbs-Paritäts-Methode** (Hier wird das Budget nach Erfahrungen mit früheren Werbeaktivitäten des Haupt-Mitbewerbers ermittelt, um eine Art „Wettbewerbsparität" aufrechtzuerhalten. Vorteil: nicht bekannt; Nachteil: typisch vergangenheitsorientiertes Anpassungsverhalten; keine Zielbezogenheit; Werte sind nur Anhaltspunkte.)

- **Ziel-Mittel-Methode** (Budgetbestimmung erfolgt pro Kommunikationsinstrument in Abhängigkeit von leistungs-, gebiets- und zielgruppenbezogenen Kommunikationszielen. Die Summe ergibt den **Kommunikationsetat einer Periode**. Vorteil: zielorientiert, flexibel; Nachteil: aufwendiger zu ermitteln.) Soweit möglich, sollte stets die Ziel-Mittel-Methode angewandt werden, denn nur hier wird der Finanzbedarf aus den Erfordernissen zum Erreichen der strategischen und operativen Marketingziele ermittelt; kunden-, ziel- und zukunftsorientiert.

2.4.3 Instrumente der Marketingkommunikation

2.4.3.1 Werbung

- **Werbeziele**

Werbung ist eines der wichtigsten Marketinginstrumente, um das Unternehmen und seine eigenen Leistungen

- bei Interessenten und Kunden bekannt zu machen,
- deren Attraktivität herauszustellen und
- die Kaufwahrscheinlichkeit zu steigern.

Aus diesem generellen **Werbezweck** sind Werbeziele zu entwickeln. Ausgehend von den **Hauptwerbezielen „Informieren, überzeugen und erinnern"** sind konkrete Werbeziele (Soll-Vorgaben) festzulegen, die an den (1) Marketingzielen, (2) den Wünschen (Bedürfnisbündel) und (3) den Einstellungen (preis- oder qualitätsbewusst) der Zielgruppen auszurichten sind. Die konkreten Werbeziele sind damit zahlenmäßig belegte Soll-Vorgaben, die nach Ablauf der Werbedauer mit Soll-Ist-Vergleichen kontrolliert werden.

Beispiel:
Konkrete Werbeziele können lauten:

„Der Bekanntheitsgrad bei der Zielgruppe ‚Privathaushalte' soll im Landkreis X in einem Jahr von 20 % auf 40 % steigen."

„Nach einem Jahr sollen am Standort 70 % der Zielgruppe ‚Senioren ab 65' die Produkte des Unternehmens als ‚qualitativ hochwertig' einstufen."

Art und Umfang der zielgruppenspezifischen, konkreten Werbeziele bestimmen die Werbebotschaften und Werbearten.

- **Werbebotschaft**

Werbe-botschaft

Werbebotschaften sind

(1) ausgerichtet auf die Hauptwerbeziele „Informieren, Überzeugen und Erinnern“,

(2) Aussagen über objektive, technisch bedingte Eigenschaften der Marktleistungen des Unternehmens sowie,

(3) Aussagen über die subjektiven Vorteile für den/die Kunden beim Erwerb und Gebrauch/Verbrauch einer Marktleistung.

Inhalte

Die subjektiven Vorstellungen über zu erwartende Vorteile sind letztlich die **Kaufmotive der Kunden,** die es mit der Marketingkommunikation anzusprechen gilt. Sind das im B2B-Marketing vor allem „objektive“ Aussagen, so sind es im B2C-Geschäft meist subjektive Aussagen über den Beitrag zur Sicherheit, Bequemlichkeit, Gesundheit oder Profilierung durch Besitz oder Verwendung einer bestimmten Marktleistung.

Eigenschaften

Folgende **vier Eigenschaften einer Werbebotschaft** sind für die Wirkung bei potenziellen und realen Kunden entscheidend:

(1) Die Werbebotschaft muss den **spezifischen Nutzen der Leistung für den Kunden** verdeutlichen („Klasse statt Masse“).

(2) Die Werbebotschaft muss die **Unterschiede und Vorteile der eigenen Leistung** gegenüber dem Mitbewerber deutlich aufzeigen und besonders hervorheben.

(3) Die Werbebotschaft muss **glaubhaft** sein, denn eine Studie hat gezeigt, dass ein Drittel der befragten Verbraucher den Anzeigen mit Allgemeinaussagen wie „... hält länger“, „... schmeckt besser“ oder „... ist gesünder“ nicht vertraut. Deshalb sollte bei der Werbebotschaft auf **begründete, glaubhafte und „ehrliche“ Information** besonderer Wert gelegt werden.

(4) Es werden zielgruppenbezogene Wirkungsverstärker eingesetzt.

Als **Wirkungsverstärker** können folgende Gestaltungselemente verwendet werden:

- emotionaler Blickfang (Personen [Models], Kinder, Tiere)
- Verwendung von Stimmungen (Bilder oder Farben)
- musikalische Untermalung (Emotionen auslösende Tonfolge/Musik)
- Technik des wissenschaftlichen Beweises (Einsatz von Testergebnissen)
- „Slice-of-life“-Technik (Darstellung der Leistung im Alltagsgebrauch)

- „Lifestyle"-Technik (Leistung im Einsatz bei Kunden mit speziellem Lebensstil).

Erst durch die Kombination dieser Wirkungsverstärker kommt es zur rationalen und emotionalen Beachtung der Werbeaussagen.

Beispiel:
Wie wirksam ein „emotionaler Blickfang" in der Werbung eingesetzt werden kann, zeigt sich (noch immer) bei der alten Werbeweisheit „Sex sells": sowohl bei Konsumartikeln (Werbung für Kosmetika, Luxusartikel, selbst bei Nahrungsmitteln) als auch bei Gebrauchs- und Investitionsgütern (Pkw, Lkw oder Büroausstattung). Die mehr oder weniger bekleideten Models sind durch ihre starken emotionalen Reize ein hochwirksamer Aufmerksamkeitsfaktor und Handlungsauslöser – zumindest bezüglich der Werbeziele „Überzeugen" und „Erinnern".

Außerdem bestimmen Art und Intensität der Werbemaßnahmen der Mitbewerber sowie gesetzliche Bestimmungen (z. B. Gesetz gegen unlauteren Wettbewerb) den Inhalt und die Art der Werbung eines Unternehmens.

Die Werbebotschaften werden über verschiedene Werbemittel und Werbeformen an die Zielgruppe herangetragen.

Werbeformen

- **Werbeformen**
  - **Alleinwerbung** oder **Kollektivwerbung** Alleinwerbung wird vom einzelnen Unternehmen eigenständig durchgeführt. Bei Kollektivwerbung werden Werbemaßnahmen von mehreren Unternehmen getragen; häufig aus Kostengründen, mangelnder Finanzkraft der Einzelnen oder aufgrund gemeinsamer Zielsetzungen. Formen der Kollektivwerbung sind (1) Huckepackwerbung (Vertragswerkstätte wirbt mit Industriemarke [„Bosch-Kaiser"]), (2) Gemeinschaftswerbung (mit oder ohne Nennung der beteiligten Firmen, z. B. gemeinsame Anzeigen oder Messeauftritte/Messestände im In- und Ausland), (3) Sammelwerbung (keine Nennung der beteiligten Firmen, z. B. Anzeige in der Tageszeitung für den verkaufsoffenen Sonntag), (4) Verbundwerbung (Hersteller und Handwerker werben unter einem gemeinsamen Motto/Verbund, z. B. regionale Handwerkerzentren oder Fliesenhersteller und Handwerksbetriebe „Das schöne Bad").
  - **Leistungswerbung** oder **Firmenwerbung** Bei Leistungswerbung werden die einzelnen Leistungen oder das gesamte Leistungsprogramm beworben. Zur besseren Profilierung bei der Zielgruppe werden häufig Marken oder „Linien" (Premium-, Standard- oder Economy-Linie) herausgestellt. Bei der

Firmenwerbung ist das Unternehmen das Werbeobjekt, dabei wird der Firmenname als „Marke“ herausgestellt.

> Produktnamen und Firmennamen als „Marke“ erleichtern die Marketingkommunikation: „Wer einen Namen hat, hat ein Gesicht“, und ein Gesicht hat Profil mit Erinnerungspotenzial!

- **Werbemittel**

Werbemittel

Auswahl und Einsatz der Werbemittel im Rahmen einer Werbestrategie wird wesentlich bestimmt von den festgelegten strategischen und operationalen Werbezielen sowie den Unterschieden der Werbeträger. Auswahlkriterien sind die **Reichweite** (Welche Zielgruppen mit wie vielen Personen werden in einem bestimmten Zeitraum mit dem Werbeträger erreicht?) und die **Kontakthäufigkeit** (Wie oft kommt eine Person der Zielgruppen im Durchschnitt mit dem Werbeträger und damit auch mit der Werbebotschaft in Kontakt?).

Je stärker die Kontaktzahl von der Größe der Zielgruppe abweicht, desto größer ist der sog. **Streuverlust eines Werbemittels.** Dieser entscheidet über die Wirtschaftlichkeit eines Werbemittels, denn angefallene Gesamtkosten sind auf die Größe der Zielgruppe zu verrechnen (Kosten pro Zielgruppenkontakt). Das kann aus Wirtschaftlichkeitsgründen gegebenenfalls zur Wahl eines anderen Werbemittels oder zu einer anderen Werbemaßnahme führen.

Für Auswahlentscheidungen verfügen die Anbieter von Werbeträgern über detaillierte Informationen zu Leser-, Kunden-, Reichweiten- und Frequenzanalysen.

Werbemittelgestaltung

Wegen der Vielfalt der Werbeappelle auf dem Markt sowie des unterschiedlichen Kommunikationsverhaltens der Mitbewerber und der ausgesuchten Zielgruppen muss die **Gestaltung der Werbemittel** geprägt sein durch **Originalität, Aktualität, Verständlichkeit, Glaubwürdigkeit, Übersichtlichkeit** und **Prägnanz.** Diese Anforderungen gelten in ganz besonderem Maße für den Auftritt des Unternehmens im Internet (siehe Ausführungen in **Kapitel 3 „Digitales Marketing – Chancen nutzen“**).

Gestaltungskontrollen kann das Unternehmen mithilfe von Checklisten vornehmen. Folgendes Beispiel ist dann auf das jeweilige Werbemittel anzupassen.

Checkliste „Kontrolle der Werbegestaltung“

Fragen zur Gestaltung	erledigt ja	nein	wer bis wann
• Ist die textliche und bildliche Gestaltung ganz auf das Niveau des Verwenders abgestimmt?	☐	☐	------------
• Hat die Bedienungsanleitung eine emotional ansprechende, saubere und klar gegliederte Gestaltung?	☐	☐	------------
• Liegt sie gestalterisch im Firmenstil? Entspricht sie farblich dem CI-Konzept?	☐	☐	------------
• Sind auf jeder Seite unten Hinweise auf die vielseitigen Serviceleistungen für den Kunden?			
• Sind Telefon-Hotlines und 24-Stunden-Service im Internet an zentraler Stelle aufgeführt?	☐	☐	------------
• Sind Werbebotschaften über das Unternehmen und sein weiteres Lieferprogramm enthalten?	☐	☐	------------
• Ist die Anzahl der Seiten so gewählt, dass sie die volle Druckform ausnutzen?	☐	☐	------------
• Sind Innen- und Rückseite für Firmen- und Leistungswerbung genutzt?	☐	☐	------------
• Ist daran gedacht, einen Einhefter mit zwei Antwortkarten einzubinden? Eine **Anforderungskarte** für Informationen über das gesamte Leistungsprogramm oder Detailinformationen über Ergänzungsleistungen, Zusatzgeräte oder Ersatzteile und eine **Antwortkarte** zur Ermittlung der Kundenzufriedenheit (mit Ankreuzen)	☐	☐	------------
• Ist an zentraler Stelle ein Hinweis auf den Internetauftritt des Unternehmens und die dort verfügbaren Zusatzinformationen enthalten?	☐	☐	------------

Checkliste „Gestaltungskontrolle einer Werbung“

- **Werbestrategie**

Werbestrategie

In der Werbestrategie werden die Werbeaktivitäten nach Inhalt, Umfang, räumlichem und zeitlichem Einsatz der Werbebotschaften, der Werbeformen und der Werbemittel zusammengeführt und abgestimmt. Es lassen sich folgende **Gestaltungselemente einer Werbestrategie,** die hierarchisch aufgebaut ist, unterscheiden. Diese Strategie muss **konkrete Aussagen** enthalten zu folgenden Punkten:

- **Zielgruppen** und deren Größe (z. B. Privathaushalte, Ärzte, junge Singles etc.)
- **Werbemärkte** (z. B. lokaler, regionaler, nationaler Markt)
- **konkrete, messbare Werbeziele** (z. B. Bekanntheitsgrad, Zufriedenheitsgrad)
- **Art und Inhalt der Werbebotschaften** (Schwerpunkte bei rationalen oder bei emotionalen Aussagen)
- **Form der Werbung** (Alleinwerbung, Gemeinschaftswerbung bei Export)
- **Werbemittel** (traditionelle wie Plakat, Anzeigen, Prospekte oder elektronische Anzeigen, Gestaltung der Homepage oder des Onlineshops)
- **Werbeträger** (z. B. Zeitung, Bandenwerbung, Pkw, Lkw, Straßenbahn oder digitale Medien)
- **Werbefrequenz/Werbehäufigkeit** in einem Zeitraum (2 Anzeigen pro Woche für ein halbes Jahr, Plakataktion 3 x Frühjahr und 3 x Herbst, Prospekte ganzjährig etc.)
- **Werbekosten** (Ermittlung und Budgetierung der Eigen- und Fremdkosten für Werbemittel, Werbeträger und Werbefrequenz).

Ein Hilfsmittel zur Ermittlung möglicher **Werbestrategien** stellt der sog. „Morphologische Kasten“ dar (siehe „Einfaches Beispiel“). Hier werden zunächst die Gestaltungselemente einer Werbestrategie festgelegt und in vertikaler Richtung geordnet. Für die einzelnen Elemente gilt es dann unterschiedliche Ausprägungen festzulegen. Hinweise für **zielgruppenspezifische Werbestrategien** erhält man durch **ziel-, kosten- und situationsgerechte Kombination der Gestaltungsalternativen**.

Aufbau von Werbestrategien

Entwicklung von Werbestrategien („einfaches Beispiel")

Elemente	Ausprägungen			
Werbeziele	„XY als Spezialist für ..."	Imageverbesserung „Zuverlässigkeit"	Ausweitung des Reparaturgeschäftes	Erhöhung des Marktanteils bei Erstausstattung
Zielgruppe	öffentliche Auftraggeber	Gewerbebetriebe	freie Berufe	Privathaushalte
Werbestil	aggressiv	informativ	humorvoll	suggestiv
Werbemittel	Anzeigen	Plakat	Wurfsendungen	Direktwerbung
Werbeträger	Zeitschriften	Zeitungen	Kraftfahrzeuge	Laden
Werbefrequenz	täglich (während VKF-Aktionen)	14-tägig (insgesamt 3 Monate)	wöchentlich (insgesamt 6 Monate)	3-mal pro Monat (insgesamt 1. Quartal und 4. Quartal)

●——● Werbestrategie für Zielgruppe „Freie Berufe"
● - - - ● Werbestrategie für Zielgruppe „Privathaushalte"

Aufbau von Werbestrategien unter Einsatz der Lösungshilfe „Morphologischer Kasten" (Teildarstellung)

Offene und kombinierte Werbestrategie

Die obige Darstellung zeigt, dass das Unternehmen sich z. B. bei der Zielgruppe „Freie Berufe" für eine geschlossene Werbestrategie mit Zeitungsanzeigen entschieden. Bei der Zielgruppe „Privathaushalte" hat es sich für eine kombinierte Werbestrategie entschlossen.

Abschließend sei noch angemerkt:

In kleineren Unternehmen wird Werbung häufig vom Inhaber erledigt, nicht kontinuierlich, sondern spontan und zufallsgesteuert. So ein Handeln birgt kurzfristig **die Gefahr** des **„Verpuffens"** (keine Wirkung der Werbeaktivitäten) durch zu wenig Profilierung gegenüber den Wettbewerbern; langfristig besteht die **Gefahr der Verdrängung** durch die Mitbewerber.

2.4.3.2 Verkaufsförderung

- **Ziele und Auslöser**

Verkaufsförderung, Sales Promotion

Unter Verkaufsförderung (Sales Promotion) sind alle Entscheidungen und Maßnahmen zu verstehen, die dazu dienen, dem Absatz kurzfristig starke Impulse zu geben. **Ziel der Verkaufsförderung** ist es,

- einen Kaufwunsch auszulösen oder zu bestärken und
- dem Kunden die Kaufentscheidung zu erleichtern und sie herbeizuführen.

Im Gegensatz zur Langfristwirkung der Werbung („Haben Sie Vertrauen zu unserem Unternehmen!" und „Kaufen Sie unsere Leistung!") geht es bei der Verkaufsförderung um schnelles, oft **spontanes Auslösen von Kaufentscheidungen** („Jetzt zugreifen!"). Durch diese unterschiedliche Zielsetzung ergänzen sich beide Marketinginstrumente hervorragend für eine intensive Marktbearbeitung.

Gründe für Verkaufsförderung

Die **Gründe für Verkaufsförderungsaktivitäten** liegen in den Erfahrungswerten über das Informationsmanagement beim Menschen durch „direktes Erleben". Dabei kann man von Folgendem ausgehen:

- **Wissenserwerb:**
  - » 78 % durch das Auge (visuell)
  - » 13 % durch das Ohr (auditiv)
  - » 9 % durch Geruchs-, Geschmacks- und Tastsinn
- **Behaltenswerte:**
  - » 10 % von dem, was man liest
  - » 20 % von dem, was man hört
  - » 30 % von dem, was man sieht
  - » 50 % von dem, was man audiovisuell aufnimmt (gehört und gesehen)
  - » 70 % von dem, was man selbst spricht
  - » 90 % von dem, was man selbst ausführt
- **Vergessenswerte:**

Man vergisst	nach 3 Stunden	nach 3 Tagen
Gehörtes	30 %	90 %
Gesehenes	28 %	80 %
audiovisuell Wahrgenommenes (gesehen und gehört)	15 %	35 %
selbst Ausgeführtes	1 %	10 %

Auch wenn es sich hierbei lediglich um Anhaltspunkte handeln kann, zeigt sich, dass durch **„direktes Erleben" über optisch-sensorische Eindrücke** und selbst durchgeführte Aktivitäten am besten **spontane und nachhaltige Impulse zur Beeinflussung der Kaufentscheidung** erreicht werden können. Es gilt im B2C- als auch im B2B-Geschäft:

> Der Mensch entscheidet individuell mit seinen fünf Sinnen: Hören, Sehen, Fühlen, Riechen, Schmecken.

Bei der Verkaufsförderung geht es um das **Auslösen stimulierender Impulse** bei Einzelentscheidern oder Rollenträgern bei Teamentscheidungen von (1) alten und möglichen neuen Kunden, (2) bisherigen und möglichen neuen Absatzhelfern sowie (3) bisherigen und potenziellen Vertriebspartnern.

- **Zielgruppen und Maßnahmen**

  Zielgruppen sind bisherige und potenzielle Kunden, Absatzhelfer und Vertriebspartner, die durch folgende **stimulierende Eigenschaften der Verkaufsförderungsmaßnahmen** aktiviert werden sollen:

  Spezielle Eigenschaften von Verkaufsförderungsmaßnahmen

  - hoher Aufmerksamkeitswert
  - großer Informations- und Mehrwert
  - starke optisch-sensorische Reize für emotionales und spontanes Handeln
  - Möglichkeit der eigenen Mitwirkung.

  Diese Eigenschaften haben insbesondere **personenbezogene Maßnahmen**, wie z. B.

  Personenbezogene Verkaufsförderung

  - Serviceleistungen vor, während und nach dem Kauf
  - Gutscheine, Warenproben oder Muster
  - Preisnachlässe, Einführungspreise oder Sonderpreise (Aktionspreise)
  - Überlassen von Testgeräten
  - Durchführung von Kosten- und Ertragsvergleichen
  - Machbarkeitsstudien und Wirtschaftlichkeitsberechnungen
  - Einsatz von kleineren Preisausschreiben
  - Abgabe von Werbegeschenken
  - zeitlich befristete Spezialangebote (z. B. „Alt gegen neu"-Aktionswoche)
  - „Geld-zurück"-Angebote
  - Verpackungen mit Zusatznutzen (z. B. als Spielzeug oder Dekoration)
  - Serviceeinrichtungen (Beratungsdienst, Lieferservice oder Finanzierungshilfen)

- Schulung von Mitarbeitern (z. B. über Einsatz, Anwendung, Wartung und Reparatur von Sachleistungen und Softwareprogrammen)
- Übermittlung von Produkt- und Marktinformationen (z. B. Handbücher, technische Datenblätter oder Testergebnisse etc.)
- Bereitstellung von Investitionshilfen oder Ausstattungsteilen (z. B. Lager- und Verkaufshilfen wie Regale, Ständer, Boxen; vgl. System Würth).

> Serviceleistungen sind Verkaufsförderung direkt beim Kunden.

Nicht personenbezogene Verkaufsförderung

Daneben werden verschiedenste **nicht personenbezogene Mittel zur Verkaufsförderung** eingesetzt wie

- **schriftliche Mittel,** z. B.
  - Informations- und Werbebriefe,
  - Handzettel,
  - Beihefter und Beilagen in Korrespondenz,
  - Rechnungen o. Ä.,
  - Sonderdrucke von Tests, Handbücher, technische Hilfsbücher, Merk-, Werbe- und Datenblätter,
  - Gebrauchs-, Bedienungs- und Montageanleitungen,
  - Musterbriefe und Formbriefe zum Einsatz bei Absatzhelfern (z. B. Architekten) etc.
- **sonstige Mittel mit tendenziell allgemeiner Ansprache** z. B. eigene Fachschriften oder Broschüren, Hauszeitschriften; redaktionelle Artikel für Fachzeitschriften, Fach- und Tageszeitungen; Presseinformationen und Pressekonferenzen; Informationsdienste (Informationsreihen) mit technischem und wirtschaftlichem Inhalt.

Wegen ihrer besonders verkaufsfördernden Wirkung sollen **Messen und Ausstellungen** etwas näher betrachtet werden. Sie können als **Fach-** oder **Publikumsmesse** (überbetriebliche Einrichtung), **Hausmesse** oder **Verkaufsausstellung** (unternehmenseigene Veranstaltung) gestaltet werden.

Verkaufsveranstaltungen für B2C-Kunden

Am wirkungsvollsten sind permanente, ein- oder mehrtätige Veranstaltungen als Messen, Ausstellungen oder Aktionstage in den Verkaufs- oder Ausstellungsräumen des Unternehmens; bei dezentralem Vertrieb auch in Verkaufsbüros, Niederlassungen oder Filialen.

Als **Verkaufsveranstaltungen für Privatkunden** (Modeschau, Werkschau o. Ä.) eignen sie sich besonders zur Präsentation von Neuheiten, deren Attraktivität für die Kunden wesentlich gesteigert wird, wenn diese Präsentationen mit anderen attraktiven Produkten und Firmen (z. B. Automobile, Schmuck, Brillen o. Ä.) kombiniert und als gesellschaftlich relevanter **Event** organisiert werden. Dies steigert die emotionale Wirkung enorm. Außerdem erhöht es die gewünschte Resonanz in der Tages- und sonstigen Presse bis hin zu positiven Social-Media-Effekten.

Events

Als **Verkaufsveranstaltungen für Geschäftskunden** sind Hausmessen bei technischen Erzeugnissen für beide Seiten sehr wichtig und hilfreich. Das betrifft nicht nur den direkten Verkaufserfolg, sondern auch die sehr wichtigen direkten Kontakte mit den Repräsentanten des Unternehmens aus Verkauf, Technik und Geschäftsführung. Solche Gespräche im Rahmen der Produktpräsentation (gekoppelt mit Verkaufsschulungen, Workshops, Vorführungen und technischen Unterweisungen) erzielen die **besten rational und emotional werbenden, imageprägenden, kaufmotivierenden und kaufaktivierenden Effekte.**

Hausmessen für B2B-Kunden

> Das wirkungsvollste Instrument der Verkaufsförderung ist das persönliche Gespräch mit emotional ausgerichteter Leistungspräsentation und Vorteilsargumentation.

- **Persönlicher Verkauf**

Wie erfolgreiche Beratungs- und Verkaufsgespräche im B2C- und B2B-Geschäft aufgebaut und gestaltet werden sollten, wird ausführlich in **Kapitel 7 „Verkaufsgespräche zielführend gestalten“** behandelt.

Persönlicher Verkauf

2.4.3.3 Öffentlichkeitsarbeit

- **Zielsetzung**

Öffentlichkeitsarbeit oder **Public Relations (PR)** konzentriert sich darauf, gute Beziehungen zu denjenigen Gruppen aufzubauen, die Interesse am Unternehmen haben. Ihre Aufgabe ist das bewusste **Gewinnen von Vertrauen und positiven Meinungen bei den Zielgruppen**. Sie ist wie die Werbung auf **Langfristwirkung** ausgerichtet. Als Zielgruppen lassen sich unterscheiden:

Öffentlichkeitsarbeit, Public Relations (PR)

- **interne Zielgruppen** (Mitarbeiter, deren Familienmitglieder, Freunde und Bekannte),
- **externe Zielgruppen** wie Geschäftspartner (Lieferanten, Banken, Versicherungen, Absatzmittler und Absatzhelfer),
- **Kunden** (gegenwärtige, neue und frühere Kunden, Interessenten und Kunden von Mitbewerbern) sowie
- **Meinungsbildner** (Repräsentanten aus Politik, Wirtschaft [Verbände und Organisationen], Wissenschaft, Kirche und Gesellschaft).

PR-Grundsätze

Unter dem Leitsatz **„Tu Gutes und rede darüber!“** soll über die Grundsätze **Offenheit, Wahrhaftigkeit und Informationsbereitschaft** bei den genannten Zielgruppen ein gutes Image erreicht, gepflegt und gesichert werden. Daher sind **für die einzelnen** Adressatenkreise differenzierte strategische und operative Imageziele festzulegen (siehe hierzu auch Abschnitt 1.5.3 „Profilierungsstrategie“), mögliche Maßnahmen unter finanziellen Gesichtspunkten zu definieren und letztlich eine klare Aufgabenverteilung für die Imageträger (Marktleistungen, Management, Mitarbeiter) zu finden.

- **Maßnahmen**

Imagebildende PR-Maßnahmen

Grundsätzlich können alle Werbemittel und Werbeträger als Instrumente für Öffentlichkeitsarbeit eingesetzt werden, deren Ziel eine **leistungs- sowie unternehmensbezogene Imagebildung** bei den angesprochenen Zielgruppen ist. Das kann mit schriftlich oder multimedial aufbereiteten Informationen über Print- und Online-Werbeträger (z. B. Website des Unternehmens) erreicht werden. Folgende **imagebildende Maßnahmen** eignen sich insbesondere zur Öffentlichkeitsarbeit:

- spezielle Aktivitäten oder Auszeichnungen von Führungskräften und Mitarbeitern
- Mitarbeit in kulturellen, kirchlichen, sozialen oder politischen Gremien, Vereinen oder Verbänden (z. B. auch Einsätze beim THW, Gemeinderat oder Organisationen des Handwerks)
- finanzielle und praktische Beteiligungen bei gesellschaftlichen Maßnahmen (z. B. Unterhalt/Wartung/Reparatur von Sportstätten, Kindergärten, Altenwohnheimen, Tagesstätten für Behinderte u. a.)
- Sponsoring sportlicher und kultureller Veranstaltungen (finanzielle Unterstützung mit/ohne Namensnennung bei Vereinsfeiern, Musik- oder Sportfesten, Mundarttagen oder ähnlichen Veranstaltungen mit speziell lokaler und regionaler Bedeutung)
- Durchführung von besonderen Events (z. B. Firmenjubiläum, Tag der offenen Tür als Familienfest, Sommerfest im örtlichen Heim für Behinderte, Leistungswettbewerbe oder Klavierkonzert in den Räumen des Unternehmens etc.)
- Info-Tage für potenzielle Auszubildende, deren Lehrer und Eltern (mit Azubi-Gesprächen)
- Betriebsbesichtigungen für Studierende (mit speziellen Workshops)
- gezielte Pressearbeit (z. B. Einladungen und Mitteilungen an die lokale oder regionale Presse, Fachzeitschriften, Wirtschaftsverbände, Kammern und Parteien).

Es sind die bei solchen Anlässen gesammelten unmittelbaren Eindrücke und die im Unternehmen geführten **Gespräche**, mit denen relativ leicht die Imagevorstellungen der verschiedenen Zielgruppen in der Öffentlichkeit verändert oder gefestigt werden können.

PR „wie aus einem Guss“

Wichtig ist, dass alle diese Aktivitäten inhaltlich, zeitlich und eventuell auch räumlich so abgestimmt werden müssen, dass sie als **Kommunikations-Mix „wie aus einem Guss“** wirken.

2.4.3.4 Social Media

Social Media: Definition

Bei Social-Media-Kommunikation geht es weniger um mediale Monologe (one-to-many) wie bei traditionellen Kommunikationsmitteln (z. B. Zeitungen, Zeitschriften oder Plakate). Hier geht es vielmehr um **digital basierte Dialoge (many-to-many)**, bei denen der Informationsinhalt durch die Interaktion der beteiligten Nutzer gestaltet und positiv oder negativ geprägt wird. Die Kommunikationsmittel sind Texte, Bilder, Audio- und Videobotschaften.

Plattformen

Als **Social Media** werden alle Medienplattformen wie Facebook, Twitter oder TikTok verstanden, welche die Nutzer über digitale Kanäle in der gegenseitigen Kommunikation und im interaktiven Austausch von Informationen unterstützen.

Je höher die Aktualität einer Information auf einer Social-Media-Plattform, desto größer ist deren **Attraktivität für den/die Nutzer** und desto mehr Zeit investiert er in die Kommunikation und die Gestaltung des Informationsgehalts mit den anderen Nutzern.

Da Social-Media-Aktivitäten ein wesentlicher Bestandteil des digitalen Marketings sind, werden diese im Abschnitt 3.3 **„Social-Media-Aktivitäten anwenden“** genauer dargestellt.

Fallbeispiel „Kommunikationskonzept“

Handlungssituation

Der Reinigungsbetrieb Fritz Sauber (siehe S. 127, 128) will für sein Unternehmen die neuen Zielgruppen „Gut situierte Familien“ und „Eigenständige Rentner“ mit neuen Angeboten (Leistungspakete) erschließen. Dazu will er gezielt Werbung, Public Relations, Verkaufsförderung und Social Media einsetzen. Er möchte von Ihnen gerne beraten werden.

Situationsbezogene Fragen

- Ist eine informierende Anzeigenwerbung in den regionalen Tageszeitungen besser geeignet als eine kostenintensivere Direktwerbung? Nennen Sie die Vor- und Nachteile!
- Wie sollte so eine Direktwerbung inhaltlich und zeitlich aufgebaut sein? Mit welchen Aussagen/Argumenten würden Sie werben?
- Welche Verkaufsförderungsmaßnahmen könnten Sie sich bei der Zielgruppe „Rentner“ vorstellen? Wie würden Sie diese werblich nutzen?
- Welche Meinungsbildner würden Sie im Hinblick auf positive Effekte bei der Zielgruppe „Rentner“ ansprechen? Mit welchen Argumenten und über welche Medien?
- Macht es Sinn, dass Fritz Sauber im Rahmen seiner Markterschließungsstrategie für diese beiden Zielgruppen auch Social Media einsetzt? Wenn ja, nennen Sie bitte einige Inhalte (Aussagen, Objekte oder Ereignisse), welche die Nutzer zu einem Dialog/Kontakt mit dem Unternehmen anregen könnten.
- Was sollte Fritz Sauber beim Einsatz von Social Media auf jeden Fall beachten? (siehe auch Abschnitt 3.3)

2.4.4 Budgetierung der Kommunikationskosten

Im Rahmen einer umfassenden Planung der Kommunikationsaktivitäten werden nicht nur die Maßnahmen und deren Kosten ermittelt und verbindlich festgelegt. Es gilt, diese **Einzelbudgets** auch organisatorisch einzelnen Verantwortungsbereichen (Abteilungen) zuzuordnen, die für Über-/Unterschreitung der gesteckten Ziele verantwortlich sind und **Steuerungsmaßnahmen** im Rahmen des Marketingcontrollings vorschlagen oder selbst veranlassen.

Das Marketingmanagement führt die Einzelbudgets zu einem **Marketingkommunikationsbudget** für einen bestimmten Zeitraum (z. B. 1 Jahr) zusammen. Dieses Gesamtbudget ist **das in Zahlen gefasste Marketingkommunikationskonzept** eines Unternehmens und mit seinen Soll-Ist-Kontrollen ein **Teil der Marketingerfolgsrechnung.** Die Grundstruktur eines Gesamtkommunikationsbudgets zeigt folgende Darstellung.

Kommunikationsmaßnahmen (z. B.)						Plankosten		Gesamtkosten		Abweichungen	
Insertion/Anzeigen	Anzahl p. a.	Spalte	m/m Preis	Brutto-Kosten	Rabatt	Fremdkosten	Eigenkosten	Soll	Ist	+/- in €	+/- in %
Tageszeitung A											
Tageszeitung B											
Fachzeitschrift X											
Gemeinschaftswerbung/Export											
...											

Direktwerbung	Anzahl	Fremdleistungen/Eigenleistungen						
Werbebriefe		Druck/Papier/Porto						
Kundenzeitung		Druck, Autorenhonorar, Verpackung, Porto						
Prospekte								
Homepage/Internetauftritt/Onlineshop		Gestaltung/Design, Aktualisierung, Aktionen, Pflege						

Veranstaltungen	Anzahl p. a.							
Einsatz/Demo-Mobil		Fahrzeugkosten, Wartung, Löhne						
Messen/Ausstellungen – B2C/B2B								
Kundentage im Hause		Präsentationskosten, Bewirtung, Gastreferenten ...						
Auslandsmessen Gemeinschaftsstand								

Veranstaltungen	Anzahl p. a.							
Kalender		Wandkalender, Folder						
Mobiles CRM		zentrale digitale Kundendatenbank						
Werbegeschenke								
Prospektständer								

Netto-Umsatz: ___________ €	Marktanteil: ___________ %	Komm.-Etat: ___ % des Umsatzes			
Verfügbares Kommunikationsbudget				+/- ____€	+/- ___ %

Beispielhafter Aufbau eines Gesamtbudgets zur Marketingkommunikation

Ein solches **Kommunikationsbudget** muss unternehmensspezifisch alle Kommunikationsmittel und -maßnahmen erfassen; es muss **vollständig** sein.

2.5 Gestaltungsmöglichkeiten traditioneller Vertrieb und Logistik

2.5.1 Indirekter Vertrieb

Vertrieb, direkt, indirekt

Die Wahl der Vertriebswege ist eine grundlegende, strategische Entscheidung im Rahmen des Marketingkonzepts, da Vertriebswege nicht ohne Auswirkungen auf die Marketingstrategien verändert werden können. Hierbei geht es um **direkten Vertrieb** an Privat- oder Geschäftskunden oder **indirekten Vertrieb** über Einschaltung von Handel, Handelsvertreter, Industrie oder Handwerk als Vertriebspartner. Dabei lassen sich folgende Grundtypen von Vertriebswegen unterscheiden:

Alternative Vertriebswege

Vertriebswege

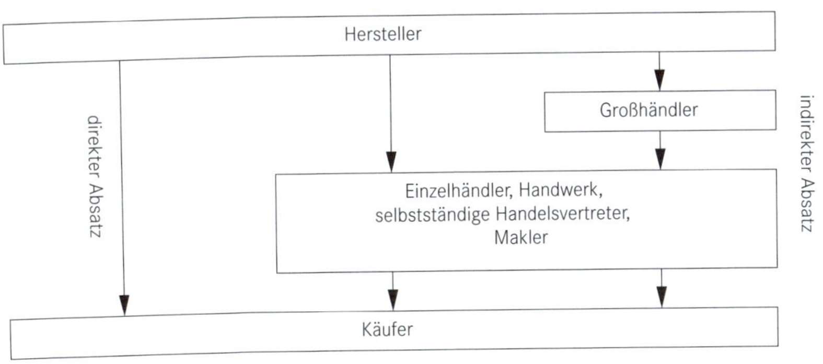

Grundtypen der Vertriebswege

Beim **indirekten Vertrieb** (ein- oder mehrstufig) ist stets eine gründliche und umfassende, strategisch orientierte Eignungsprüfung der potenziellen Vertriebspartner in einem Absatzgebiet erforderlich. Die **Gestaltung des Vertriebsweges** und die **Wahl der Vertriebspartner** werden wesentlich bestimmt durch:

Wahl der Vertriebspartner

- Art der Leistung (einfache, selbsterklärende oder beratungsintensive Sach- und Dienstleistungskombinationen)
- angestrebte Marktpräsenz (Vertriebsdichte in regionalen, nationalen oder internationalen Absatzgebieten)
- Größe und Nachfrageverhalten der Zielgruppen (Phase des Produktlebenszyklus, Größe der Marktsegmente im Inland oder Ausland)
- unternehmerische Zielsetzungen (Gewinnziele, Marktanteilsziele)

- Anforderungen an die Partner (Standort, Qualifikation, Größe, Kontinuität)
- Wettbewerbssituation (Intensität im Preis- oder Leistungswettbewerb)
- Image-Gesichtspunkte (Produkt-Image und Image des Partners)
- Zahl der Vertriebspartner (alle möglichen Vertriebspartner, einige wenige = selektiver Vertrieb oder nur ein Vertriebspartner = exklusiver Vertrieb)
- Form der Zusammenarbeit (Beteiligung, Kauf, Kooperation, Lizenz oder Franchise-System).

2.5.2 Direkter Vertrieb

Direktvertrieb

Direktvertrieb (direkter Absatz an die Kunden/Kundengruppen im B2C- wie auch im B2B-Geschäft) ist arbeits-, zeit- und kostenintensiver als der indirekte Vertrieb. Er bringt aber wesentliche **Kundenvorteile** bei technisch oder emotional hochwertigen Produkten und komplexen Problemlösungen (z. B. im Systemgeschäft). Hier kann die **Strategie der sachlichen, persönlichen, zeitlichen und räumlichen Kundennähe** (Details siehe Abschnitt 1.5.3.2 „Profilierung über Kundennähe") voll umgesetzt werden. **Direktvertrieb** kann **zentral** (vom Stammhaus aus) oder **dezentral** (von Niederlassungen, Filialen oder Zweigbetrieben aus) erfolgen. Für die Vertriebspraxis sind **Kombinationen** sinnvoll. Das steigert die Effizienz der Marktbearbeitung enorm.

Direkter Vertrieb kann als

(1) persönlicher Verkauf (persönlicher Kontakt),

(2) mediengestützter Verkauf (Kontakt über Medien) oder

(3) digitalisierter Verkauf (Kontakt über Internet) organisiert werden.

(1) Persönlicher Verkauf

Persönlicher Verkauf

Der persönliche Verkauf ist die wirksamste Absatzmethode des Vertriebs; er ist durch **persönliche Kundennähe** (beim Kunden, Verkaufs- oder Ausstellungsraum des Herstellers), die emotionale Wirkung des **persönlichen Kontakts** (Face-to-face-Situation) und direkt **personenbezogene Kommunikation** (persönliches Gespräch) geprägt.

Persönlicher Verkauf ist möglich in den Räumen des Kunden (z. B. Wohnung, Entwicklungsabteilung, Einkaufsabteilung), in den Geschäftsräumen des Unternehmens (z. B. Ausstellungs-, Verkaufs- oder Besprechungsräume) oder am Einsatz- oder Verwendungsort der Marktleistungen (z. B. Produktionsstätte, Ladengeschäft, Lagerhalle oder Baustelle).

Persönlicher Verkauf kann durch **Mitarbeiter** des Innendienstes oder des Außendienstes erfolgen. Für eine effiziente Gestaltung des Außendienstes sind Anforderungs- und Eignungsprofile, Kundengruppen, Verkaufsgebiete, Besuchsfrequenz, Tourenplanung, Reporting und ein anreizbezogenes Entlohnungssystem über das Marketingcontrolling zu planen, zu steuern und zu überwachen. Werden **Führungskräfte, Mitglieder der Geschäftsführung oder der Inhaber** selbst tätig, hat das für Kunden und deren Mitarbeiter einen hohen sozialen und psychologischen Mehrwert. Dieses „Verkaufspersonal" sollte eingesetzt werden bei strategisch wichtigen Kunden (gute Kunden mit Wachstums- und Ertragspotenzial oder Stammkunden) und operativ bedeutenden Kunden (umsatzstarke A-Kunden, ertragsstarke Kunden, Referenzkunden und A- und B-Kunden mit Wechselneigungen).

Verkaufsgespräch

Der wichtigste Erfolgsfaktor im persönlichen Verkauf ist das **Verkaufsgespräch,** die **emotional prägende Face-to-face-Situation** im Unternehmen oder bei Kontakt-, Abschluss- oder Betreuungsbesuchen beim Kunden. Wie bereits erwähnt, wird dieses Thema wegen seiner zentralen Bedeutung in Kapitel 5 **„Verkaufsgespräche zielführend gestalten"** ausführlicher behandelt. Weitere, ergänzende Kundenkontakte erfolgen über Telefon, Fax, Briefe und E-Mails.

Export

Diese Überlegungen zum Direktvertrieb gelten auch für den **Export**, bei dem besondere Risiken zu beachten sind. Diese können durch relativ einfache Verhaltensregeln reduziert werden, wie nachfolgende Abbildung zeigt.

Checkliste „Risikominimierung im Export"

Fragen zur Risikominimierung bei Exportaktivitäten von kleinen und mittelgroßen Unternehmen

Information

- Sammeln Sie alle Informationen aus den verschiedensten Quellen: Bereisen Sie Ihr Zielland! Reden Sie mit Wettbewerbern, Händlern und möglichen Kunden!
- Nehmen Sie sich Zeit und Ruhe, die gesammelten Informationen auszuwerten. Achten Sie darauf, ob sie ein vollständiges Bild ergeben: Lokalisieren Sie die Lücken, um sie sofort zu schließen!

Strategie

- Sie haben mehr Erfolg, wenn Sie Ihr Auslandsgeschäft systematisch aufbauen: nach einer Strategie aufgrund von Marktanalysen, woraus Sie jeden Ihrer Schritte herleiten.
- Nehmen Sie sich für Ihren Einstieg einen Berater aus dem Zielland! Das ist umso wichtiger, je mehr sich das Zielland von Deutschland unterscheidet.

Marketing

- Beobachten Sie den Markt: Welcher Bedarf besteht wo und wann? Dann wissen Sie, wo und wann Sie mit Ihrem Marketing ansetzen müssen.
- Prüfen Sie Ihr Produkt, ehe Sie damit nach draußen gehen: zum Beispiel durch Messebesuche und Gespräche mit potenziellen Kunden; vereinbaren Sie eine Probelieferung, installieren Sie es bei einem Testkunden.

Personal

- Bereiten Sie motivierte, qualifizierte und flexible Mitarbeiter frühzeitig auf Auslandsaufgaben vor. Wenn sie auch eine Fremdsprache lernen müssen, kann das über ein Jahr dauern.
- Investieren Sie viel Zeit in die Mitarbeitersuche; lassen Sie sich von Ortskundigen (vielleicht von befreundeten Unternehmern) beraten.

Finanzierung

- Stellen Sie einen präzisen Exportfinanzplan auf, aber lassen Sie Spielraum für Unvorhergesehenes; dann bekommen Sie eine realistische Kostenschätzung. Stellen Sie sicher, dass unerwartete Zusatzkosten Ihre Liquidität nicht gefährden.
- Regeln Sie die Finanzierung mit der Bank, bevor Sie das Projekt verabschieden – und vergessen Sie die Sicherheitsreserve nicht (Zahlungsverzögerungen).

Kooperationen

- Informieren Sie sich über potenzielle Partner genau: Fragen Sie einen Berater oder Geschäftsfreunde.
- Überlegen Sie vorher, welche Meinungsverschiedenheiten es geben könnte: Dann können Sie den Vertrag entsprechend formulieren.

Checkliste zur Risikominimierung im Export

(2) Mediengestützer Verkauf

Fernverkauf

Mediengestützter Verkauf wird auch als **Fernverkauf** (Fernabsatz) bezeichnet. Hier werden die Marktleistungen (Sach- oder Dienstleistungen) über Kataloge, Verkaufsbroschüren oder Sonderaktionen über TV, Radio und Druckmedien (Flyer, Beileger in Zeitschriften/Zeitungen oder Produktkataloge) mit schriftlicher, telefonischer oder digitaler Bestellmöglichkeit verkauft. Ein persönlicher Kontakt ist nicht vorgesehen. Nach Erhalt der Kundendaten könnten Kontakte zu den Kunden für Folgekäufe hergestellt und gepflegt werden, was jedoch selten vorgenommen wird. Die Initiative zum Kauf liegt beim Kunden. Ihm werden hier – wie auch beim digitalisierten Verkauf – besondere Widerrufs- und Rückgaberechte zugestanden, da er die Leistungen vor dem Kauf nicht sehen und beurteilen kann. Dennoch ist – wie bei allen Verkaufsformen – auch hier zur Effizienzsteigerung der Einsatz von traditionellem und digitalem Direktmarketing mit Offline- und Online-Verkaufsförderungsmaßnahmen angeraten.

(3) Digitalisierter Verkauf

Hier geht es um Direktverkauf im Internet, auch als **E-Business** oder **E-Commerce** bezeichnet. Es ist die **Weiterentwicklung von Homepage und digitalem Produktkatalog,** die überwiegend der allgemeinen Information von Interessenten, Kunden und Lieferanten über das Unternehmen und sein Leistungsangebot dienen. Beim **E-Business (Onlineshop)** geht es um den **Aufbau einer direkten Geschäftsbeziehung** ohne Einschaltung von Personen. Es werden **ausschließlich digitale Kommunikations- und Vertriebswege** genutzt. Weitere, detaillierte Ausführungen siehe Abschnitt 3.2.2 „Digitales Online-Marketing (Onlineshop)".

Digitalisierter Verkauf

2.5.3 Vertriebslogistik

Bei der Vertriebslogistik geht es um die **marketingwirksame Gestaltung der Versorgung** der Kunden mit den Marktleistungen und Services des Unternehmens. Dabei sind für die **drei Gestaltungsbereiche** Servicegrad, Lagerhaltung und Transport strategische und operative Ziele zu setzen und Entscheidungen zu treffen. Diese betreffen die Gestaltungselemente (1) Mengen, (2) Zeiten, (3) Räume und (4) Kosten.

Vertriebslogistik

- **Servicegrad**

Unter Servicegrad werden Umfang der Lieferfähigkeit und Schnelligkeit der Ausführung eines Kundenauftrags für Sach- und Dienstleistungen verstanden. Im Rahmen des Marketingkonzepts ist über die strategische Bedeutung des Servicegrads als Erfolgsfaktor im Wettbewerb zu entscheiden. Je höher hier die **strategische Einschätzung,** desto höher sind sachliche, personelle und organisatorische (EDV-)Investitionen in die Bereiche Lagerhaltung (Lagerumfang) oder flexible (just-in-time-orientierte) Produktionsprozesse und Transportkapazitäten. Die **operative Gestaltung** des Servicegrads, definiert als Verhältnis von erledigten Aufträgen und zugesagten Erledigungen innerhalb eines definierten Zeitraums, ist leistungs-, kundenwunsch- und wettbewerbsabhängig. Bei Beantwortung der Frage, wie **Lieferpünktlichkeit und Liefergenauigkeit** kostenoptimal erreicht und gesichert werden können, spielen Wirtschaftlichkeitsanalysen zu **Kauf oder Miete** von Produktions-, Lager- und Transportkapazitäten eine große Rolle.

Servicegrad

- **Lagerhaltung**

Lagerhaltung

Da Lagerkapazitäten und Lagerbestände hohe fixe und variable Kosten verursachen, sollte man sie operational möglichst gar nicht oder minimal halten. Die **Einbindung von Lieferanten in die Produktionsprozesse** ist ein wichtiges Instrument für lagerlose Produktion (keine/geringe Beschaffungslagerhaltung) und lagerlosen Vertrieb (keine/geringe Absatzlagerhaltung). Sollten doch größere **Lagerkapazitäten** erforderlich sein, können diese als Eigenlager, Lager über Leasing oder Fremdlager bei einem anderen Unternehmen (z. B. Spedition) bereitgestellt werden. Auswahlkriterien sind die Beschaffungs- und Betriebskosten der Alternativen.

Sicherstellung des Servicegrads

Die Sicherstellung eines bestimmten Servicegrads ist über folgende Alternativen möglich:

- keine eigene Lagerhaltung (Verlagerung auf den/die Lieferanten mit Sicherstellung von kurzfristiger, termingerechter Lieferung, evtl. direkt auf Bau- oder Montagestelle)
- Konsignationslager (Lager des Lieferanten beim Unternehmen, Berechnung der Ware nach Verbrauch, vgl. Versorgungssystem Würth)
- teilweise Lagerhaltung (für Waren, bei denen mit Versorgungsengpässen oder großen Preissprüngen gerechnet werden muss)
- eigene umfassende Lagerhaltung (bei unsicherer Versorgungslage, großen Preisvorteilen über Mengenrabatte oder hohem Servicegrad als Wettbewerbsvorteil).

- **Transport**

Transport

Hier geht es um die **operative Festlegung**, welche **Transportkapazitäten** für einen bestimmten Servicegrad benötigt werden und wie diese Kapazitäten bereitgestellt werden sollen. Als Alternativen kommen hier infrage:

- keine Transportkapazitäten (der Kunde ist Selbstabholer, der Servicegrad wird allein von der Verfügbarkeit der Ware - mit/ohne eigene Lagerhaltung - bestimmt)
- eigene Transportkapazitäten (Investition in eigenen Fuhrpark durch Kauf mit Fahrzeugkapazitäten, die auf die durchschnittlichen Auftragsgrößen abgestimmt sind; keine Abhängigkeit)
- geleaste Transportkapazitäten (Anmietung von Fahrzeugen auf Zeit, die nach außen als Firmenfahrzeuge erscheinen; Dynamisierung von Kosten: Fixkosten werden in variable Kosten gewandelt)

- fremde Transportkapazitäten (Fahrzeuge unterschiedlicher Art und Größe werden auftragsbezogen, kurzfristig angemietet; sie sind meist neutral oder als Fahrzeug eines Autovermieters erkennbar)
- zugekaufte Spediteurleistungen (Kurierdienste, Speditionen).

Die Frage, ob eigene oder Leasing-Fahrzeuge eingesetzt werden, ist stets nach der Wirtschaftlichkeit zu beantworten; das Prestigedenken „mein Fuhrpark" hat hintenanzustehen.

- **Make-or-buy-Entscheidungen**

Die Entscheidungen über die Strukturen bei Lagerhaltung und Transport führen über Kostenbetrachtungen zu **Make-or-buy-Entscheidungen** (z. B. über Eigen- oder Fremdlager und Eigen- oder Fremdlogistik). Mit Break-even-Analysen und Nutzwertanalysen können optimale Entscheidungen über Lagerorte, Lagergebäude oder Fahrzeuge getroffen werden. Nachstehende Grafik einer Break-even-Analyse veranschaulicht den „kritischen Punkt K", ab dem eine Eigenleistung kostengünstiger wird.

Eigen- oder Fremdlager/ Eigen- oder Fremdtransport

Eigen- oder Fremdlager/Eigen- oder Fremdtransport

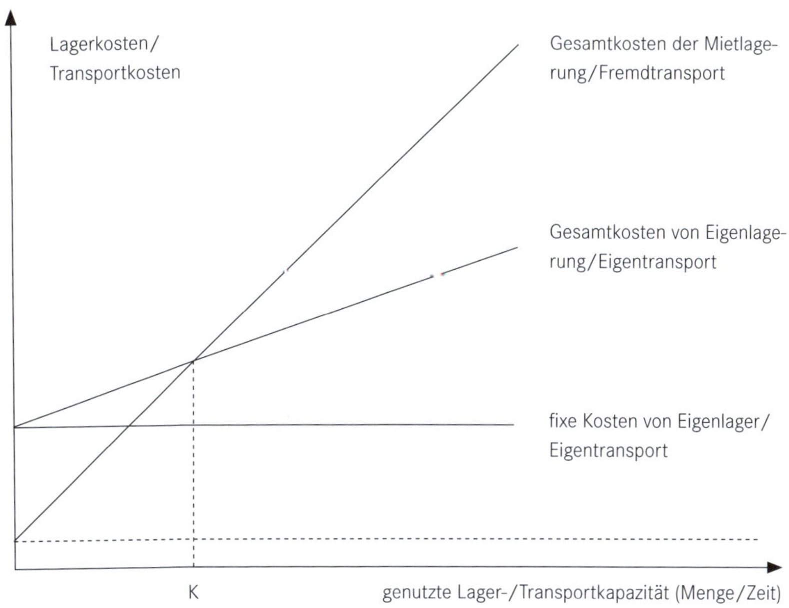

Entscheidung über Eigen- oder Fremdlager/Eigen- oder Fremdtransport

- **Logistikprobleme und Kundenzufriedenheit**

Sind Entscheidungen über Lager- und Transportkapazitäten getroffen, dann sind es die täglich **wiederkehrenden Dispositionsprobleme** über Liefermengen, Lieferzeiten und Transportplanung, denen das Unternehmen seine Aufmerksamkeit widmen muss. Störungen in diesem Bereich sind nicht nur für den Kunden ärgerlich und mit Kosten verbunden - auch beim Unternehmen selbst führen sie häufig zu Kostensteigerungen (z. B. durch Mehrfahrten).

> Der Kunde hat ein Recht auf Pünktlichkeit und das Unternehmen eine Pflicht zur Termineinhaltung.

Kundenzufriedenheit

Kunden haben selten Verständnis für Nichteinhaltung von Terminen und Zusagen; egal ob sie unvorhersehbar oder durch betriebsinterne Planungs-, Ausfall- oder Koordinationsprobleme aufgetreten sind. Hierdurch können nicht nur kurzzeitig wirkende Ärgernisse und Beschwerden, sondern auch langwirkende **Imageschäden,** evtl. sogar Kundenverlust, entstehen. Wichtig ist **Kundenzufriedenheit,** die erreicht werden kann durch

- Aufbau eines Quaitätssicherungssystems („Null-Fehler") in der Steuerung und Ausführung der Vertriebslogistik,
- frühzeitige und umgehende Information des Kunden (erklärender Anruf genügt meistens),
- ein späteres, vom Unternehmen ausgehendes Klärungsgespräch (zur Vermeidung von imageschädigenden Beschwerden),
- Information des Kunden über „Neues aus dem Hause ..." (zur Vermeidung einer potenziellen Wechselneigung).

Fallbeispiel zur Kompetenzüberprüfung

Fallbeispiel „Marketingkonzept entwickeln“

Das seit vielen Jahren am Reinigungsmarkt für gewerbliche Objekte aktive, für qualitativ gute und zuverlässige Arbeit bekannte Reinigungsunternehmen Fritz Sauber (derzeitiger Umsatz ca. 2,4 Mio. €) hat sich nach längerer Testphase entschlossen, das neue SGF „Reinigung von Privathaushalten“ ins Angebotsprogramm aufzunehmen. Drei Haupt-Mitbewerber sind bereits seit zwei Jahren ebenfalls auf diesem Teilmarkt tätig. Als ertragsfähige Marktsegmente wurden - wie von den Mitbewerbern auch - „eigenständige Rentner“ (zunehmend an Zahl, Alter und Unterstützungsbedarf) und „gut situierte Familien“ (hohes Familieneinkommen, z. T. Doppelverdiener, große gesellschaftliche Einbindung, hohe soziale Bindung an Familie und Freunde, knappe Freizeit und wenig Zeit für persönliche Belange) erkannt und als Zielgruppen festgelegt.

Im Rahmen der Markterschließungsstrategie will Fritz Sauber zunächst nur den Absatzmarkt „Landeshauptstadt und angrenzende Gemeinden“ bearbeiten. Dort wird nach Expertenmeinung in 10 bis 15 Jahren ein Marktvolumen von 60 bis 80 Mio. € erwartet. Es ist geplant, in diesen Segmenten nach vier Jahren auf einen Gesamtumsatz von 1.000.000,- € jährlich zu kommen. Die Zwischenziele werden mit 200.000,- €, 400.000,- € und 700.000,- € pro Jahr angesetzt. Zur Akquisition werden zunächst Fritz Sauber und seine Frau, die sich auch in der ehrenamtlichen Altenbetreuung engagiert, tätig. Es wird mit ausgewählten Reinigungskräften gestartet; steigernder Einsatz von besonders qualifiziertem Reinigungspersonal (Männer und Frauen?) ist vorgesehen - je nachdem, wie sich die Kundengewinnung, der Kundenstamm, Art und Umfang der Aufträge sowie die erzielten Umsätze und Erträge entwickeln werden. Fritz Sauber ist sich sicher, dass er mit dem richtigen, kundengerechten Marketing-Mix auch in diesem Teilmarkt erfolgreich sein wird.

Situationsbezogene Fragen

- Welche Wettbewerbs- und Markterschließungsstrategie sollte Fritz Sauber im neuen SGF verfolgen (Begründung)?
- Welche zusätzlichen strategischen Marketingziele sollte sich Fritz Sauber noch setzen, um den Plan 1 Mio. € Umsatz nach vier Jahren erreichen zu können?
- Welche Bedarfe und Erwartungen könnten bei den neuen Zielgruppen auftreten? Und welche kaufanregenden Nutzenargumente könnte Fritz Sauber bei den Kunden nennen?

- Wie könnte das Leistungsprogramm in Haupt-, Zusatz- und Nebenleistungen für die neue Zielgruppe aussehen? Welche Leistungspakete würden Sie vorschlagen?
- Woran könnte sich Fritz Sauber bei der Preisermittlung orientieren? Welche Orientierung würden Sie Fritz Sauber bei der Preisgestaltung empfehlen und warum?
- Auf welche Teilbereiche der Marketingkommunikation kann Fritz Sauber zugreifen? Erstellen Sie einen Katalog mit mindestens drei Maßnahmen pro Teilgebiet zur direkten Kundenbeeinflussung bei den neuen Zielgruppen.
- In welche Richtung sollte Fritz Sauber sein Image profilieren bei den neuen Kundengruppen? In welchen Bereichen sollte er worauf bei der Gestaltung seiner Corporate Identity besonderen Wert legen?

3. Marketing – Chancen nutzen

Lernziele und Kompetenzen

Die folgenden Ausführungen sind so gestaltet, dass Sie Kenntnisse und Fähigkeiten erwerben, damit Sie

- das Chancenpotenzial von digitalem Marketing erkennen,
- Einsatzmöglichkeiten der Digitalisierung im Marketing erkennen und bewerten,
- E-Business/Onlineshops entwickeln,
- Sozial-Media-Aktivitäten gestalten sowie
- digitales Marketing in das Gesamt-Marketingkonzept integrieren können.

3.1 Einsatzgebiete des digitalen Marketings kennen

Digitales Marketing

Grundsätzlich lassen sich für digitale Marketingaktivitäten folgende Anwendungsbereiche unterscheiden:

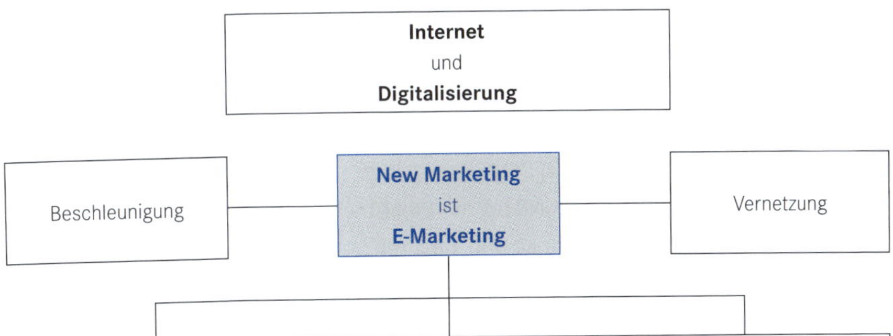

E-Marktforschung	E-Kommunikation	E-Business
(Online-Datengewinnung im Internet)	(Online-Information an/von Interessenten und Kunden)	(Online-Vertrieb im Internet)
- E-Datenbanken - E-Suchmaschinen - E-Kataloge - E-Befragungen - E-Beobachtungen - E-Trendinformationen	- Homepage - Website - E-Leistungsdarstellungen - E-Kommunikations-Mix - E-Verkaufsförderung - Social Media	- E-Vertrieb über Website ergänzend zum traditionellen Vertrieb - zusätzlicher E-Vertrieb über Onlineshop mit Voll- oder Teilsortiment - E-Vertrieb als E-Kataloggeschäft (z. B. Erstatzteile) - E-Vertrieb ausschließlich über Onlineshop im Internet

Erscheinungsformen von E-Marketing

Durch die fortlaufende Weiterentwicklung der digitalen Unterstützung und Verknüpfung der Informations- und Entscheidungsprozesse innerhalb der Wertschöpfungskette vom Kunden bis zum Lieferanten erschließt sich dem Unternehmen ein riesiges Rationalisierungs- und Gestaltungspotenzial. Dies gilt es gewinnwirksam und zukunftssichernd für das Unternehmen zu nutzen.

Technische Lösungen, EDV-Programme

Aber auch aus Gründen des immer stärker geforderten Umweltschutzes und einer größeren Nachhaltigkeit bei den unternehmerischen Aktivitäten werden auch im Marketing die traditionellen, nicht digitalen Maßnahmen verstärkt durch digitalisierte Marketingaktivitäten ersetzt. Die dazu erforderlichen technischen Lösungen (EDV-Programme) sind am Markt verfügbar und bieten Unternehmen, Interessenten und Kunden zum Teil größeren Mehrwert als manuell durchgeführte Aktivitäten.

3.2 Digitale Formen des Marketings einsetzen

3.2.1 Digital unterstütztes Offline-Marketing

Hierunter ist die Unterstützung des traditionellen Direktvertriebs, der persönlichen Beratungs- und Verkaufsgespräche - meist in Form von persönlichen face-to-face-Kontakten mit Kunden und Interessenten - durch digitale Kommunikations- und Verkaufsförderungsmaßnahmen zu verstehen. Die Aktivitäten von Inhabern, Führungskräften und Mitarbeitern im Verkaufsprozess werden z. B. durch E-Mails, E-Prospekte, E-Kataloge, E-Newsletter, E-Reparaturanleitungen u. a. m. unterstützt. Hierzu gehört auch die Einrichtung einer eigenen **Homepage samt Websites** im Internet und die Nutzung von Social Media als digital verkaufsunterstützende Maßnahme. Diese Unterstützungsmaßnahmen dienen der Effizienzsteigerung des persönlichen Verkaufs und der Erhöhung der Kundenzufriedenheit vor, während und nach dem Kauf. Darüber hinaus kann Kunden und Interessenten z. B. auch die Möglichkeit geboten werden, über sog. **Whitepapers** Testversionen von Softwareprogrammen, technische Produktinformationen, Checklisten, Reparaturhinweise etc. kostenlos herunterzuladen. Allerdings müssen sich dabei Interessenten meist erst mithilfe ihrer E-Mail-Adresse registrieren, um anschließend die gewünschten Informationen zu erhalten. Diese Kundendaten werden dann für die weitere verkaufsfördernde Kommunikation genutzt (im B2C- und B2B-Geschäft z. B. für E-Mail-Marketing oder für telefonische Nachfassaktionen mit dem Angebot für weiterführende Informationen oder Beratungsgespräche - falls der Kunde bei der Registrierung seine Telefonnummer angegeben hat).

Auch der **Einsatz von Werbebannern, Textlinks, QR-Codes etc.** ist hier zu nennen, bei denen die Interessenten durch Hinweise auf sog. **Incentives** (z. B. Gewinnspiele, Newsletter, Produktproben oder Einladungen zu Produktpräsentationen

u. a.) aktiviert werden sollen. Beim Klick auf den entsprechenden „Handlungsauslöser“ wird der Interessent auf eine sog. **Landing Page** weitergeleitet, um dort seine Kontaktdaten sowie seine Einverständniserklärung zum Erhalt weiterer (Produkt-) Informationen abzufragen. Diese Einverständniserklärung wird auch „Permission“ genannt („Ich bin damit einverstanden, von Ihnen per E-Mail und/oder telefonisch über interessante Produkte und Veranstaltungen informiert zu werden“) und kann vom Kunden jederzeit widerrufen werden.

Der Einsatz von Werbebannern, Links, QR-Codes etc. wird von Unternehmen jedoch auch sehr häufig dazu genutzt, auf den entsprechenden Landing Pages direkte Onlinekäufe zu generieren.

3.2.2 Digitales Online-Marketing (Onlineshop)

Hier geht es um den Aufbau eines eigenständigen, direkten elektronischen Vertriebswegs in Form eines **Onlineshops** im B2C- als auch im B2B-Geschäft. Im Prinzip ist es ein **elektronisches Kataloggeschäft,** das ohne persönlichen Kontakt zum Interessenten oder Kunden abgewickelt werden soll (siehe Abschnitt 2.5.2 „Digitalisierter Verkauf“). Das Unternehmen unterbreitet ein digitales Angebot, der Interessent/ Kunde entscheidet; Rückfragen sind in der Regel nicht vorgesehen.

Ergänzend oder selbstständig im Marketingkonzept

Im Gesamt-Marketingkonzept kann ein Onlineshop als eine

(1) den traditionellen persönlichen Verkauf unterstützende Maßnahme oder

(2) als neuer, zusätzlich eigenständiger Vertriebsweg

konzipiert, gestaltet und bei den Kunden entsprechend positioniert werden. Ein Onlineshop als eigenständiger Vertriebsweg ist zur Erschließung neuer Märkte und neuer Kundengruppen bestens geeignet. Dabei ist es vorteilhaft, eigenständige Onlineshops als **Profit Center** zu organisieren: Das erleichtert die Planung und Steuerung sowie die Umsatz- und Kostenkontrolle wesentlich.

Internetplattformen

Im **B2C-Geschäft** nutzen Unternehmen zusätzlich zum eigenen Onlineshop auch weitere **verkaufsfördernde digitale Vertriebsplattformen** im Internet, wie z. B.

- Online-Auktionshäuser (z. B. ebay.de oder my-Hammer.de),
- Online-Marktplätze (z. B. mobile.de oder autoscout24.de),
- Online-Versandhändler (z. B. amazon.de/Amazon Business),
- Online-Preisvergleichsportale (z. b. idealo.de oder kelkoo.de) und
- Online-Produktsuchmaschinen (z. B. google.de oder webtrados.de).

Elektronische Marktplätze

Im **B2B-Geschäft** spielen **„elektronische Marktplätze“** mit freiem oder geschütztem Zugang zwischenzeitlich eine große Rolle. Geschützt durch Passwörter als Zugriffssperre für Nichtbefugte, können auf geschlossenen Marktplätzen spezifische, für Mitbewerber nicht zugängliche Leistungsangebote abgegeben oder Leistungsnachfragen von Kunden oder Lieferanten gezielt platziert werden. Dazu gehören z. B. auch Ausschreibungen mit ihren technischen Spezifikationen, Leistungsbeschreibungen und Preisangaben. Auch lassen sich durch direkte Datenverknüpfung mit eigenen, bereits im Unternehmen vorhandenen CAD-/CAM-/CAQ-Systemen in relativ kurzer Zeit und ohne den Einsatz von Verkaufspersonal maßgeschneiderte Angebote erstellen. Das bedeutet meist große Zeit- und Kostenvorteile für alle Beteiligten.

Im E-Business/Onlineshop werden alle Geschäftsprozesse der Auftragsgewinnung, Auftragserfassung, Auftragsabwicklung und Faktura vollumfänglich elektronisch und papierlos abgewickelt.

Kunden erwarten heute im Onlinegeschäft eine professionelle, kundengerechte und schnelle Kommunikation, Angebotserstellung und Abrechnung. Sie entscheiden sich sehr häufig für den schnellsten und im Hinblick auf den Webauftritt am meisten ansprechenden Anbieter, der nicht der preisgünstigste sein muss.

> Digitaler Vertrieb über einen zusätzlichen Onlineshop bringt neue Kunden, mehr Umsatz erhöhte Produktivität und gesteigerten Gewinn.

Für das Unternehmen bringen eine digitale, d.h. papierlose Gestaltung der internen Geschäftsprozesse in Verbindung mit einer Digitalisierung der Beratungs- und Verkaufsprozesse mit Interessenten und Kunden sowie digitale Lieferantenbeziehungen zahlreiche **Vorteile:**

- Durch die Umstellung auf weitestgehend papierlose Gestaltung der Geschäftsprozesse insgesamt wird die Umwelt geschont.

Digitalisierte Wertschöpfung

- Das Arbeiten mit digitalisierten Abläufen im **Wertschöpfungsprozess** bedeutet integrierte Datenverarbeitung (von der digitalen Auftragsgewinnung über eine digitalisierte Fertigungsplanung und -steuerung mit digitaler Einbindung der Hauptlieferanten und einer digital unterstützten Auslieferung an den Kunden bis einschließlich digitaler Rechnungslegung und anschließendem digitalen Kundenservice); optimiert die Arbeitsabläufe, erhöht die Produktivität und steigert die Kundenzufriedenheit.
- Das manuelle Bearbeiten von und das Arbeiten mit Daten von Kunden, Lieferanten, und des Rechnungswesens entfällt. Dies führt zu beschleunigten, weniger fehlerbehafteten Abläufen, was Freiräume für andere unternehmerische Aktivitäten schafft.

Online-shopping

Betrachtet man diese Überlegungen für die Geschäftsprozesse bei einem Kauf im Onlineshop **(„Onlineshopping")**, dann lassen sich durch die digitale Auftragsabwicklung **für den Kunden mehrwerthaltige Vorteile** schaffen, wie z. B.

- Bestellung/Auftragsbestätigung: Kunden erhalten umgehend eine elektronische Bestell-/Auftragsbestätigung direkt an die E-Mail-Adresse des Bestellers oder eine andere hinterlegte E-Mail-Adresse.
- Sendungsverfolgung/Tracking: Werden Auslieferungen über Paketdienste abgewickelt, so können schnell und bequem entsprechende Versandinformationen (z. B. „Ihre Lieferung hat soeben unser Lager verlassen" oder „Ihre Lieferung ist bereits unterwegs zu Ihnen") per E-Mail an Kunden verschickt werden. Durch entsprechendes Tracking sind damit alle Lieferinformationen (bei einigen Paketdiensten mittlerweile sogar in Echtzeit) beim Kunden vor Ort verfügbar.

3.2.3 Multi-Channel-Marketing

Multi-Channel-Marketing

Ein **geändertes Infomationsverhalten der Kunden** erzwingt immer kürzere und umfassendere Reaktionen des Unternehmens. Kunden – auch im B2B-Geschäft – wollen heute nicht mehr warten, bis eine Information sie fremdbestimmt (z. B. durch einen Prospekt oder als Beihefter in einer Zeitschrift) zu einem bestimmten Zeitpunkt x erreicht. Interessenten und Kunden von heute – und besonders die zukünftigen – möchten **selbstbestimmt entscheiden, wann, wie und wo** sie sich **informieren.** Durch die **hohe Mobilität** und die **zunehmende digitale Vernetzung im Privat- und Berufsleben** erwarten Kunden eine permanente Informationspräsenz und Überallerhältlichkeit.

Dieses geänderte Informationsverhalten wirkt sich auch auf das Kaufverhalten nahezu aller Kundengruppen aus. Das zwingt zu einem Umdenken im Kommunikations- und Angebotsverhalten der Unternehmen.

> Wann, wie und wo Informationen und Leistungen verfügbar sein müssen, bestimmt der Kunde mit seinem Informations-, Kommunikations- und Konsumverhalten.

In Zeiten der Digitalisierung richtet sich der Kunde mit seinen Informations-, Kommunikations- und Konsumwünschen immer weniger nachtraditionellen Einschränkungen wie....und Ladenöffnungszeiten. Dabei hat die im B2C- und B2B-Geschäft stetig zunehmende, ortsungebundene Nutzung von mobilen digitalen Kommunikationsgeräten wie Notebooks, Smartphones und Tablets einen dominierenden Einfluss. Durch fortschreitende kundenorientierte Digitalisierung ihrer Geschäftsprozesse und durch mehr Vielfalt und Flexibilität im Kommunikations- und Angebotsverhalten können vom Unternehmen sehr **kaufwirksame Mehrwert-Vorteile** für den Kunden geschaffen werden. Das heißt für das Marketingverhalten der Unternehmen:

Traditionelle Kommunikationsmaßnahmen und Vertriebswege (face-to-face-Marketing) sind mit digitalen Möglichkeiten (digitale Verkaufsunterstützung und Onlineshop) zu kombinieren. Das erwarten die Kunden im B2C- und besonders im B2B-Geschäft. Welche Kombinationsmöglichkeiten sich hier ergeben können, zeigt die nachstehende Abbildung.

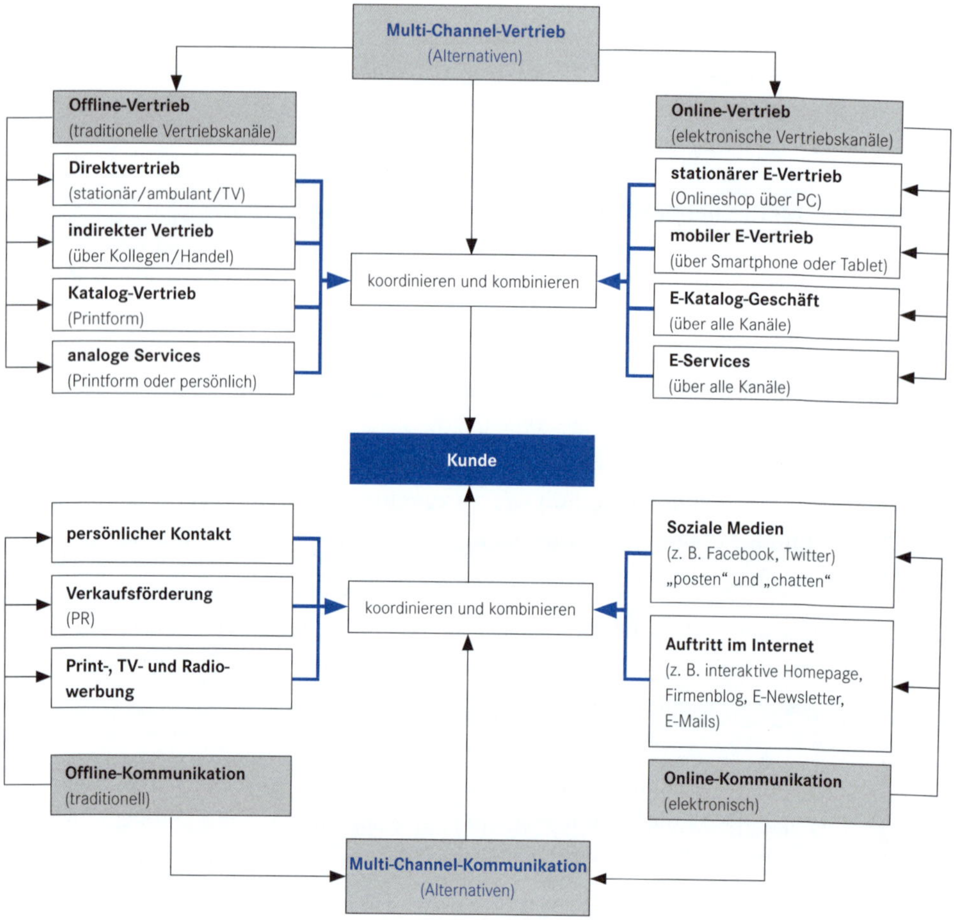

Gestaltungsalternativen für Multi-Channel-Marketing

Das Unternehmen muss ein in sich abgestimmtes, kundenbezogenes Vertriebs- und Kommunikationskonzept entwickeln, das auf **multimedialer Informationsversorgung** der Kunden und auf **alternativen Vertriebskanälen** zur freien Wahl des Kunden beruht. In der Kombination liegt ein hohes Potenzial für zusätzlichen Mehrwert für den Kunden und für einen Mehrgewinn für das Unternehmen.

> Multi-Channel-Marketing bringt mehr Kunden, mehr Umsatz und mehr Gewinn.

3.3 Social-Media-Aktivitäten anwenden

3.3.1 Besonderheiten

Als Social Media (soziale Medien) bezeichnet man Online-Dienste, deren Inhalte im Wesentlichen von den Zielgruppen (Usern) bestimmt werden. Sie basieren auf

Social-Media - Begriff

(1) digitaler Kommunikation,

(2) interaktivem Informationsaustausch zwischen Usern sowie

(3) der Möglichkeit zum Teilen von Inhalten (Content) oder

(4) auch zur produktiven Zusammenarbeit.

Zu den bedeutendsten gehören soziale Netzwerke wie Facebook und Twitter sowie Plattformen für nutzergenerierte Multimediainhalte wie Youtube, Pinterest oder Instagram. Blogs, Foren und auch Wikis sind ebenso Teil von Social Media.

Zu den **Besonderheiten von Social Media** gegenüber klassischen Kommunikationsmedien (Zeitung, Zeitschriften, Telefon) gehören:

Social-Media - Besonderheiten

- geringe Eintrittsbarrieren (geringe Kosten, unkomplizierte Produktionsprozesse)
- einfache Zugänglichkeit der Informationskanäle (für alle User, privat wie geschäftlich)
- globale Präsenz „im Netz“ (keine Reichweitenbegrenzung, für jeden verfügbar)
- beliebige, individuelle Gestaltung des Inhalts (freie Kombination von Text, Bild und Ton)
- aktuelle Kommunikation (Informationsweitergabe „just in time“, keine inhaltliche Korrektur möglich)
- spezifische Eigendynamik durch unmittelbare Reaktionen der Nutzer (Meinungsbildung durch Informationsbewertung und Weitergabe, Empfehlungen an andere User; mitunter machen sog. „Shitstorms“ werbetreibenden Unternehmen zu schaffen).

In diesen Gegebenheiten liegen die **Stärken und Schwächen** beim Einsatz von Social Media.

3.3.2 Anwendungsbeispiele

Durch die hohe Nutzungs- und Kommunikationsfrequenz eignen sich soziale Medien für Unternehmen besonders für einen schnellen und aktuellen Informationsaustausch mit Social-Media-Nutzern (Zielpersonen im B2C- und B2B-Marketing). Damit eignet sich die Nutzung von Social-Media-Kommunikation insbesondere für

- **Marktforschung** (frühzeitiges Erkennen von Trends),
- **Öffentlichkeitsarbeit** (Einflussnahme auf die Imagebildung) sowie
- **Werbung und Verkaufsförderung** (Präsentation von [neuen] Produkten, Meinungen und Bewertungen)
- **Kontaktaufbau** (attraktive Darstellung des Unternehmens, Kundenzufriedenheit erhöhen und Kundenbindung steigern)

Lead-Generierung

Die Kontaktanbahnung für **Neukunden (Lead-Generierung)** und Service-Informationen werden für das Unternehmen als besonders geeignete Einsatzgebiete empfunden. Das bestätigen die **Erkenntnisse zum Nutzerverhalten** von Social-Media-Expertin C. Hilker:

Nutzerverhalten

- 26 % der privaten Konsumenten nutzen soziale Netzwerke, um sich über Neuigkeiten aus den Unternehmen zu informieren oder mit den Unternehmen in Kontakt zu treten.
- 68 % der Social-Media-Nutzer vertrauen den Empfehlungen ihrer Kontakte aus dem Netzwerk bis hin zum Kauf (15 %).
- 65 % der Konsumenten würden keine Leistungen von Unternehmen mehr erwerben, wenn sie deren Verhalten in den sozialen Netzwerken stören oder verärgern würde.

Empfehlungsmarketing

Gerade die letzten Befragungsergebnisse verdeutlichen, dass sich in sozialen Netzen sehr rasch ein von den Teilnehmern getragenes **Empfehlungsmarketing,** aber auch ein **Nichtempfehlungstrend** („Shitstorm“) ergeben kann. Nicht das Unternehmen sollte sich und seine Produkte lobend hervorheben; die Teilnehmer des sozialen Netzwerks müssen sich vorteilhaft äußern und die Überzeugungsarbeit leisten.

Entscheidet sich ein Unternehmen also dafür, sich in sozialen Medien zu betätigen, sollte es klare Ziele formulieren und kompetente Mitarbeiter für das Social-Media-Marketing einstellen. Soziale Medien können ein Vertriebskanal sein. Genau so sollten Unternehmen soziale Medien auch behandeln.

3.3.3 Social-Media-Strategie

Aktivitäten in sozialen Netzwerken müssen aufgrund der Vergessens- und Erinnerungsquoten des „normalen" Konsumenten (siehe Verkaufsförderung, Abschnitt 2.4.3.2) sehr zeitnah (aktuell) und dynamisch (hohe Informationsfrequenz) sein sowie über einen langen Zeitraum erfolgen. Andernfalls verlieren sie ihre gewünschte Wirkung.

> „Social Media ist kein Sprint, sondern ein Marathon!"

Social-Media-Strategie

Damit sich für das Unternehmen aus den Aktivitäten in den sozialen Netzwerken eine lohnende Investition ergibt, ist eine **unternehmensspezifische Social-Media-Strategie** zu entwickeln.

Die Social-Media-Expertin C. Hilker („Erfolgreich mit Social Media", Beschaffung aktuell 2013/05) gibt folgende zehn Tipps für eine Erfolg versprechende Strategie:

10 Tipps für eine Erfolg versprechende Strategie zur Nutzung von sozialen Netzwerken

1. Beobachten und analysieren Sie Ihren Onlineauftritt und die Reaktionen darauf regelmäßig und werten Sie die Ergebnisse aus.
2. Beobachten Sie Ihre Mitbewerber, analysieren Sie den Markt und Zukunftstrends in Bezug auf derzeitige und künftige Entwicklungen zur Nutzung von Social Media.
3. Analysieren Sie Ihr Unternehmen, Ihre Kultur und Ihre Produkte und leiten Sie unter Mitwirkung externer Fachkompetenz konkrete Handlungsempfehlungen für Ihre Social-Media-Kommunikationsstrategie ab.
4. Richten Sie die Botschaften in Ihrem Kommunikationskonzept exakt auf die Kundenbedürfnisse aus und formulieren Sie die Botschaften einfach und verständlich. Möglichst so, dass Ihre Position einzigartig ist, sich also wesentlich von den Mitwerbern unterscheidet und von deren Aussagen abhebt.
5. Richten Sie Ihren Marketingkommunikations-Mix unter Einbeziehung von Social Media neu aus. Erstellen Sie zur bestmöglichen Integration ein schriftliches Social-Media-Konzept (mit Zielen und Aktivitäten) sowie einen schriftlichen Social-Media-Projektplan mit Zuständigkeiten, Zeiten und Meilensteinen.

6. In diesem Projektplan terminieren Sie, wann, wie und über welchen Kanal Sie welche Zielgruppen auf Ihr Unternehmen und Ihre Leistungen aufmerksam machen wollen.

7. In Abstimmung mit den Werbekampagnen sollten Sie Social-Media-Kampagnen entwickeln, in denen Inhalte und Vorgehensweisen festgelegt sind, damit in den verschiedenen Plattformen regelmäßig über Ihr Unternehmen und Ihre Leistungen positiv berichtet wird.

8. Entwickeln Sie in Abstimmung mit Werbe-, Öffentlichkeits- und Verkaufsförderungsplanung eine langfristig ausgerichtete Strategie, wie Ihr Unternehmen online über diese Plattformen Empfehlungen durch die Nutzer generieren kann.

9. Richten Sie Ihre Vertriebsstrategie (Auftragsgewinnung und Kundenmanagement) neu aus und entwickeln Sie ein Konzept, um systematisch und automatisch online Leads (Anfragen) zu gewinnen.

10. Kommunizieren Sie Ihr Social-Media-Konzept und Vorgehen intern so, dass alle Mitarbeiter darüber Bescheid wissen. Erklären Sie Ihren Mitarbeitern die Rechte und Pflichten, wenn sie auf die Social-Media-Aktivitäten des Unternehmens angesprochen werden oder gar selbst daran mitwirken. Erstellen Sie Leitlinien als „Do and don't-Liste“ im Umgang mit Social Media (sog. Social Media Guidelines), die für alle Beteiligten gelten, um Schaden zu vermeiden. Denn: Negative Meinungen pflanzen sich hier zeitnah fort, werden im Dialog mit anderen Nutzern oft noch verstärkt, ohne dass man sich mit Erfolg dagegen wehren kann. Daher: Nur Gutes gehört ins Netz. Anderes will gut überlegt sein!

Beispiel:
Wie Social Media im Handwerk bereits erfolgreich genutzt wird, zeigt das Beispiel „Social-Media-Metzgermeister“:

Die neue Fleischer-Szene ist digital vernetzt und kommuniziert über Social Media. Untereinander und mit Kunden. Und so bekommen alle die Ambitionen dieser neuen Generation von Handwerkern mit.

Facebook brachte Carsten S. „eine ganze Ecke weiter“. Man sehe dort, sagt der Metzgermeister aus Hannover, wie es andere machen, und bekommt Inspiration für die eigene Firma. Gerade bei seinem seit 1938 existierenden, stets „supertraditionell“ geführten Betrieb (807 Facebook-Fans) fehlte irgendwann der Blick über den Tellerrand. Auch die Innungen glichen das nicht aus. „Die Leute, die das Metzgerhandwerk im Augenblick voranbringen, sind online stark aktiv“, sagt er. „Also rückt man virtuell enger zusammen.“

Carsten S. ist kein Einzelfall: Die neuen Metzger, die ihre handwerkliche Tradition wieder zu neuem Leben erwecken, kommunizieren überwiegend digital und über soziale Medien. Untereinander und auch immer stärker mit ihren Kunden.

Über 27 Millionen aktive Nutzer verzeichnet Facebook in Deutschland mittlerweile – rund ein Drittel der hiesigen Gesamtbevölkerung. Knapp 16 Millionen davon sind täglich auf Facebook aktiv, mehr als die meisten Fußball-Länderspiele an Zuschauern verzeichnen. Der Kurznachrichtendienst Twitter kommt auf 10 Millionen Nutzer hierzulande, wovon etwa 1,7 Millionen täglich aktiv sind.

(Quelle: www.handwerk-magazin.de/innovation-social-media-metzgermeister/150/4/319112/letzter Aufruf vom 01.02.2017)

3.4 Gestaltungsfaktoren des digitalen Marketings beachten

3.4.1 Bedingungen und Erwartungen

Eine bestmögliche Gestaltung des digitalen Marketings (Homepage, Websites und Onlineshop) ist u. a. abhängig von folgenden Informationen: **E-Business - Bedingungen**

(1) Bedingungen:

- **Kundeninformationen:** Kundengruppengrößen, Informationsverhalten, Kaufmotive?
- **Konkurrenzinformationen:** Welche Konkurrenten sind womit und wie im Internet präsent?
- **Umweltinformationen:** Mit welchen STEP-Entwicklungen ist zu rechnen; wie groß ist das Chancen-Risiko-Potenzial für E-Business?
- **Unternehmensinformationen:** Ist die U-Größe und U-Struktur für E-Business geeignet? Welche der derzeitigen und künftigen Ressourcenengpässe (bei Personal, Finanzen, Fertigung und Leistungsprogramm) gibt es? Können diese beseitigt werden?

E-Business - Kundenerwartungen

(2) Erwartungen:

- **Kundennutzen:** Welchen „Mehrwert" als spezielle Kundenvorteile kann unsere Art des E-Business bieten?
- **Benutzerfreundlichkeit („Usability"):** Wie einfach lässt sich der Kaufprozess im Onlineshop gestalten und handhaben? Hier gilt „KISS" (Keep it simple and stupid).
- **Benutzersicherheit:** Wie garantieren wir unseren Kunden Sicherheit und Käuferschutz? Setzen wir ein Gütesiegel (Zertifikat) ein, z. B. „Trusted Shops" oder „TÜV Süd - Safer Shopping"?
- **Zahlungssicherheit:** Welche Zahlungsmodalitäten werden eingeräumt? Geld-zurück-Garantie? Sichere Zahlungssysteme wie PayPal o. Ä.?
- **Zukunftssicherheit:** Wie konjunkturabhängig sind die Investitionen in E-Business?
- **Integrationsfähigkeit:** Wie und in welchem Umfang kann E-Business in die bisherigen Geschäftsprozesse eingebunden werden, ohne dass es zu gravierenden Störungen beim Betriebsablauf, in logistischen Prozessen usw. kommt?
- **Rentabilität:** Welcher Gewinnbeitrag wird vom E-Business erwartet? Mit welcher Kosten-Ertrag-Relation ist nach der Anlaufphase (wie lange?) zu rechnen?

Daran sollten **die konkreten, kontrollierbaren operativen Ziele des digitalen Marketings** ausgerichtet werden.

> Aus Kundensicht gilt: Je höher die Benutzerfreundlichkeit (Usability) eines Onlineshops ist, desto geringer sind negative Folgen wie Kaufabbrüche zu erwarten und desto höher ist die Rentabilität!

Durch die generell zunehmende Nutzung elektronischer Medien zur Informationsgewinnung, Kommunikation und zum Abschluss von Käufen ergibt sich ein Muss für jedes Unternehmen (und für jede andere Organisation), im Internet präsent zu sein. **Online ein Muss**

> Zunehmendes „mobile shopping" über Notebooks, Smartphones und Tablets erfordert ein für Kunden attraktives, Mehrwertvorteile signalisierendes Auftreten im Internet.

Fortschrittlich denkende und handelnde Handwerksunternehmen haben dies längst erkannt und umgesetzt. Diese werden im Folgenden erläutert.

3.4.2 Digitale Marketinginstrumente

Immer mehr multimediale Angebote, ein immer schnellerer Internetzugang für immer mehr Menschen in immer weiteren Teilen der Welt verändern die Struktur der Wirtschaft. Wer in Zukunft wettbewerbsfähig bleiben will, muss auch die Spielregeln des digitalen Marketings beherrschen. **Digitale Marketinginstrumente**

Viele Unternehmen stellen sich (leider immer noch) die Frage, ob sie überhaupt im Internet präsent sein müssen. Diese Frage lässt sich relativ einfach beantworten.

- Sind meine Kunden heute oder in Zukunft online?
- Sind meine Produkte, Dienstleistungen und Marken geeignet für digitales Marketing?

Mit hoher Wahrscheinlichkeit können die meisten Unternehmen beide Fragen mit einem Ja beantworten. Denn fast jede Art von Produkten und Dienstleistungen wird bereits heute aktiv und erfolgreich im Internet vermarktet. Die Präsenz im Internet verlangt eine firmeneigene „Website". Sie ist **das wichtigste Element im digitalen Marketing.** Über die eigene Homepage wird das Interesse potenzieller Kunden geweckt; werden aus virtuellen Besuchern reale Kunden. In der Regel funktioniert das über ganz ähnliche Mechanismen wie beim klassischen Marketing: Die Kunst besteht darin, den potenziellen Kunden zum Verweilen auf der Homepage zu überzeugen, neugierig zu machen und zum Kauf anzuregen (siehe Abschnitt 2.4.1.2 **„Beachtung des AIDA-Prinzips"**). Dies gilt es beim Einsatz der nachfolgend beispielhaft ausgewählten **digitalen Marketinginstrumente** zu erreichen. **Internetpräsenz** **Homepage**

- **Suchmaschinenoptimierung (Search Engine Optimization, SEO)** **Suchmaschinenoptimierung**
  Der Begriff Suchmaschinenoptimierung bezeichnet Maßnahmen, die es ermöglichen, dass Websites in den unbezahlten Suchergebnissen der Suchmaschinen

auf höheren Plätzen erscheinen und dadurch häufiger von Internetbenutzern angeklickt werden.

Pay-per-Click-Werbung

- **Pay-per-Click-Werbung (PPC)**
  Zum erfolgreichen Suchmaschinenmarketing gehört neben der optimalen Platzierung innerhalb von Trefferlisten auch der Einsatz von bezahlten Einträgen für ausgewählte Stichworte (Keywords). PPC kann ein sehr effizientes Instrument sein, um potenzielle Kunden auf die eigene Website zu lenken. Bei beliebten Suchbegriffen, wie „Ferienhaus Ostsee“, kann ein Klick jedoch sehr teuer sein.

Affiliate Marketing

- **Affiliate Marketing**
  Beim Affiliate Marketing werden die Produkte des Unternehmens von einem Partner (Affiliate) auf dessen Webseiten beworben. Interessiert sich der Kunde für das Produkt und klickt er auf die Werbeanzeige, wird er auf die Internetseite des eigenen Unternehmens weitergeleitet. Dafür erhält der Partner eine zuvor vereinbarte Vergütung.

Social Media

- **Social Media**
  Social Media bezeichnet ganz allgemein digitale Medien und Technologien, die es Nutzern ermöglichen, sich untereinander auszutauschen und mediale Inhalte einzeln oder in Gemeinschaft zu erstellen. Durch vorhandene Profilinformationen der Nutzer in Netzwerken wie Facebook oder Twitter können Zielgruppen identifiziert und mit interessanten Links oder Videos angesprochen werden (mehr dazu siehe Abschnitt 3.4 „Social-Media-Aktivitäten prüfen“).

Online-PR

- **Online-PR**
  Pressemitteilungen oder Blogs stellen eine Möglichkeit dar, über Online-Kanäle ein positives Image zu erzeugen und das Unternehmen als Experten in einem spezifischen Feld zu etablieren.

E-Mail-Marketing

- **E-Mail-Marketing**
  E-Mail-Marketing ist ein Instrument, um bestehende Kundenkontakte weiter auszubauen und neue Kunden anzusprechen. Eine Erscheinungsform sind die **E-Newsletter** mit/ohne eingebaute Fragen an den Empfänger, um eine Rückkopplung zu erreichen. Wegen der geringen Versandkosten, der hohen Versandgeschwindigkeit, der Individualisierbarkeit und der Gestaltungsmöglichkeiten nimmt E-Mail-Marketing eine wichtige Rolle innerhalb des digitalen Marketings ein. Aber: Der Empfänger muss vorab der Zusendung zustimmen.

Mobile Marketing

- **Mobile Marketing**
  Mobile Marketing macht sich den Trend der ständigen Erreichbarkeit der Zielgruppe durch mobile Endgeräte zunutze. Dies geschieht durch Einrichten von Mobile Apps für Smartphones. Leistungen und Marketingaktionen eines Unter-

nehmens werden direkt für den Empfang auf mobilen Endgeräten zugeschnitten. Die Werbebotschaft muss dabei die Kunden schneller und gezielter erreichen, weil Kunden unterwegs ein anderes Nutzerverhalten aufweisen als am PC.

- **Video Marketing**
  Hier werden Videos mit unterschiedlichem Inhalt und unterschiedlicher Länge auf der Homepage und/oder auf Video-Plattformen (YouTube, Vimeo) eingestellt. Diese können Produkte im Einsatz, Aktivitäten mit Imagewirkung oder Services (z. B. Anwendungs-, Reparatur- oder Montageanleitungen) zum Inhalt haben. Wird auch im Social-Media-Marketing eingesetzt.

Video Marketing

- **Kundenbeziehungsmanagement (Customer Relationship Management, CRM)**
  Neukunden zu gewinnen ist wesentlich schwieriger und teurer, als Bestandskunden zu halten. Doch auch deren Loyalität sinkt. Digitale Technologien optimieren CRM-Maßnahmen zur Bindung von existierenden Kunden und bei der systematischen Gestaltung der Kundenbeziehung. Die CRM-Maßnahmen unterstützen die Verwaltung aller kundenbezogenen Daten und tragen etwa durch personalisierte Marketingmaßnahmen zur weiteren Kundenbindung bei (mehr dazu siehe Kapitel 6 „Kundenmanagement erfolgreich praktizieren“).

Kundenbeziehungsmanagement (CRM)

- **Content Marketing**
  Im Gegensatz zu Werbetechniken wie Anzeigen oder Werbespots steht im Content Marketing nicht die Darstellung des eigenen Unternehmens im Fokus, sondern die Vermittlung von nützlichen Informationen, Wissen oder Unterhaltung. Gute Inhalte in Form von Texten, Bildern, Videos oder Podcasts unterstreichen die Glaubwürdigkeit und demonstrieren Kompetenz und Know-how.

Content Marketing

- **E-Business/Onlineshop**
  Ein Onlineshop erfüllt die Funktion eines virtuellen Schaufensters und ermöglicht es, die eigenen Kompetenzen, das Sortiment und Services digital zu präsentieren und zu verkaufen.

E-Commerce, Onlineshop

3.4.3 Rechtliche Regelgungen (Onlinerecht)

Onlinerecht

Das **Onlinerecht** (auch **Internetrecht**) befasst sich mit den rechtlichen Problemen, die sich bei der Verwendung des Internets und beispielsweise auch beim Betreiben eines Onlineshops ergeben können. Das Onlinerecht ist kein eigenes Rechtsgebiet, es gibt also kein eigenes „E-Business-Gesetz“ o. Ä. Die betreffenden Regelungen sind vielmehr über eine Vielzahl von gesetzlichen Vorschriften verstreut. Es setzt sich daher aus einer Vielzahl unterschiedlicher Rechtsgebiete zusammen.

Onlinerecht im Überblick

Die nachfolgende Tabelle gibt einen auszugsweisen **Überblick:**

Rechtsgebiet	Anzuwendendes Gesetz	Auswirkung z. B. auf
Allgemeines und besonderes Zivilrecht	• Bürgerliches Gesetzbuch (BGB) • Telemediengesetz (TMG)	• Vertragsschluss • Handel und E-Business • Gewährleistung • allgemeine Haftungsgrundsätze • Informationspflichten bei geschäftsmäßigen Telemedien
Datenschutzrecht	• Telemediengesetz (TMG) • Bundesdatenschutzgesetz (BDSG)	• E-Commerce • Datenschutz • Informations- und Belehrungspflichten • Vorratsdatenspeicherung
Urheberrecht	• Urhebergesetz (UrhG) • Gesetz betreffend das Urheberrecht an Werken der bildenden Künste und der Fotografie (KUG)	• Schutz des Urhebers • Verwertungsrechte • Rechteübertragung • Privatkopien
Wettbewerbsrecht	• Gesetz gegen den unlauteren Wettbewerb (UWG)	• wettbewerbsrechtliche Abmahnungen • Werbung
Strafrecht	• Strafgesetzbuch (StGB)	• Hacker • Datendiebstahl • Ausspähen von Daten • Datenveränderung • Computersabotage
Namens- und Markenrecht	• Markengesetz (MarkenG) • Bürgerliches Gesetzbuch (BGB)	• Domainregistrierung • Domainnutzung • Domainhandel
Medienrecht	• Rundfunkstaatsvertrag (RStV) • Telemediengesetz (TMG) • Jugendmedienschutz-Staatsvertrag (JMStV)	• Sorgfaltspflichten bei Telemedien mit journalistisch-redaktionellen Angeboten • Schutz von Kindern und Jugendlichen

Unternehmen, die eine eigene Homepage und/oder einen eigenen Onlineshop betreiben, müssen daher eine Vielzahl von **rechtlichen Anforderungen** beachten. Darunter fallen z. B.

Rechtliche Anforderungen

- Pflichtangaben im Impressum,
- weitreichende Informationspflichten,
- Verwendung allgemeiner Geschäftsbedingungen in Onlineshops,
- Regelungen über den Fernabsatz von Waren- und Dienstleistungen,
- datenschutzrechtliche Bestimmungen beim Erheben, Verarbeiten und Nutzen von Kundendaten,
- Möglichkeiten und rechtliche Grenzen von Kundenbindungsmaßnahmen,
- Zulässigkeit des Anlegens von Nutzerprofilen mit Bestands- und Abrechnungsdaten,
- Zulässigkeit des Anlegens von Nutzerprofilen mit Inhaltsdaten,
- Beurteilung elektronischer Newsletter u. v. m.

Rechtssichere Gestaltung

Bei Verstößen bzw. unterbliebener Umsetzung der gesetzlichen Vorgaben drohen Abmahnungen und empfindliche Geldstrafen. Zur rechtssicheren Gestaltung des Internetauftritts bzw. Onlineshops sollte deshalb immer auch ein erfahrener Rechtsanwalt hinzugezogen werden.

3.5 Bewertung des digitalen Marketings durchführen

Der Einsatz jedes Marketinginstruments soll dem Unternehmen Chancen für neue Kunden, neue oder Folgeaufträge und bessere Gewinnentwicklung erschließen. Dies gilt auch für den Einsatz von E-Businessaktivitäten. Allerdings können hierbei – häufig infolge mangelnder Erfahrung im Umgang mit E-Business – spezielle Risiken auftreten, die durch geeignetes Vorgehen begrenzt werden können; z. B. durch mit Experten abgestimmte E-Konzeption und E-Gestaltung sowie zeitlich gestaffelte Einführung nach der Step-by-step-Methode.

Welches Chancen- und Risikopotenzial beim E-Business im Allgemeinen zu sehen ist, zeigt beispielhaft die nachstehende Abbildung.

E-Business - Vorteile/ Chancen

Vorteile/Chancen:
• erhebliche Ausweitung der geografischen Reichweite (größere räumliche und zeitliche Kundennähe) • permanente Erreichbarkeit und Verfügbarkeit des Angebots • größere Schnelligkeit bei der Kommunikation mit Interessenten, Kunden und Lieferanten, bei der Produktspezifikation, der Auftragserfassung und Auftragsbearbeitung/Auslieferung • Individualisierung des Angebots und der Angebotskalkulation ohne Einsatz von persönlichem Verkauf und den entsprechenden Kosten • Chance einer stärkeren, kauffördernden Motivation des Kunden durch Farb-, Schrift-, Wort- und Ton-unterlegte Kommunikation mit bewegten Bildern (z. T. dreidimensional), was fachliche Kompetenz signalisiert und Technik-Faszination beim Kunden fördert • Verbesserung des Unternehmensimage in Richtung kundenah, fortschrittlich, modern, effektiv und innovativ • Angebot maximalen Informations- und Bestellkomforts durch die direkte Kommunikation zu Hause oder am Arbeitsplatz zu der vom Kunden gewünschten Zeit • schnellere und bessere, detaillierte Kenntnis der Kundenwünsche durch Auswertung der dokumentierten Kundenanfragen und Aufträge, der per Internet angebotenen neuen Leistungen oder Leistungskombinationen und deren Resonanz bei den Zielgruppen • vielfältige Kostenvorteile durch Wegfall von personell bedingten Auftragsgewinnungskosten (z. B. Kosten für Personal, Reisen und mehrfach angepasste Angebote) • Vermeidung von Streuverlusten infolge „Gießkannenwerbung" • u.a.
Nachteile/Risiken:
• Schwellenängste bei der Nutzung des Mediums Internet und den dortigen Angeboten (vor allem bei älteren Privatkunden; aber Tendenz rückläufig!!) • Sicherheitsbedenken vieler Privatkunden hinsichtlich Datenschutz, Rechtssicherheit, elektronischem Zahlungsverkehr • generelles Problem der Information und „Aktivierung“ potenzieller Kunden für das Internetangebot (welche Botschaft hat die größte handlungsauslösende Motivationskraft?) • Risiken der „Überfrachtung“ mit geballter Information und „Überforderung“ der Kunden beim Umgang mit der Präsentation und Handhabung des E-Business-Angebots (Gestaltungsempfehlung : KISS - „Keep it simple and stupid!“) • Verunsicherung oder Verärgerung eventueller Vertriebspartner mit der Gefahr des Verlusts erfolgreicher Vertriebspartner, ohne dass E-Business als erfolgreicher Vertriebsweg bereits etabliert ist • Personalprobleme infolge Umstrukturierungen in den Betriebsprozessen und bei den Arbeitsplätzen (Verlagerung, Wegfall oder Anreicherung durch zusätzliche Aufgaben) und den damit zusammenhängenden Entlohnungsfragen • u.a.

E-Business - Nachteile/ Risiken

Vor- und Nachteile durch den Einsatz von E-Business

E-Business - Nutzwertanalyse

Die Eignung der einzelnen Erscheinungsformen des E-Business für das Unternehmen ist durch **Bewertung der unternehmensspezifischen Vor- und Nachteile** zu ermitteln. Hierzu eignet sich am besten eine **Nutzwertanalyse** analog dem Beispiel „Bewertung von Produktvarianten“, Abschnitt **2.2.5.1 „Leistungsentwicklung“**). Die E-Business-Ausprägung mit der höchsten Punktzahl ist die vorteilhafteste für das Unternehmen.

4. Ein Marketingkonzept abgestimmt entwickeln

4.1 Grundstruktur kennen

Das eine Gestaltungselement bei der Entwicklung des Marketingkonzepts umfasst die Wahl der SGF, die strategischen Ziele und die Festlegung des koordinierten Marketingstrategien-Mix. Das andere Gestaltungselement sind die Marketinginstrumente und die operativen Ziele, die als koordinierter Marketinginstrumenten-Mix zur Realisierung der Unternehmensziele marktwirksam gestaltet und umgesetzt werden. Nachstehende Abbildung soll die Zusammenhänge und das Zusammenwirken der **Gestaltungselemente** in einem **Marketingkonzept** verdeutlichen.

Marketingkonzept, – Elemente

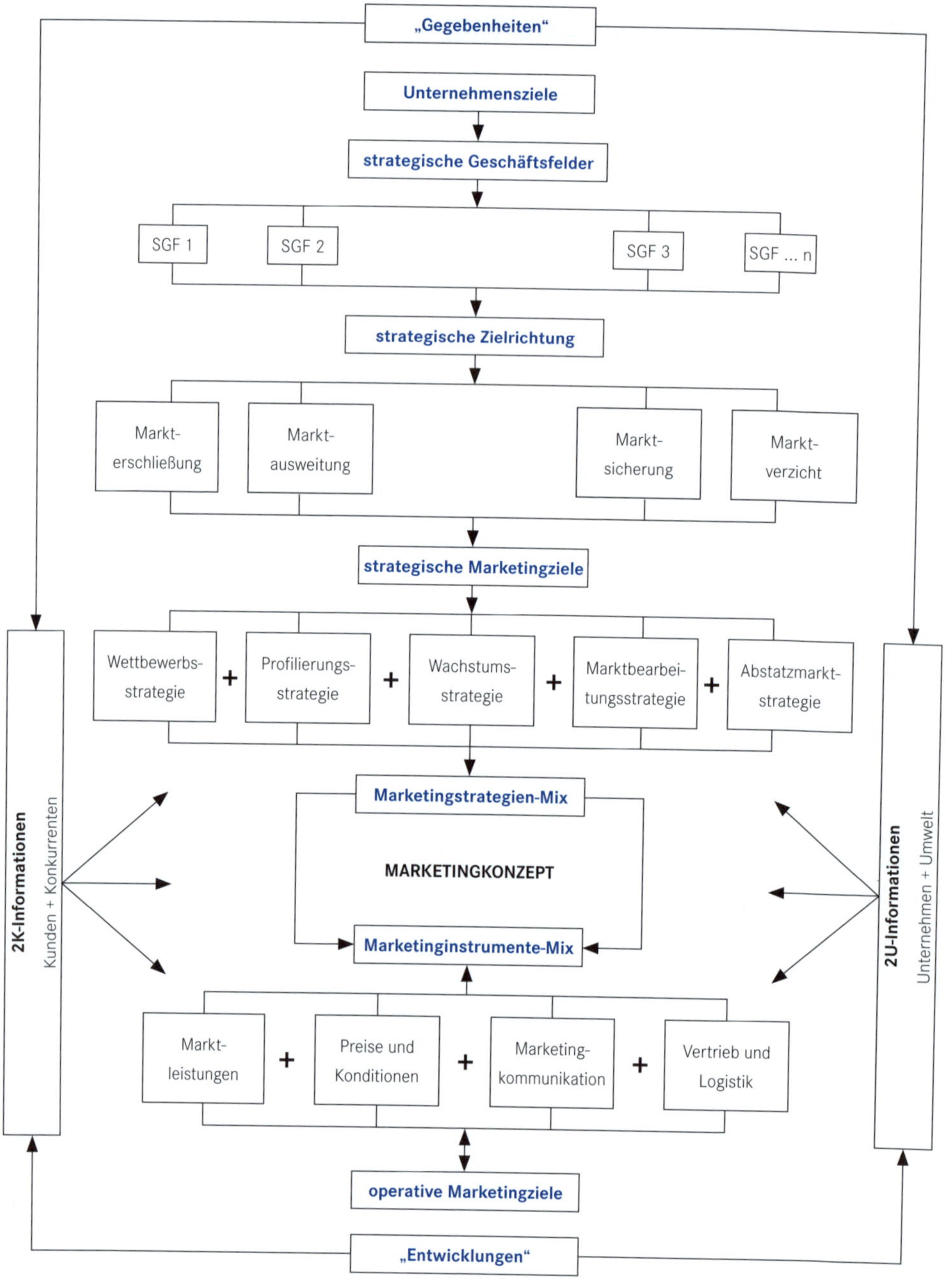

Gestaltungselemente im Marketingkonzept

Die Darstellung zeigt nicht nur den **hierarchischen Aufbau eines Marketingkonzepts.** Sie zeigt auch, dass für alle Marketingentscheidungen 2K- und 2U-Informationen benötigt werden. Die zu treffende Marketingentscheidung, z. B. bei der Bestimmung von

Marketingkonzept, – Gestaltungselemente

- Unternehmenszielen,
- strategischen Geschäftsfeldern,
- strategischer Zielrichtung,
- strategischen Marketingzielen,
- Marketingstrategien-Mix,
- operativen Marketingzielen und
- Marketinginstrumenten-Mix,

bestimmt Inhalt, Umfang und Genauigkeit der Informationsbeschaffung und Informationsversorgung (siehe Kapitel **1.2 „Marketinginformationen beschaffen“**).

4.2 Marketingstrategien-Mix bestimmen

Die in Abschnitt 1.5 dargestellten Marketingstrategien werden im Unternehmen nicht isoliert und zeitlich nacheinander, sondern gleichzeitig kombiniert und inhaltlich koordiniert eingesetzt. Nur so kann **für die einzelnen SGF ein langfristiges Wirkungsmaximum** erreicht und sichergestellt werden. Wie solche **Strategienkombinationen** aussehen könnten, zeigt die folgende Abbildung.

Marketing-strategien-Mix

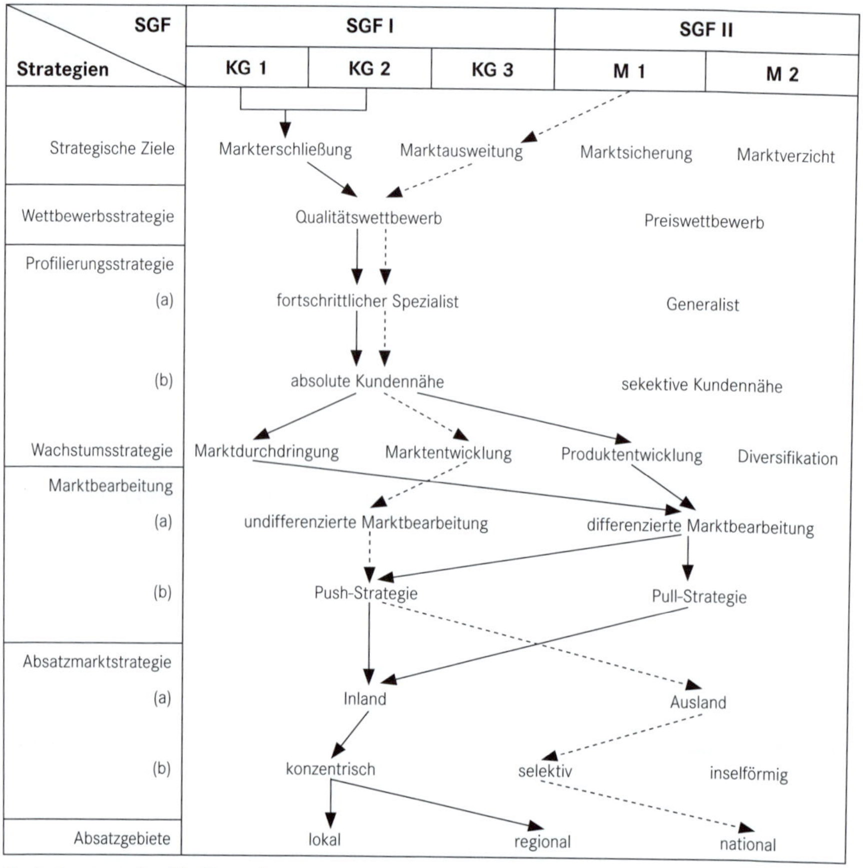

Marketingstrategien-Mix für zwei strategische Geschäftsfelder (SGF)

Beim SGF I soll das strategische Ziel „Markterschließung" über die Wachstumsstrategie „Marktdurchdringung" kombiniert mit „Produktentwicklung" erreicht werden. (In der Abbildung mit durchgehenden Pfeilen ⟶ dargestellt.) Dies entspricht einer differenzierten Marktbearbeitung. Es werden spezielle Wünsche oder Besonderheiten einzelner Kundengruppen (z. B. KG_1 + KG_2) berücksichtigt. Zur Risikominimierung wird im In- und Ausland ein konzentrisches Vorgehen bei der Wahl der regionalen Absatzgebiete gewählt.

Ein anderer Strategie-Mix wird beim SGF II zur Realisierung des strategischen Ziels „Marktausweitung" eingesetzt (mit gestrichelten Pfeilen - - -► dargestellt). Auch hier müssen die für das gesamte Unternehmen geltenden Grundsatzentscheidungen Qualitätswettbewerb, Spezialist und Fortschrittlichkeit für die Imagebildung beachtet werden. Sie sind die Richtgrößen für die Auswahl und Gestaltung der folgenden Marketingstrategien und -maßnahmen. Im Beispiel wurde die Wachstumsstrategie „Marktentwicklung" gewählt. Sie soll über eine undifferenzierte Bearbeitung der Märkte zur Zielerreichung führen. Für das SGF II hat man sich für eine Beschränkung auf den Auslandsmarkt entschieden. Hier soll durch selektives Vorgehen und indirekten Vertrieb eine nationale Marktpräsenz erreicht werden.

Die Ausführungen zum Marketingstrategien-Mix zeigen, dass ein Unternehmen nicht mit einem generellen Strategien-Mix für alle SGF auskommt. Es müssen mehrere, auf die einzelnen SGF bezogene Stratiegien-Mixes entwickelt und koordiniert eingesetzt werden.

> Nur mit differenzierten Marketingstrategien-Mixes für die einzelnen SGF lassen sich Umsatz- und Gewinnpotenzial der Kundengruppen mit noch größerem Vorteil für das Unternehmen abschöpfen.

Marketing-instumenten-Mix

Zur bestmöglichen Nutzung der Marktchancen bedarf es neben klarer strategischer Zielvorstellungen auch einer möglichst differenzierten Durchsetzung der Strategien durch Einsatz eines kunden-/kundengruppenorientierten Marketinginstrumenten-Mix in den gewählten Absatzgebieten.

4.3 Marketinginstrumenten-Mix festlegen

Marketinginstrumente und deren Maßnahmen werden nicht isoliert, sondern kombiniert eingesetzt. Für ihre Gestaltung entscheidend sind (1) die **generelle Ausrichtung des Unternehmens (Qualitätsorientierung oder Preisorientierung)** und (2) die strategischen Marketingziele. Außerdem sind (3) die operativen Zielsetzungen beim Einsatz der einzelnen Instrumente und (4) deren Maßnahmen so aufeinander abzustimmen, dass Zielkonflikte und gegenseitig störende Wirkungen nicht auftreten. Nachstehende Darstellung von Becker zeigt, wie eine solche inhaltliche Handlungsorientierung bei den Marketinginstrumenten im Rahmen einer Qualitäts- oder Preisorientierung des Unternehmens aussehen kann.

Marketing-instrumente	Strategie-schwerpunkt	Preisorientierung	Qualitätsorientierung
Produkt- und Sortimentspolitik	Sortiment	Produktrationalisierung durch Wertanalyse; Programmbereinigung durch Produkteliminierung	Produktdifferenzierung und Sortimentsabrundung (Zukauf); hohe Innovationskraft
	Kundendienst	Minimierung von Kundendienstleistungen durch Entwicklung von Produkten mit geringem/keinem Servicebedarf (z. B. Wegwerfprodukte)	Verstärkung der kundendienstpolitischen Aktivitäten vor, während und nach dem Kauf, vermehrte Services (z. B. Hotlines, Podcasts)
	Markierung	Konzentration auf eine oder wenige starke Einzelmarken	Verwendung von Dachmarkenstrategien
Preispolitik		Preisreduzierungen entsprechen den mengen- und rationalisierungsbedingten Kostensenkungen	Ausnutzung der Preisbereitschaft der Konsumenten durch eine Hochpreispolitik sowie durch Preisdifferenzierung
Kommunikationspolitik		Umsetzung der Strategie durch standardisierte Zielgruppenansprache über Massenmedien (z. B. digitale Medien, TV, Internet, Videospots)	Umsetzung der Strategie durch differenzierte Zielgruppenansprache (personenbezogen und direkt), z. B. aktive Verkaufsförderung, Direktwerbung (klassisch und digital)
Mobiles CRM		geringe Kundenbindungsaktivitäten	intensives CRM, hohe Kundenbindung
Vertriebspolitik	Distributionskonzept	intensive oder selektive Distribution (Selektionskriterium: Abnahmemengen)	exklusive oder selektive Distribution (Selektionskriterium: Einkaufsstättenimage)
	Kooperation mit dem Handel	in erster Linie zur Reduzierung von Distributionskosten	enge, umfassende Kooperation auf der Basis vertraglicher Vertriebssysteme; insbesondere über Franchisesysteme
	Direktvertrieb	Wegen der Notwendigkeit einer breiten Distribution sind eigene Verkaufsstellen der Hersteller kaum finanzierbar. Direktvertrieb über E-Business (Onlineshops)	bei exklusiven und erklärungsbedürftigen Produkten durch eigene Verkaufs- und Beratungsstellen, digitale Anzeigen mit Responsemöglichkeit, digitaler Direktverkauf, E-Mail-Kontakte

Ausrichtung des Marketing-Mix nach der Unternehmensorientierung

Marketing-instumenten-Mix - Ausrichtung

Der **operative Marketinginstrumente- und Maßnahmen-Mix** lässt sich z. B. durch unternehmensspezifische Analyse und Beantwortung der „7 W-Fragen zum Marketing-Mix“ – siehe folgende Checkliste – ermitteln.

Checkliste „Fragen zum optimalen Marketing-Mix“

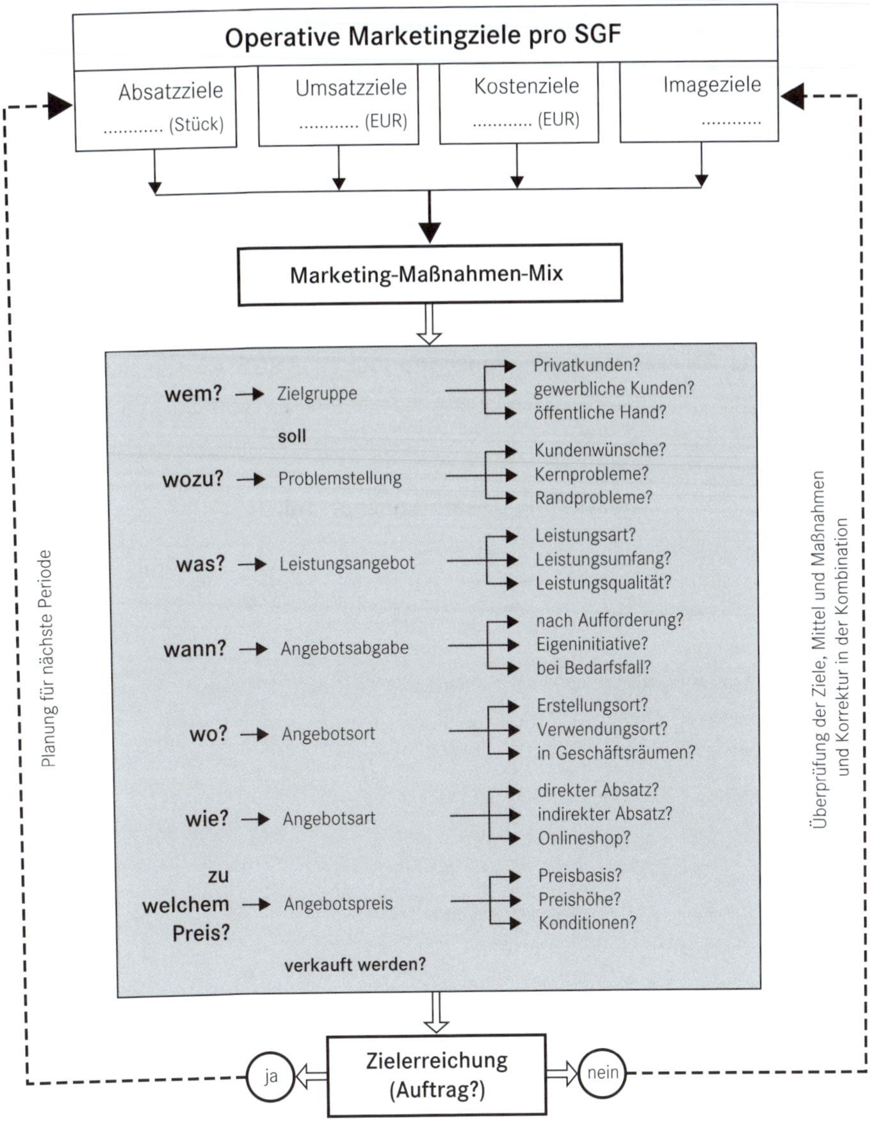

Checkliste „Mit 7 W-Fragen zum optimalen Marketing-Mix“

Die Ausgestaltung des Einsatzes der angesprochenen Marketinginstrumente, also welche Marketingmaßnahmen bei den einzelnen Instrumenten ergriffen werden sollen, um die gesteckten Ziele zu erreichen, ist u. a. abhängig von situativen Bedingungen und Trends innerhalb und außerhalb des Marktes.

4.4 Marketing-Gesamtkonzept entwerfen

Marketing-Gesamtkonzept

Ein **handlungsorientiertes Marketing-Gesamtkonzept** besteht aus **zwei Teilen,** die es „in einem Guss“ zu entwickeln gilt:

- **Teil 1:** Strategische Marketingziele und Marketingstrategien (siehe **Kapitel 1.5** „Marketingstrategien bestimmen“)
- **Teil 2:** Marketinginstrumente und vorgesehene Maßnahmen. (siehe **Kapitel 2** „Marketing operativ gestalten“)

Am folgenden Beispiel **„Marketingkonzeption für zwei SGF“** wird deutlich, welche konzeptionellen Marketingentscheidungen zu treffen und zu koordinieren sind.

Marketingkonzeption - Teil 1 (Strategien-Mix)

Marketing-Gesamtkonzept (Teil 1)

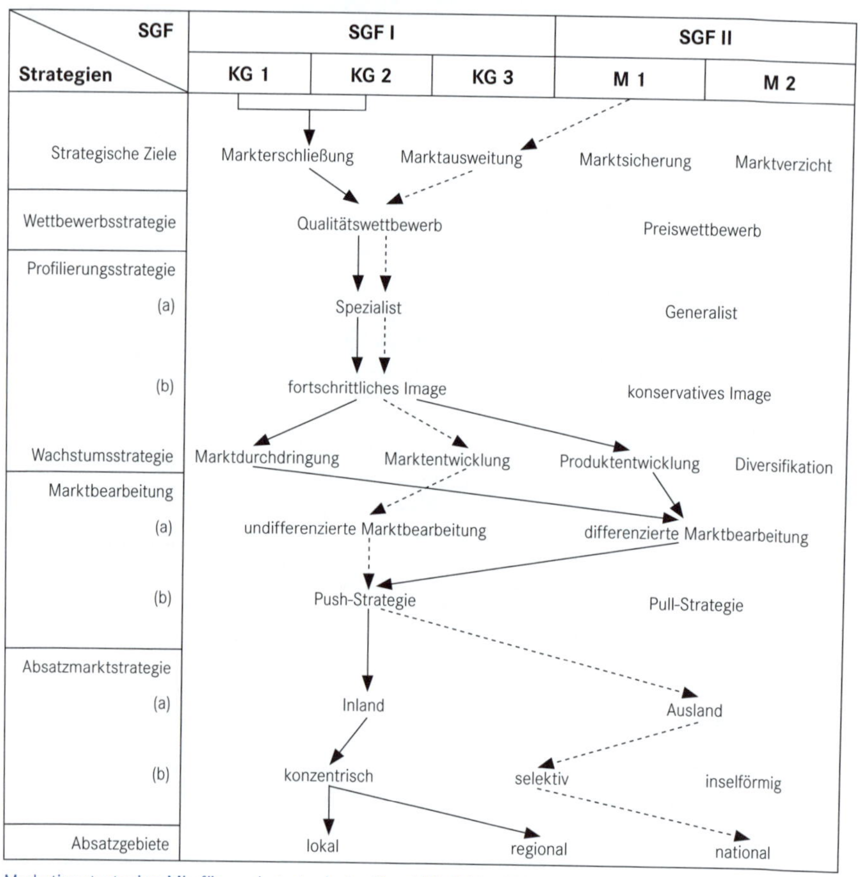

Marketingstrategien-Mix für zwei strategische Geschäftsfelder (SGF)

Marketing-konzeption - Teil 2 (Instrumenten-Mix)

Marketing-Gesamtkonzept (Teil 2)

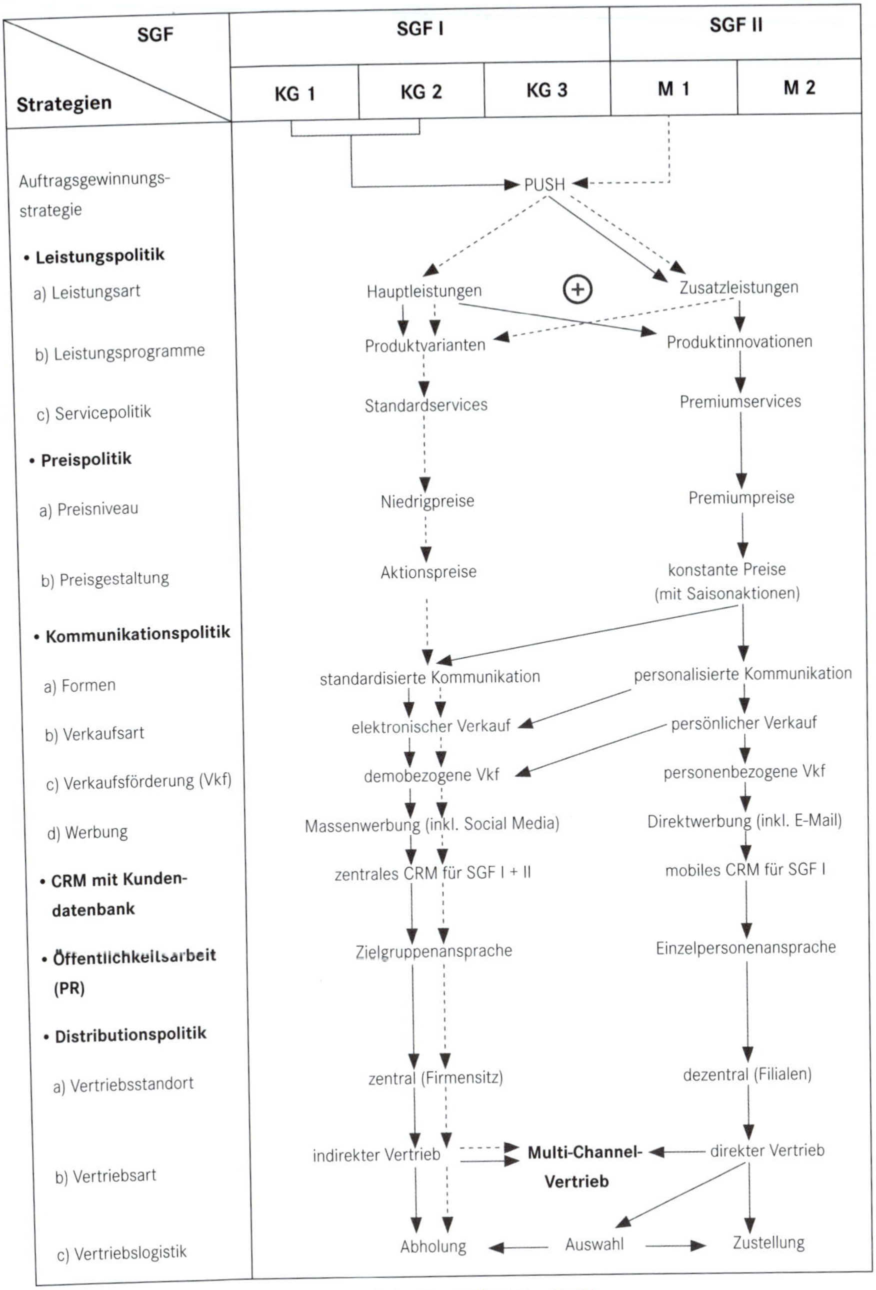

Marketinginstrumente-Mix für zwei strategische Geschäftsfelder (SGF)

Dieses Beispiel zeigt eine strategisch und operativ abgestimmte Gesamt-Marketingkonzeption für die Bearbeitung von **zwei SGF.**

Im **SGF I** wird bei den Kundengruppen KG 1 und KG 2 eine Strategie der **Markterschließung mit differenzierter Marktbearbeitung** angestrebt. KG 3 wird nicht bearbeitet. Die gewählten Marketingteilstrategien und der Einsatz des Marketinginstrumenten-Mix müssen auf die Besonderheiten der KG 1 und KG 2 ausgerichtet werden (siehe **durchgehende Pfeile** ——►).

Im **SGF II** soll - beispielhaft - ein neuer Auslandsmarkt M 1erschlossen werden mit einer **Strategie der undifferenzierten Markterweiterung.** Das heißt, der neue Markt soll zunächst undifferenziert, ohne Berücksichtigung von unterschiedlichen Kundengruppen, bearbeitet werden. Dies führt zu anderen Marketingmaßnahmen als im SGF I, wie die vorangehende Darstellung zeigt (siehe **gestrichelte Pfeile** - - - - - ►).

Wichtig ist es, ein **Multi-Channel-Vertriebssystem** (siehe Kapitel 3 „Digitales Marketing - Chancen nutzen") zu entwickeln, mit dem die Kunden aus beiden SGF traditionell und digital angesprochen und bedient werden können.

Ob und inwieweit ein abgestimmtes Marketingkonzept erstellt wurde und noch markt-/ kundengerecht ist, kann mit folgender **Checkliste** geprüft werden.

Checkliste „Umsetzung des Marketingkonzepts“

Jährliche Überprüfung „Umsetzung des Marketingkonzepts“	**erledigt** ja	nein	wer bis wann
Überprüfung der strategischen Geschäftsfelder (SGF)	☐	☐	------------
Festlegung der strategischen Marketingziele	☐	☐	------------
Bestimmung des Marketingstrategien-Mix	☐	☐	------------
Festlegung der operativen Marketingziele	☐	☐	------------
Bestimmung des Marketinginstrumente-Mix	☐	☐	------------
Festlegung der Maßnahmen bei den Marketinginstrumenten			
• Marktleistungen	☐	☐	------------
• Preise und Konditionen	☐	☐	------------
• Marketingkommunikation	☐	☐	------------
• Vertrieb und Logistik	☐	☐	------------
Inhaltliche Abstimmung der Marketingmaßnahmen			
• pro Instrument	☐	☐	------------
• im Instrumenten-Mix	☐	☐	------------
Zeitliche Koordination der Marketingmaßnahmen			
• pro Instrument	☐	☐	------------
• im Instrumenten-Mix	☐	☐	------------
Status bei der operativen Zielerreichung mit den gewählten Marketingmaßnahmen			
• pro Monat	☐	☐	------------
• pro Quartal	☐	☐	------------
• pro Halbjahr	☐	☐	------------
Status beim Erreichen der strategischen Ziele mit dem ausgewählten Marketingstrategie-Mix			
• pro Halbjahr	☐	☐	------------
• pro Jahr	☐	☐	------------

Checkliste „Umsetzung des Marketingkonzepts“

Diese formale Kontrolle muss jedoch durch eine zahlenmäßige **Kontrolle der Zielerreichung** ergänzt werden. Hierzu ist das Marketingkonzept umzusetzen in ein nach Realisierungszeiträumen (z. B. Woche, Monat, Jahr, 2 und mehr Jahre) aufgebautes **Marketingplanungs- und -kontrollsystem.** Wie dies inhaltlich zu gestalten ist, wird detailliert im **Kapitel 5** „Marketing gezielt planen und steuern“ dargestellt.

Fallbeispiel „Marketingkonzeption entwickeln"

Beispiel für eine Handlungssituation

Malermeister Fritz Huber ist mit dem Werbeslogan „Klaus bringt Farbe in dein Leben" mit einem Malerbetrieb in einer Kreisstadt - mit zahlreichen mittelständischen Industriebetrieben (einige davon sind in ihrer Branche Weltmarktführer) und guter Beschäftigungslage - seit 15 Jahren selbstständig tätig.

Vor fünf Jahren hat er seinen Betrieb von der Innenstadt in einen Gewerbepark am Rande der Kleinstadt umgesiedelt. In seinem Unternehmen sind außer ihm zurzeit zehn Mitarbeiter, davon zwei Auszubildende, beschäftigt.

Den kaufmännischen Teil der Aufgaben erledigt seine Ehefrau. Herr Klaus selbst ist überwiegend mit Auftragsgewinnung, Disposition, Arbeitsüberwachung und Personalführung ausgelastet. In letzter Zeit wird es für ihn immer schwieriger, zu Aufträgen mit interessantem Arbeitsvolumen und gutem Preis-Kosten-Verhältnis zu kommen. Schuld daran ist der sich verschärfende Wettbewerb. Zu sechs „alten" und im Marktverhalten bekannten Mitbewerbern sind in den letzten zwei Jahren noch zwei „junge" Malerbetriebe (mit zwei bzw. vier Gesellen) hinzugekommen. Diese sind sehr aktiv und preisaggressiv am Markt tätig.

Das Unternehmen von Malermeister Klaus ist für Zuverlässigkeit und Sauberkeit bei der Ausführung bekannt. Seine Gesellen sind bei Kunden sehr beliebt, alle gut qualifiziert und beherrschen die neuesten Techniken bei der Verarbeitung neuer Materialien. Diese kommen immer mehr als Tapetenersatz bei der zeitgemäßen Wohnraumgestaltung zum Einsatz. Außerdem ist das Unternehmen von Fritz Klaus auch im Bereich Wärmedämmung - innen und außen - bei alten und neuen Privathäusern tätig. Erforderliche Verputzarbeiten werden in Kooperation mit einem kleinen Stuckateurbetrieb (Subunternehmer) erledigt.

In der durch zunehmenden Preisdruck geprägten Wettbewerbsentwicklung stellt sich für Malermeister Klaus die Frage, ob sein bisheriges Vorgehen und Verhalten am Markt für langfristigen wirtschaftlichen Erfolg geeignet ist. So hat er festgestellt, dass sowohl preis- als auch qualitätsbewusste Nachfrager zu seinen Kunden gehören. Auffällig ist, dass in letzter Zeit verstärkt zusätzliche Serviceleistungen (z. B. Verschieben der Wohnmöbel, Abnehmen, Waschen und Aufhängen von Gardinen und Vorhängen oder umfassende Reinigung) nachgefragt und bezahlt werden.

Fitz Klaus überlegt sich, den „jungen", preisaggressiven Kollegen „den Wind aus den Segeln zu nehmen". Er denkt, es könnte sinnvoll sein, die Nachfrage nach den neuen Serviceleistungen mit einer preisgeprägten Push-Strategie anzuregen. Das würde er seinen Kunden mit gezielten Werbemaßnahmen bekannt machen.

Situationsbezogene Fragen

- Was könnte ein Ansatzpunkt zur Neupositionierung im Wettbewerb und zur Profilierung sein?
- Welche generellen, alternativen Profilierungsstrategien sollte Malermeister Fritz Huber prüfen?
- Welcher Marketingstrategien-Mix wäre für Fritz Huber geeignet, langfristig erfolgreich zu sein?
- Würden Sie Fritz Huber zu einem preisorientierten Vorgehen raten (Begründung)?
- Wie könnte eine PUSH-Strategie aussehen, wenn Fritz Huber sich für ein Angebot von neuen Serviceleistungen entschließen sollte?

Damit die Überlegungen eines Marketingkonzepts kein gedankliches Gebilde bleiben, müssen sie im Rahmen eines Planungs-, Kontroll- und Steuerungssystems getroffen werden. Nur wenn die strategischen und operativen Marketingentscheidungen als kontrollierbare Soll-Vorgaben vorliegen, ist eine zielführende Steuerung mit Kontrolle zur Überwachung der Zielerreichung möglich.

5. Marketing gezielt planen und steuern

Lernziele und Kompetenzen

Die folgenden Ausführungen sind so angelegt, dass Sie am Ende des Kapitels über die Kompetenz verfügen,

- eine Marketingplanung aufzubauen,
- ein System von Ergebniskontrollen zu entwickeln,
- Elemente des Marketingcontrolling einzusetzen und
- ein System des Marketingreportings zu entwerfen.

Handlungssituation

Fallbeispiel „Marketing-planung“

Müllermeister Eugen Schroth ist Eigentümer der Sassenbach Mühle, einer der letzten Mehlmühlen seiner Region. Schroth kauft Getreide unterschiedlichster Art von Bauern aus der Gegend und verarbeitet sie zu 300 Tonnen p. a. (100 %) qualitativ hochwertigen Mehlsorten A (30 %), B (40 %), C (10 %) und D (20 %). Hinzu kommen 10 Tonnen p. a. Getreideflocken, die er für ein seit Kurzem eingeführtes „Sassbach Wellness Müsli“ braucht, das (mit sehr guter Marge) über seinen Onlineshop (70 %) und bei Privatkunden (30 %) sehr gut ankommt. Seine Mehlsorten werden von den ansässigen Bäckereien (80 %) und Privatkunden (20 %) gekauft. Der Absatz ist relativ gleichmäßig, nur im 3. Quartal erreicht er nur 20 % vom Jahresabsatz.

Eugen Schroth möchte seinen Absatz nächstes Jahr beim Mehl um 20 % und beim Müsli um 30 % erhöhen. Für diese Expansionsstrategie hat er ein Marketingbudget von 20.000,- € vorgesehen. Das möchte er wie folgt aufteilen: Werbung (10 %); e-Business (20 %); Verkaufsförderung (20 %); Aktionswochen mit Sonderpreisen (30 %) und erstmalig für einen Stand auf dem Wochenmarkt (20 %). Diese Überlegungen möchte Eugen Schroth etwas formalisieren und in einen Marketingplan fassen. Hierzu bittet er Sie um Mithilfe.

Situationsbezogene Fragen

- Wie könnte eine solche Marketingplanung für 1 Jahr aufgebaut sein?
- Sollte die Planung nach Produkten oder nach Kundengruppen aufgebaut werden?
- Halten Sie Kontrollen für erforderlich? Der Absatz ist doch gleichmäßig verteilt.
- Erstellen Sie ein Marketingbudget. Wie würde das aussehen?
- Eugen Schroth hat bislang noch kein Marketingreporting. Sollte er ein Marketing-Berichtswesen aufbauen? Wie könnte das aussehen?

5.1 Marketingplanung durchführen

5.1.1 Aufgaben und Aufbau

Marketing-planung

Marketingplanung ist das formale Gerüst, das der Entwicklung des **Marketing-konzepts** zugrunde liegt. Hier werden die Marketingziele, Instrumente und Maßnahmen des Marketingkonzepts in kontrollierbare Soll-Werte umgewandelt. Dabei erfasst die Marketingplanung auch die benötigten und verfügbaren Ressourcen, Mittel und Kosten. In der Planung wird für all diese Positionen festgelegt, **„was sein soll"** (Zielentscheidungen) und **„wie das erreicht werden soll"** (Realisierungsentscheidungen). Werden diese Soll-Vorgaben den Einheiten der Marketing-Organisation (z. B. Produktentwicklung, Verkaufs- oder Werbeabteilung) verbindlich und dafür verantwortlich zugewiesen, spricht man von **Marketingbudgetierung.** Budgetierung ist die Quantifizierung der Marketingplanung für eine spätere Kontrolle nach Verantwortungsbereichen und verantwortlichen Personen.

Marketing-budgetierung

Nach der Tragweite der zu treffenden Marketingentscheidungen für das Gesamtunternehmen lassen sich zwei Planungsebenen unterscheiden: die strategische und die operative Marketingplanung.

Bei der **strategischen Marketingplanung** geht es im Rahmen der strategischen Unternehmensplanung um das Finden und Festlegen strategischer Marketingziele und des Vorgehens (Marketingstrategien-Mix), mit dem diese Ziele erreicht werden sollen. Diese strategischen Soll-Vorgaben sollten **schriftlich** in einem längerfristig gültigen **Marketing-Masterplan** mit einem Planungshorizont von mehreren Wirtschaftsperioden (z. B. 2 bis 5 Jahre) festgehalten werden. Dieser Teil der Marketingplanung findet in enger Kooperation und Koordination mit den anderen Bereichsplanungen statt, um unternehmenszielorientiert eine bestmögliche Ressourcenverteilung im Unternehmen sicherzustellen. Die Soll-Vorgaben in der strategischen Marketingplanung haben **langfristigen Richtliniencharakter** für das kundenorientierte Vorgehen im Unternehmen und im Markt. Aus diesen Vorgaben sind die Handlungsziele der operativen Marketingplanung abzuleiten.

Marketing-Masterplan

Bei der **operativen Marketingplanung und -budgetierung** werden die von den Organisationseinheiten in kurzen Planungsperioden (z. B. Jahr, Halbjahr, Quartal oder Monat) einzusetzenden Marketinginstrumenten-Mixe, sowie die operativen Handlungsziele in Form von Mengen-, Kosten-, Umsatz-, Ertrags- oder Image-Soll-Größen festgelegt. Diese Soll-Vorgaben in den **Marketing-Teilplänen** zeichnen sich durch **hohe Verbindlichkeit** aus; nur dadurch sind sie für spätere Kontrollen geeignet.

> Ohne systematische Marketingplanung gibt es keine zielbewusste Kundenorientierung aller Beschäftigten des Unternehmens.

Den Aufbau einer operativen Planung von Marketingmaßnahmen mit Kostenbudgetierung für einen kleineren Handwerksbetrieb zeigt folgende Abbildung.

Marketing-Jahresplanung

Planung Marketing und Kosten

Marketingmaßnahmen- und kostenplanung									
Planungsabschnitte / Marketing-Instrumente	1. Quartal		2. Quartal		3. Quartal		4. Quartal		Marketingkosten insgesamt
SOLL / IST	Maßnahmen	Kosten	Maßnahmen	Kosten	Maßnahmen	Kosten	Maßnahmen	Kosten	d
Informationsgewinnung	1. 2. 3.								
SOLL									
IST									
Änderungen									
Marktleistungen SOLL									
IST									
Änderungen									
Serviceleistungen SOLL									
IST									
Änderungen									
Preise und Konditionen SOLL									
IST									
Änderungen									
Werbung, Verkauf und PR SOLL									
IST									
Änderungen									
Distribution SOLL									
IST									
Änderungen									
Marketingaufwand insgesamt SOLL									
IST									
Änderungen									

Aufbau einer Marketing-Jahresplanung mit Kostenbudgetierung und Kontrollen

In dieser beispielhaften Darstellung wird deutlich, dass Planung nur mit eingebauter Kontrolle sinnvoll ist. Erst der Soll-Ist-Vergleich zeigt, ob die Verbindlichkeit der Soll-Vorgaben eingehalten wurde bzw. ob Abweichungen vorliegen. Eine

Abweichungsanalyse

Abweichungsanalyse zeigt auf, welche Ursachen dafür verantwortlich sind. Nun können die Entscheidungsträger prüfen, ob und welche Korrekturen an den Soll-Vorgaben für die nächste Planperiode unter Beachtung der dann zu erreichenden Marketingziele vorgenommen werden sollen. Diese Überprüfungen der Planansätze betreffen dann Art und/oder Umfang bei den geplanten Marketingmaßnahmen oder eine Korrektur bei den erforderlichen Kosten. Denkbar ist auch eine Korrektur bei den angestrebten Marketingzielen (falls keine anderen Maßnahmen-Mixes eingesetzt oder keine Mittel zur Erhöhung der Kostenvorgaben bereitgestellt werden können oder sollen).

Insgesamt müssen strategische und operative Marketingplanung so miteinander abgestimmt sein, dass Fehlentscheidungen bei den Zielsetzungen und Fehlverhalten bei der Planung des Einsatzes der Marketinginstrumente minimiert werden.

5.1.2 Gestaltungsmöglichkeiten

Die Gestaltung der Marketingplanung, d. h. die Vorgabe der Marketingziele, kann in Form einer Alternativplanung oder in Form einer rollierenden Planung erfolgen.

Alternativplanung

Bei der **Alternativplanung** versucht das Unternehmen für verschiedene, von ihm prognostizierte Situationen jeweils einen eigenen Ziel- und Maßnahmenplan zu erstellen. Das Unternehmen wählt für sein Handeln zunächst einen Marketingplan; es hält die anderen Pläne „in Reserve". Beim Eintreten von vorher genau festgelegten Umweltsituationen kann dann sofort auf einen anderen Marketingplan gewechselt werden.

Nachstehendes Zahlenbeispiel für geplante Marketingmaßnahmen bei rückläufigen Aufträgen (Absatzmengen) soll den Einsatz dieser Planungsart verdeutlichen:

Absatzmenge am 1. 6. 20 . .	Maßnahmen
10 000	wie geplant
9 000	zusätzlicher Einsatz von 5000,- € für persönliche Werbebriefe an die Kunden.
8 000	Preissenkung um 10 % und zusätzlich 5000,- € für persönliche Werbebriefe.
7 000	Preissenkung um 25 % und Einsatz eines Reisenden für die Steigerung des Absatzes.

Das Unternehmen kann z. B. auch bestimmte Konkurrenzmaßnahmen, im folgenden Beispiel sind es Preisänderungen, zum Anlass für geänderte Marketingmaßnahmen nehmen.

Eigener Preis der Leistung	Preis der Konkurrenz	Maßnahmen
200,-	200,-	Ausgangsbasis
200,-	180,-	Preis bleibt auf 200,- €, aber die Ausgaben für Werbung werden um 10 000,- € erhöht. In der Werbung soll die hohe Produktqualität in den Vordergrund gestellt werden.
180,-	150,-	Senkung des Preises auf 150,-€. Es soll die gleiche Werbestrategie verfolgt werden wie oben.
200,-	220,-	Beibehaltung des Preises.

Bei Eintreten einer der genannten Konkurrenzmaßnahmen geht das Unternehmen entsprechend den geplanten Marketingaktivitäten vor.

Alternativplanung, Vor- und Nachteile

Der **Vorteil** dieser Planungsform ist, dass das Management sich mit Veränderungen innerhalb und außerhalb des Unternehmens aktiv befassen und sie in den Soll-Vorgaben berücksichtigen muss. Hier werden künftige Entwicklungen und geeignete Reaktionen im Marketing antizipiert, um nicht überrascht und zu zufallsgeprägter Improvisation gezwungen zu sein. Ein **Nachteil** liegt hier darin, dass sich die Entscheider nicht unbedingt mit den Vorgaben der strategischen Marketingplanung auseinandersetzen müssen. Ein weiterer **Nachteil** ist darin zu sehen, dass die unsicheren Prognosen über Veränderungen für die Soll-Alternativen zum gleichen Zeitpunkt wie der zunächst gültige Marketingplan entwickelt werden. Die Unsicherheit bei den Alternativplänen wäre geringer, wenn die Alternativen zu einem späteren Zeitpunkt erstellt werden würden. Dies führt zum Konzept der rollierenden Planung.

Rollierende Planung

Rollierende Planung vermeidet die Nachteile des Systems der Alternativplanung. Hier muss sich das Unternehmen – zwangsläufig – auch mit Fragen der strategischen Marketingplanung befassen, denn das System der rollierenden Marketingplanung ist kontinuierlich über mehrere Wirtschaftsperioden ausgerichtet. Diese Art der Planung ist geprägt durch **Verbesserung des Informationsstandes mithilfe von laufenden Überwachungen** (Soll-Ist-Vergleiche) sowie zusätzlichen Erkenntnissen und Erfahrungen im Zeitablauf. Mit Ende jeder Planungsperiode werden die vorliegenden Planvorgaben bei den Marketingmixes und Marketingkosten auf deren Richtigkeit für die nächste Periode überprüft, falls erforderlich für das folgende Jahr angepasst und eine weitere Planungsperiode hinzugefügt.

Vor Ende des ersten Jahres und spätestens zu Beginn des zweiten Jahres wird überprüft, in welchem Umfang die Marketingziele im abgelaufenen Jahr im Einzelnen erreicht wurden. Gleichzeitig wird geklärt, ob die Vorgaben für das anstehende zweite Jahr und für das dritte Jahr geändert werden müssen. Bei Vorliegen entsprechender, am Markt verfügbarer digitaler Planungssoftware kann eine rollierende Marketingplanung nicht nur jährlich, sondern zusätzlich auch pro Halbjahr Oder pro Quartal durchgeführt

Vorteil

Nachteil

werden. Dabei ist der wesentliche **Vorteil** die **Verknüpfung von kurzfristigen Soll-Vorgaben, ergebnisbezogenen Kontrollen und längerfristigen Orientierungsdaten.** Die damit gewonnene höhere Flexibilität und die Vermeidung von Unternehmensrisiken durch Fehleinschätzungen rechtfertigen den **Nachteil** der Mehrarbeit bei diesem Planungssystem. Mit einer rollierenden Marketingplanung - unter Beachtung künftiger Veränderungen im Unternehmen und im Umfeld - lässt sich das Marketingkonzept dynamisch entwickeln, gestalten und erfolgreich umsetzen.

5.2 Marketingkontrolle anwenden

5.2.1 Aufgaben und Prozess

Marketing-kontrolle

Die **Aufgaben der Marketingkontrolle** sind Ermittlung von Ergebnissen, Bestimmung von Maßstäben zur Beurteilung der Ergebnisse, Analyse der Abweichungsursachen und Auslösen von Korrekturmaßnahmen. Erst mithilfe der Marketingkontrolle kann festgestellt werden, ob und in welchem Umfang die erzielten Ergebnisse zurückzuführen sind auf

- nicht vorhersehbare Zufallseinflüsse (z. B. Witterungseinfluss, Personalmangel, kurzfristiger Nachfragerückgang o. Ä.),
- Fehlverhalten bei der Bestimmung der Marketingziele und Maßnahmen (ungenügende Konkurrenzanalyse, Fehleinschätzung der Nachfrageentwicklung) oder
- Fehlverhalten bei der Durchführung (Nichteinhalten der geplanten Maßnahmen oder Budgets, keine Zwischenkontrollen u. a. m.).

Aus den Erkenntnissen über Art und Umfang der eingetretenen oder erwarteten internen und externen Veränderungen oder des festgestellten Fehlverhaltens muss das Unternehmen seine Korrekturentscheidungen ableiten.

Marketing-steuerung

Durch die Verknüpfung der Marketingplanung mit einem mehrstufigen System von Marketingkontrollen in Form von Zwischen- und Endkontrollen ist eine zeitnahe **Marketingsteuerung** zur Erreichung der gesteckten Jahresziele möglich. Werden z. B. bei der Absatz- und Umsatzplanung solche **Zwischenkontrollen** als Soll-Ist-Vergleiche am Monats- und Quartalsende eingerichtet, erhält man durch einfaches Abziehen der jeweiligen Monatsergebnisse (Ist) vom Rest-Soll des laufenden Jahres eine genaue Information über die bisherige Zielerreichung. Gleichzeitig weiß man, was bis zum Jahresende noch erreicht werden soll, und kann die Budgets für das restliche Jahr gegebenenfalls neu festlegen. Je früher Budgets erreicht werden, desto größer wird der Gewinn am Jahresende für das Unternehmen ausfallen. Werden solche Kontrollen bei budgetierten Marketingkosten durchgeführt, ist rasch zu erkennen, ob die Planwerte bis zum Jahresende eingehalten oder überschritten werden. Bei Gefahr kann dann rechtzeitig gegengesteuert werden.

Zur besseren **Steuerung des Gesamtmarketings** ist es vorteilhaft, die Planung und Kontrolle der Marketinginstrumente organisatorisch in Verantwortungsbereiche (z. B. Abteilungen) zu geben. Dort liegt hohe Fachkompetenz für Steuerungsentscheidungen bei festgestellten Soll-/Ist-Abweichungen.

Marketingplanung und -kontrolle ist als **Prozess** kontinuierlicher Informationsgewinnung und Informationsverarbeitung zur **Steuerung der Marketingaktivitäten** aufgebaut und kann mit dem nachfolgenden Schema (in Anlehnung an Kotler) überprüft werden.

Marketing-planungs- und kontroll-prozess

Marketingprozess

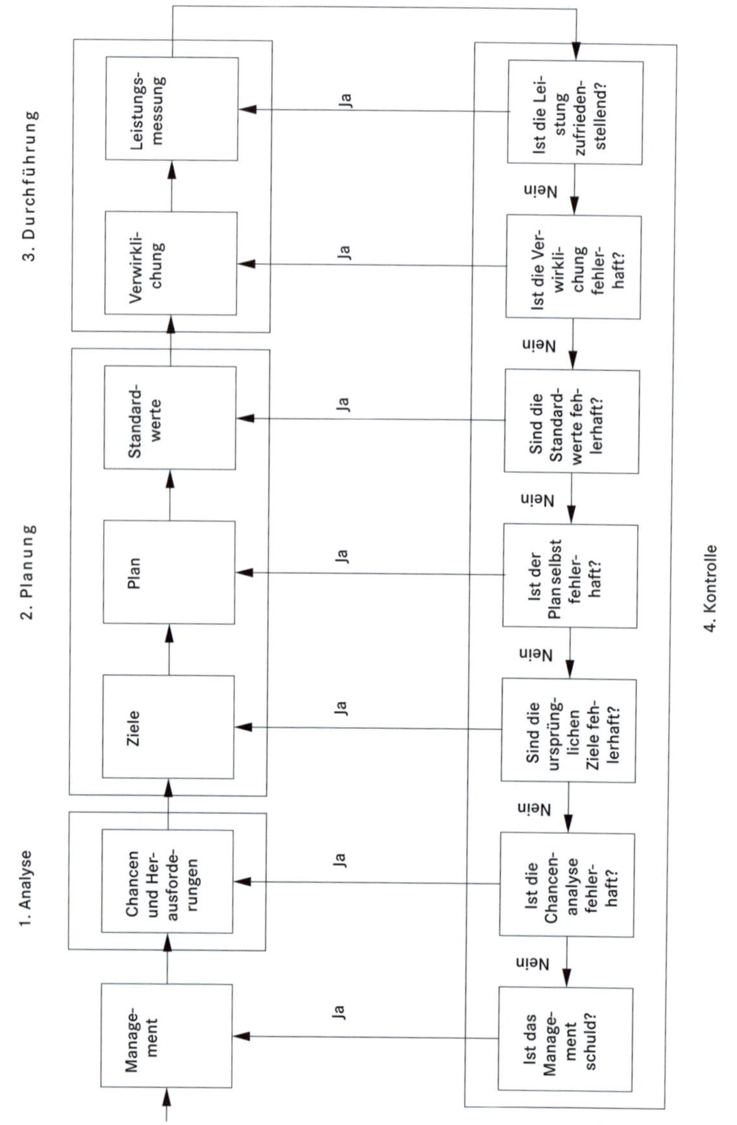

Phasen des Marketingplanungs- und -kontrollprozesses

In der unteren Reihe wird die Kontrolle als Fragenkette dargestellt, die in alle bisherigen Marketingaktivitäten hineingreift, wenn die Schlüsselfrage einer **„zufriedenstellenden Zielerreichung“** verneint wird. Dann muss es zu den hier exemplarisch aufgeführten Analysen und Korrekturentscheidungen kommen, um in späteren Plan- und Durchführungsperioden bessere Ergebnisse erreichen zu können.

5.2.2 Erscheinungsformen

- **Strukturkontrollen**

Arten von Marketingkontrollen

Zur Messung und Beurteilung von Ergebnissen einer Planungsperiode kann man z. B. zurückgreifen auf

- **Soll-Ist-Vergleiche** (Vergleichswerte sind aus einer Wirtschaftsperiode)
- **Zeitvergleiche** (Vergleichswerte aus verschiedenen Wirtschaftsperioden)
- **Betriebsvergleiche** (Vergleichswerte aus ähnlich gelagerten Unternehmen)
- **Branchenvergleiche** (Vergleichswerte sind Durchschnittswerte der Branche)
- **Benchmarking** (Vergleich mit Werten und Vorgehensweisen der Branchenbesten).

(Nähere Ausführungen zu diesen Kontrolltypen finden sich im Band 5 dieser Lehrbuchreihe „Unternehmensrechnung", Abschnitt „Rechnungswesen".)

Das Unternehmen hat zu prüfen, ob es nicht gleichzeitig mehrere dieser Vergleichsarten einsetzt, um bessere Beurteilungsinformationen zu erhalten. Solche Vergleiche finden ihren Niederschlag in beschreibender Form als **„Bericht"** oder in konzentrierter Form als **„Kennzahl"**.

Berichte

Kennzahlen

Berichte sind ausführliche Textdokumentationen über interne oder externe Entwicklungen oder Gegebenheiten, die berücksichtigt werden sollten. **Kennzahlen** sind überwiegend Durchschnitts- und Verhältniszahlen, die bestimmte Marketingsituationen und -beziehungen überschaubarer und verständlicher darstellen sollen, als dies durch eine reine Gegenüberstellung absoluter Zahlen möglich ist.

Strukturkontrolle

Durch die Kombination von zahlenmäßig fassbaren Marketingtatbeständen (z. B. Gesamtumsatz/Kundenzahl in Periode Z), und das etwa noch im Zeitvergleich (Durchschnittsumsatz pro Kunde in Perioden X und Y), erhält das Unternehmen Erkenntnisse über **Strukturgrößen** (z. B. Umsatz-, Kunden- oder Auftragsstruktur) und über **Beziehungsgrößen** (z. B. Gewinn pro Umsatzeinheit, Umsatzzuwachs pro € Preisreduktion oder Mehrumsatz durch x € mehr bei Verkaufsförderung). Im Zusammenhang mit der Marketingkontrolle sind es einerseits **Kunden- und Umsatzstruktur** und andererseits **Marketingerfolgsanalysen,** die für das Unternehmen von besonderem Interesse sind.

Fallbeispiel „Marketingstrukturkontrollen“

Handlungssituation

Der Elektrofachbetrieb Eugen Strom hat neben seiner Handwerksabteilung mit Elektroinstallationen und Reparaturen noch ein Ladengeschäft, in dem er ein schmales Sortiment an Elektrogeräten, Leuchten, Lampen und sonstigen Elektroartikeln anbietet. In letzter Zeit ist Eugen Strom mit der Geschäftsentwicklung nicht mehr zufrieden und führt daher einige Marketinganalysen und Kontrollen durch.

So möchte er z. B. wissen, wie sich der Jahresumsatz zusammensetzt, um Anhaltspunkte für sein künftiges Marketing zu erhalten. Er möchte sein Geschäft im Folgejahr ausweiten, ist sich aber unsicher, ob dies im Handwerk oder im Handel sein soll. Aus dem Rechnungswesen erhält er folgende Strukturanalysen:

Struktur des Jahresumsatzes:

Strukturanalyse

Größenklasse	Jahresumsatz in € (Klassen)	Umsatz €	%	Kunden Anzahl	%	Rechnungen Anzahl	%
I	0,- bis 15,-	2 224,-	0,1	280	13,6	322	3,8
II	16,- bis 30,-	5 021,-	0,3	221	10,7	268	3,1
III	31,- bis 50,-	7 020,-	0,4	177	8,6	262	3,1
IV	51,- bis 75,-	11 230,-	0,7	182	8,8	347	4,0
V	76,- bis 100,-	8 960,-	0,5	103	5,0	242	2,8
Zwischensumme		34 455,-	2,0	963	46,7	1441	16,8
VI	101,- bis 200,-	40 141,-	2,3	278	13,5	725	8,5
VII	201,- bis 500,-	108 376,-	6,4	331	16,0	1 449	16,8
VIII	501,- bis 1 000,-	157 242,-	9,3	221	10,7	1 437	16,7
IX	1 001,- bis 2 000,-	229 288,-	13,5	160	7,7	1 290	15,0
X	2 001,- bis 5 000,-	218 262,-	12,8	73	3,5	909	10,5
XI	5 001,- bis 10 000,-	133 379,-	7,9	20	1,0	562	6,5
XII	über 10 000,-	778 857,-	45,8	15	0,9	778	9,2
Summe		1 700 000,-	100,0	2 061	100,0	8 591	100,0

Gliederung des Umsatzes, der Kundenzahl und der Rechnungen nach Umsatzgrößenklassen

Es zeigt sich, dass 46,7 % der Kunden fast 17 % der Rechnungen verursachen, aber nur 2 % zum Gesamtumsatz beitragen. Eine weitere Analyse muss klarstellen, aus welchem Kundenkreis diese Kleinaufträge kommen.

Umsatzstruktur nach Kundengruppen:

Kundengruppe	Jahresumsatz		Deckungsbeitrag I		DB I % vom Umsatz	Zahl der Kunden		Umsatz je Kunde	Zahl der Rechnungen		Umsatz je Rechnung
SGF	€	%	€	%	%		%	€		%	€
1. Industrie (HWK)	800.500,-	47,1	405.000,-	40,5	50,6	180	8,7	4.447,-	530	6,2	1.510,-
2. Gewerbe (HWK)	490.100,-	28,8	290.000,-	29,0	59,2	270	18,0	1.325,-	820	9,5	598,-
Summe SGF/HWK											
3. Gewerbe (Handel)	210.000,-	12,4	155.000,-	15,5	73,8	60	2,3	3.500,-	2.450	28,5	86,-
4. Privat (Handel)	199.400,-	11,7	150.000,-	15,0	75,2	1.451	70,4	137,-	4.791	55,8	42,-
Summe SGF/Handel											
5. Insgesamt	**1.700.000,-**	**100,0**	**1.000.000,-**	**100,0**	**58,8**	**2061**	**100,0**	**825,-**	**8.591**	**100,0**	**198,-**

Struktur des Umsatzes nach Kundengruppen/SGF

Es ist das SGF „Handel" mit den Kundengruppen „Gewerbe" und „Privat", das Kleinaufträge mit hohen Deckungsbeiträgen - bezogen auf den Umsatz - bringt. Bei dieser relativen Betrachtung wäre es vorteilhaft, diesen Bereich auszubauen. Schaut Eugen Strom sich die absoluten Zahlen an, dann sieht dies jedoch anders aus.

Situationsbezogene Fragen

- Welchen Bereich/SGF/Kundengruppe soll er mit seinen begrenzten Ressourcen ausbauen? Diskutieren Sie anhand der vorliegenden Zahlen pro und contra, ob sich Eugen Strom im nächsten Jahr stärker um die Kundengruppe „Gewerbebetriebe" bemühen soll.
- Wenn ja, in welchem SGF sollte er seine Kundenbearbeitung und Kundengewinnungsaktivitäten verstärken?

- **Erfolgskontrollen**

Erfolgs-kontrollen

Zusätzlich zu solchen kundenbezogenen Strukturkontrollen muss das Unternehmen in mehr oder weniger großen Zeitabständen auch **Marketing-Erfolgskontrollen** bei seinem Leistungsprogramm durchführen. Dadurch lassen sich wertvolle Erkenntnisse über die **Ertragskraft einzelner Leistungen oder Leistungsbereiche** gewinnen und Hinweise zur **Entwicklung, Stabilisierung oder Aufgabe von Leistungen** ableiten.

Als **Beurteilungsmaßstab** dient in der Regel der **Deckungsbeitrag II,** der - aus allen Leistungen summiert - für die Deckung der anfallenden Fixkosten (Kosten der Betriebsbereitschaft) und für die Gewinnerzielung benötigt wird. Die **Ermittlung der Ertragskraft einer Leistung oder eines Auftrags** erfolgt nach folgendem Schema:

Erlös (Umsatz) pro Leistungseinheit (Auftrag)
./. variable Kosten (Einzelkosten)
= Deckungsbeitrag I (DB I)
./. auftragsfixe Kosten
= Deckungsbeitrag II (DB II)

Fallbeispiel „Absatzerfolgskontrolle“

Handlungssituation

Für den oben erwähnten Betrieb von Eugen Strom ergibt sich bei einer Sortimentsanalyse folgendes Bild:

Produkte	Umsatz in €	in % des Gesamtumsatzes	Aufträge (Stück)	Deckungsbeitrag I	Auftragsfixe Kosten	Deckungsbeitrag II	% des Gesamtdeckungsbeitrags
A	900 000,-	53	1 800	600 000,-	4 500,-	595 500,-	61,75
B	600 000,-	35	2 400	350 000,-	6 000,-	344 000,-	35,70
C	100 000,-	6	4 000	40 000,-	10 000,-	30 000,-	3,10
D	50 000,-	3	2 000	5 000,-	5 000,-	0	0
E	40 000,-	2	1 400	3 000,-	3 500,-	- 500,-	-0,05
F	10 000,-	0,5	1 200	2 000,-	3 000,-	-1 000,-	-0,10
G	10 000,-	0,5	1 600	-	4 000,-	-4 000,-	-0,40
Summe	1 700 000,-	100,0	14 200	1 000 000,-	36 000,-	964 000,-	100,0
Auftragsfixe Kosten je Auftrag = 2,50 €							

Absatzerfolgskontrolle

Die Leistungen A und B von insgesamt sieben Leistungsarten erbringen 88 % des gesamten Umsatzes. Die restlichen 12 % des Umsatzes werden von fünf Leistungsarten erbracht, wobei die Leistungen E, F und G nur einen Umsatzanteil von 3 % aufweisen. Steht Eugen Strom vor der Frage, sich auf einzelne Leistungen zu konzentrieren und ein gewinnbezogenes Marketing zu entwickeln, dann genügt diese Umsatzanalyse allein nicht.

Situationsbezogene Frage

- Welche der angeführten Leistungen soll Eugen Strom forcieren, welche nicht?

Ergänzt man die Werte aus der Abbildung „Absatzerfolgskontrolle“ noch um die

- Zahl der Aufträge,
- erzielten Roherlöse (Deckungsbeitrag I) pro Leistungsart (Auftrag) sowie
- um Angaben über die auftragsfixen Kosten (beispielhaft 2,50 € je Auftrag),

dann lassen sich für Eugen Strom folgende Ertragsinformationen gewinnen:

Die Produktgruppen A, B und C bestreiten zusammen 94 % des Umsatzes und erbringen 100,55 % DB II. Die Produkte D bis G tragen nicht oder negativ zum Gewinn bei. Bestehen vom Markt in Form von Kundenerwartungen oder von der Fertigungsseite des Unternehmens keine zwingenden Erfordernisse für die Beibehaltung des Leistungsangebots von D, E, F und G, dann sollten sie aufgegeben werden.

Handlungssituation

Fallbeispiel „Marketingerfolge im Zeitvergleich“

Größere Klarheit bringt hier für den Betrieb von Eugen Strom ein Vergleich mit den Zahlen aus den Vorjahren (Zeitvergleich). Dies zeigt folgendes Zahlenbeispiel:

Ergebnisanalyse

Leistungen	Umsätze I. Quartal	Zahl der Aufträge	Durchschnittsumsatz pro Auftrag	erwirtschafteter Deckungsbeitrag (DB)	DB in % vom Umsatz	Deckungsbeitrag pro Auftrag		
						lfd. Jahr	Vorjahr	± % geg. Vorjahr
Leistungsteilprogramm „A“	150 000,-	30	5 000,-	90 000,-	60 %	3 000,-	2 880,-	+4 %
Leistungsteilprogramm „B“	150 000,-	50	3 000,-	100 000,-	66 ⅔ %	2 000,-	2 000,-	±0 %
Leistungsteilprogramm „C“	100 000,-	20	5 000,-	50 000,-	50 %	2 500,-	2 250,-	+11 %
insgesamt	400 000,-	100	4 000,-	240 000,-	60 %	2 400,-	2 300,-	+ 4 %

Analyse des Marketingergebnis erstes Quartal

Die Analyse zeigt, dass das Leistungsteilprogramm „B“, obwohl gleich umsatzstark wie Teilprogramm „A“, bei kleinerem Umsatz pro Auftrag die ertragsstärkste Gruppe darstellt. Bei einem durchschnittlichen Gesamtdeckungsbeitrag von 60 % vom Umsatz ist „B“ also überproportional. Unter diesen Gesichtspunkten sollte das Unternehmen seine Aktivitäten auf „B“ konzentrieren. Diese Empfehlung könnte sich jedoch ändern, wenn die Deckungsbeiträge pro Auftrag und deren Entwicklung gegenüber dem Vorjahr mit zur Beurteilung herangezogen werden. Hier zeigen „A“ und „C“ Steigerungen, während „B“ stagniert und im laufenden Geschäftsjahr um fast 17 % unter dem durchschnittlichen Deckungsbeitrag pro Auftrag liegt. Das heißt, das Unternehmen hat im ersten Quartal zu viele Aufträge der Gruppe „B“ ausgeführt; es sollte sich künftig verstärkt um Aufträge für das Teilprogramm „A“ oder „C“ bemühen. Gezielte und erfolgreiche Marketingbemühungen (mehr Aufträge) bringen bei diesen Leistungen dem Unternehmen noch bessere Ergebnisse.

Allerdings dürfen Entwicklungen im Markt (z. B. Konkurrenzaktivitäten, Veränderungen in den Einstellungen, Erwartungen oder Kaufgewohnheiten der Kunden oder einzelner Kundengruppen) bei der Bewertung von **Ertragskennzahlen** nicht außer Acht gelassen werden.

5.3 Marketingcontrolling praktizieren

5.3.1 Führungsinstrument

Marketing-controlling

Marketing ist als Aufgabe der Unternehmensführung zu planen, zu steuern, zu führen, zu organisieren und zu überwachen. Dafür ist das Führungsinstrument **Marketingcontrolling** als Teil des Unternehmenscontrollings zuständig. Marketingcontrolling dient der strategischen und operativen Informationsversorgung und Steuerung des Marketingmanagements und aller an Marketingentscheidungen beteiligten Mitarbeiter. Damit sollen im Marketing

- strategische Effektivität („Tu das Richtige") und
- operative Effizienz („Tu das Richtige richtig")

Aufgaben

bei der Entscheidungsfindung und bei der Umsetzung sichergestellt werden. Nach Köhler (Marketing-Controlling, in: Reinecke/Tomczak, Marketingcontrolling, 2006, S. 42) umfasst **Marketingcontrolling** als **Führungsinstrument** folgende Aufgaben:

- **Informationskoordination für die Marketingplanung und -kontrolle:** Strategische und operative Marketingplanung und -kontrolle sind auf Informationen aus der Marktforschung und aus dem Rechnungswesen angewiesen. Daher hat das Marketingcontrolling die Aufgabe, die erforderlichen Daten zu beschaffen, zu bündeln und bereitzustellen.

Marketing-überwachung

- **Durchführung der Marketingüberwachung:** Marketingüberwachung wird mit Kontrollen und Audits durchgeführt. Marketingkontrolle erfolgt mit Soll-Ist-Vergleichen, meist im Rahmen der operativen Marketingplanung. Marketingaudits sind strategisch ausgerichtete Kontrollen über die Voraussetzungen für eine erfolgreiche Umsetzung und Durchführung der operativen Marketingaktivitäten.

Marketing-steuerung

- **Durchführung der Marketingsteuerung:** Innerhalb der Perioden der strategischen und operativen Marketingplanung wird durch Vorgabe von Zwischenzielen und Zwischenkontrollen (Soll-Ist-Vergleiche mit Abweichungsanalysen) überprüft, ob die Planungsziele ohne Änderung der

Aktivitäten erreicht werden. Falls nicht, wird eine zielorientierte Anpassung der strategischen und/oder operativen Marketingaktivitäten oder Ziele notwendig.

- **Problemspezifische Informationsbereitstellung für Organisationseinheiten des Marketings:**
  Für die Entscheidungen bei den Marketinginstrumenten und -maßnahmen sowie für die verschiedenen Organisationseinheiten des Marketingbereichs muss das Marketingcontrolling die benötigten Informationen bereitstellen und die Schnittstellen koordinieren. Sonst gibt es keine, zu wenige, zu viele oder nicht benötigte Informationen, was zulasten der strategischen Effektivität oder der operativen Effizienz im gesamten Marketing geht.
- **Information zur Mitarbeiterführung im Marketingbereich:** Mitarbeiterführung
  Hier geht es um die Informationsversorgung von Führungskräften und Mitarbeitern in den einzelnen Organisationseinheiten (Stellen). Hierzu gehören die Entwicklung und Vorgabe von Marketingaudits, verbindlichen Budgets sowie die Gestaltung eines stellenbezogenen Marketingplanungs- und -kontrollkonzepts als Anreiz- und Sanktionssystem zur Mitarbeiterführung.
- **Koordination der Wechselbeziehungen zwischen den verschiedenen Aufgabengebieten im Unternehmen:** Koordination
  Die strategischen und operativen Marketingaktivitäten sind inhaltlich verknüpft und beeinflussen sich gegenseitig. Marketingcontrolling ist für die Gestaltung der Kommunikation und Koordination der inhaltlichen Abstimmung verantwortlich. Darüber hinaus sind die Schnittstellen zwischen dem Verantwortungsbereich Marketingcontrolling und dem Controlling der anderen Funktionsbereiche zu definieren und zu gestalten.

> Marketingcontrolling ist eine Führungsaufgabe, die als Steuerungsinstrument gestaltet werden muss.

5.3.2 Steuerungsinstrumente

Steuerungsinstrumente

Zur kundenorientierten Führung und Steuerung der an Marketingentscheidungen beteiligten Mitarbeiter bedient sich das Marketingcontrolling folgender **Management- und Steuerungsinstrumente:**

- **Planungs- und Kontrollsystem**

Planungs- und Kontrollsystem

Die systematische Verknüpfung der Planungen und Kontrollen im Marketing führt zu einem strategischen und einem operativen Planungs- und Kontrollsystem. In beiden Systemen können durch Zwischenkontrollen (eingebaute Soll-Ist-Vergleiche mit Abweichungsanalysen) die Marketingaktivitäten des Unternehmens gesteuert werden. Beim **strategischen Marketingplanungs- und -kontrollsystem** geht es um die Festlegung von Planzahlen mit Richtliniencharakter. Hier können Zwischenkontrollen mit Informationen, warum ein Zwischenziel nicht erreicht wurde, ergänzt mit aktualisierten „2-K- & 2-U“-Zukunftsinformationen, eine Korrektur der Marketingstrategien und/oder strategischen Marketingplanziele auslösen. Dies wirkt sich dann direkt auf das **operative Marketingplanungs- und -kontrollsystem** aus. Hier zeigen die Abweichungsanalysen der Zwischenkontrollen (eingebaute Halbjahres-, Quartals- oder Monatsziele) bei den Planwerten oder Budgets, ob mit den bisherigen Marketingmaßnahmen die gesteckten Ziele am Ende der Periode voraussichtlich erreicht, unter- oder gar überschritten werden. Die gewonnenen Informationen dienen der (kurzfristigen) Steuerung/Anpassung der Marketingaktivitäten oder einer Änderung der Plan- bzw. Budgetwerte. Die Vorteile einer solchen Steuerung werden besonders deutlich, wenn dieses Führungsinstrument als mehrjährig rollierendes Marketingplanungs- und -kontrollsystem gestaltet wird.

- **Reportingsystem**

Das Reporting (Berichtswesen) als Teil des Gesamtcontrollings ist ein wichtiges Führungsinstrument. Als **Marketingreporting** hat es

Marketingreporting

- eine Integrationsfunktion (Zusammenfassung, Verdichtung und Dokumentation aller marketingrelevanter Informationen im Unternehmen),
- eine Funktion der Komplexitätsreduktion (Sammlung, Analyse, Auswahl, Aufbereitung und Bereitstellung aller marketingrelevanter Informationen nach den Erfordernissen der jeweiligen Entscheidungsträger) und
- eine Kommunikations- und Koordinationsfunktion (organisatorische, inhaltliche und formale Abstimmung der zeitnahen Versorgung der Führungskräfte aller Ebenen mit Marketinginformationen nach deren Bedarf und Wünschen).

Marketingreporting ist als System zu verstehen, differenzierte Berichte und Kontrolldaten zu gestalten. Das wichtigste Instrument des **strategischen Marketingreportings** sind **Berichte** in Form von Audits. **Marketingaudits** dienen der Überprüfung des Zustandekommens von Marketingentscheidungen. Es sind formale und inhaltliche Kontrollen der strategischen Entscheidungsprozesse und deren Informationsgrundlagen. Zu deren Verbesserung werden verschiedene **Analyseinstrumente** eingesetzt, wie z. B. Stärken-Schwächen-Analyse, Szenario-Analyse, Potenzialanalyse, Wettbewerbs- und Portfolioanalyse, Produkt-Markt-Matrix, Balanced Scorecard, Benchmarking u. a. m. Deren Ergebnisse werden in Marketingaudits erfasst, in die auch Abweichungen, Ursachenanalysen, Entwicklungen innerhalb und außerhalb des Unternehmens (Trends) eingehen. In solchen Audits wird auch die erwartete Wirkung von getroffenen strategischen Anpassungsmaßnahmen auf die Planwerte der Marketingplanung und Budgetierung berücksichtigt. Insoweit sind Marketingaudits Instrumente zur Qualitätssicherung bei den Marketingplanungs- und -kontrollsystemen.

Marketing-audits

Instrumente

Beim **operativen Marketingreporting** geht es verstärkt um **Berichte und Kennzahlen** aus dem Rechnungswesen (speziell Buchhaltung und Kostenrechnung), die zu Planungs-, Budgetierungs- und Kontrollzwecken herangezogen werden. Hier sind die Informationsprozesse des Berichtswesens so zu organisieren, dass die Fragen

Marketing-berichte

- **„Wer?“** (welche Führungskraft auf welcher Ebene und welcher Mitarbeiter)
- **„Welcher Inhalt“** (Planzahlen, Budgetwerte, Soll-Ist-Vergleiche, Analysen ...)
- **„Welche Form?“** (Audit, starre/flexible Berichte, Kennzahlen mit/ohne Kommentar)
- **„Welcher Zeitpunkt?“** (Jahr, Halbjahr, Quartal, Monat, aufgelaufene Monate; zu Anfang; auf Abruf; auf Anfrage)
- **„Von wem?“** (aus welcher Quelle kommt die Information, wer ist dafür verantwortlich)
- **„Welche Medien?“** (schriftlich, mündlich, elektronisch, online, Smartphone)

unter Wirtschaftlichkeits- und Flexibilitätsgesichtspunkten beantwortet und gestaltet werden.

Operative **Gegenstände des Marketingreportings** sind:

Gegenstände

- Kunden (Einzelkunden, Kundengruppen, Segmente von Teilmärkten)
- Marktleistungen (einzeln, Produktfamilien, Teilsortiment, Gesamtsortiment)
- Organisationseinheiten (Bereiche, Abteilungen, Personen im Marketing)
- Wertgrößen (Planzahlen, Budgets für Umsatz, Kosten, Erträge)
- Kombinationen der Reportingobjekte (Umsatz und Deckungsbeiträge pro Marktleistung, Werbekosten pro Teilmarkt; Planabsatz pro Kundengruppe).

Berichtarten

Dabei ist die inhaltliche und formale **Gestaltung des Reportings** in Form von regelmäßigen Standardberichten (Marketingreports), Abweichungsberichten (Meldeberichte) und Sonderberichten (Bedarfsberichte) und Sonderanalysen (Audits) als Ergänzung zu den Standardberichten im Hinblick auf die Bereitstellung in Papierform oder eine eventuell interaktive Online-Übermittlung von besonderem Interesse.

Anreiz- und Sanktionssystem

- **Anreiz- und Sanktionssystem**

Marketingcontrolling hat auch Informationen für eine **marketingorientierte Steuerung der Mitarbeiter** bereitzustellen. Dies kann durch Vorgabe von verbindlichen Plan- und Budgetzahlen (Absatz-, Umsatz-, Kostenvorgaben) und vorgeschriebenen Marketingmaßnahmen erfolgen. Zur Realisierung der operativen Marketingpläne und Budgets kann das Marketingcontrolling anreiz- und sanktionsorientierte Steuerungsinstrumente zur Verhaltensbeeinflussung der Führungskräfte (strategische Orientierung) und der Mitarbeiter (operative Orientierung) einsetzen. Hier sind beispielhaft zu nennen:

- strategische personenbezogene Steuerungsinstrumente (z. B. Bonusprogramme für Führungskräfte bei Erreichen strategischer [und operativer] Markt- und Marketingziele)
- Benchmarking (Vergleich mit den Branchenbesten) zur Ermittlung der Erfolgsfaktoren, Verbesserungspotenzial feststellen und strategisch nutzen
- operative personenbezogene Steuerungsinstrumente (z. B. deckungsbeitragsorientiertes Provisionssystem zur Außendienststeuerung, prämienorientiertes Target Costing bei der Produktentwicklung)
- Kundenzufriedenheits- und Beschwerdestatistiken (z. B. mit Prämiensystem als Anreiz zur Qualitätssteigerung).

Steuerungsinstrumente

Folgende abschließende Darstellung soll **Steuerungsinstrumente des Marketingcontrollings** im Überblick zeigen und Anregungen für ihren Einsatz in der Marketingpraxis geben.

Controlling-systeme

Management-Funktionen / Produkt-Markt-Beziehungen	Marketingplanung	Marketingorganisation	Mitarbeiterführung im Marketingbereich	Marketingkontrollen und -audits (Überwachung)
Produkte	• Geschäftsfeldportfolios • Positionierungsstudien • Produktlebenszyklusplanung • Break-even- und Investitionsrechnung	• Deckungsbeitragsrechnungen für das Produktmanagement (PM) • PM-Budgetierung • Markenwertschätzungen f. d. Brand Management	• Außendienst-Provisionssysteme auf Basis von Produktumsätzen oder -deckungsbeiträgen • Target Costing	• produktbezogene Deckungsbeitragsrechnungen • produktbezogene Prozesskostenrechnungen
Marketingmix-Maßnahmen	• Responseschätzungen • Kostenplanung für den Maßnahmeneinsatz • Entscheidungskalküle	• Budgetierung für funktionale Organisationseinheiten (z. B. Werbeabteilung, Abt. Verkaufsförderung)	• Vorgabe von Deckungsbudgets für Preisverhandlungen • Besuchsnormenmodelle für Reisende	• Werbeerfolgskontrollen • Ermittlung von Logistik-Kennzahlen • Marketingmixaudit
Marktareale	• Indikatorenmodelle zur Bestimmung verkaufsgebietsspezifischer Soll-Absatzmengen • Modelle für die Planung von Lagerstandorten	• Deckungsbeitragsrechnungen für das Verkaufsgebietsmanagement • Budgetierung für regionale Verkaufsbüros	• Ableitung von Zielen für Verkaufsgebietsleiter im Rahmen der Balanced Scorecard	• verkaufsbezogene Deckungsbeitragsrechnungen • Strategieaudit für internationale Niederlassungen
Nachfrager	• prospektive Schätzungen des Customer Lifetime Value • Kundenportfolios • Marktsegmentierung	• Deckungsbeitragsrechnungen für das Kundenmanagement (KM) • KM-Budgetierung	• Beurteilung anhand von Kundenzufriedenheits-messungen	• kundenbezogene Deckungsbeitragsrechnungen • kundenbezogene Prozesskostenrechnungen
Wettbewerber	• Früherkennung mithilfe von Stärken/Schwächen- und SWOT-Analyse	• konkurrenzbezogene Gain-and-loss-Analysen für das Produktmanagement	• Benchmarking als Anreiz z. B. für Kundendienstmitarbeiter	• Kennzahlenvergleiche mit Wettbewerbern (z. B. zum Lieferservice) • Audit der verwendeten Verfahren zur Konkurrentenanalyse

Beispiele für Instrumente des Marketingcontrollings (Quelle: www.daswirtschaftslexikon.com)

Marketingcontrolling hält das Unternehmen in schwierigen und turbulenten Märkten sicher auf Erfolgskurs – wenn Ziele als messbare und damit kontrollierbare Größen vorgegeben und deren Einhaltung kontrolliert wird.

Fallbeispiel „Marketing planen und steuern"

Handlungssituation (Fallbeispiel) zur Kompetenzüberprüfung

Elektromeister Eugen Strom aus dem Beispiel hat sich entschlossen, das Handelsgeschäft langfristig auslaufen zu lassen. Er will dafür im SGF „Handwerk" die Zielgruppe „Gewerbebetriebe" intensiver bearbeiten und seine Marktstellung (Marktanteile) strategisch ausbauen. Er denkt dabei weniger an Elektroinstallationen im Neubaugeschäft (schlechte Preise, da über Ausschreibungen vergeben wird) als vielmehr an Sanierung von Altbauten und Reparaturen.

Situationsbezogene Fragen

- Wie könnte eine rollierende Planung von Eugen Strom aussehen, wenn er seinen bisherigen Umsatz von ca. 500.000,- € in drei Jahren auf 1.200.000,- € ausdehnen möchte?
- Wie entwickelt sich die Ertragslage über die Jahre, wenn künftig nur noch mit einem Deckungsbeitrag I von 55 % zu rechnen ist? Erstellen Sie einen Jahresumsatz- und ertragsplan auf Quartalsbasis, wobei von folgender Auftragsverteilung in den Quartalen auszugehen ist: 1. Q 25 %, 2. Q 30 %, 3. Q 20 %, 4. Q. 25 %. Würden Sie Monatskontrollen einbauen? Mit welcher Begründung?
- Wie könnte ein operatives Marketingreporting (mit welchen Informationen) bei Eugen Strom aussehen?

6. Kundenmanagement erfolgreich praktizieren

Kompetenzen

Die folgenden Ausführungen sind so angelegt, dass Sie am Ende dieses Kapitels in der Lage sein sollten,

- ein Customer-Relationship-Management (CRM) zu entwickeln und zu pflegen,
- Kunden- und Transaktionsdaten für die Kundensegmentierung und Maßnahmenentwicklung auszuwerten,
- Maßnahmen zur regelmäßigen Kundenansprache und -bindung zu erarbeiten und zu bewerten,
- Kundenzufriedenheit zu messen und zu gestalten,
- Leitlinien zum Verhalten gegenüber dem Kunden zu entwickeln und
- Vorschläge zur Optimierung des bestehenden CRM-Systems zu erarbeiten.

Handlungssituation

Fallbeispiel „Kundenmanagement verbessern“

Rollladenbauer Frieder Rau hat in seinem Betrieb zehn angestellte Mitarbeiter, davon sind acht im Außendienst als Monteure tätig. Bei Bedarf werden diese noch von drei bis vier Teilzeit-Beschäftigten unterstützt. Seine Leistungspalette umfasst Verkauf, Reparatur und Wartung von Rollläden, Markisen, Rollgitter- und Garagentoren bei Privatkunden (Umsatzanteil 70 %) und Geschäftskunden (30 %) aus Industrie, Handel und Gewerbe. Die Auftragslage ist gut, und – so sein Eindruck – die Kunden scheinen mit der gebotenen Qualität zufrieden zu sein; beschwert hat sich bei ihm noch niemand. Sein Stellvertreter (Leiter der Arbeitsvorbereitung) war beim letzten Gespräch sehr mürrisch. Auf Nachfrage gab er an, dass er sich wegen immer mehr Beschwerden sehr geärgert hat, denn laut den Monteuren ist immer alles in Ordnung. Frieder Rau wusste davon nichts. Es wurde ihm auch nicht gemeldet, dass die Reklamationen in letzter Zeit ebenfalls zugenommen hatten. Man wollte ihn damit nicht belästigen. „Das lässt sich nicht vermeiden, das gehört zum Geschäft“, meinte sein Stellvertreter. Er hat keine Erklärung für die Zunahme, da in den Abschlussprotokollen zwar eine verbindlich auszufüllende Rubrik „Besonderheiten/Kundenverhalten“ vorhanden ist, er aber dort meist keine Vermerke findet.

Frieder Rau findet diese Informationen leicht alarmierend, denn zufriedene Kunden melden keine Reklamationen und führen auch keine Beschwerden. Er fürchtet um das Qualitätsimage seiner Firma und entschließt sich zu einer Ursachenanalyse, um Informationen für Verbesserungen im Kundenmanagement zu bekommen. Frieder Rau will von Ihnen Antworten und Vorschläge auf folgende Fragen:

Situationsbezogene Fragen

- Wie können Reklamationen und Beschwerden so aussagekräftig erfasst und bewertet werden, dass sie als Informations- und Steuerungsinstrument taugen?
- Ist eine weitergehende Kundensegmentierung unter diesen und Marketinggesichtspunkten sinnvoll? Wie könnte diese aussehen?
- Wie könnte die Kundenzufriedenheit ohne großen Aufwand ermittelt und gemessen werden?
- Was könnte/sollte Frieder Rau tun, um die Kundenzufriedenheit wieder zu festigen und weiter zu erhöhen?
- Worauf sollte Frieder Rau bei „Verbesserung der Geschäftsprozesse und der Ergebnisse" besonderes Gewicht legen?
- Wie könnte das Reporting im neuen Kundenmanagement aufgebaut und praktikabel organisiert werden?

6.1 CRM-Konzept aufbauen

Der Umgang mit realen und potenziellen Kunden wird zunehmend eine strategische Aufgabe des Marketingmanagements. Die mehr oder weniger zufallsgeprägte Pflege von Kundenkontakten muss durch einer systematischen Gestaltung der Kundenbeziehungen ersetzt werden:

> Kundenmanagement heute – ist systematisches Customer-Relationship-Management (CRM).

Customer-Relationship-Management (CRM) - Begriff

Unter Kundenmanagement in Form von **Customer-Relationship-Management (CRM)** werden alle Maßnahmen eines Unternehmens zur Gestaltung und Pflege seiner Kundenbeziehungen verstanden. Diese Kundenbeziehungen beginnen mit den Bemühungen um einen Auftrag **(Akquisebemühungen)** und enden (erst) nach erfolglosen **Reaktivierungsbemühungen,** wenn der Kunde keinen Bedarf mehr an Haupt- und Zusatzleistungen (Bedarfswechsel) hat oder mit dem Unternehmen nicht mehr zusammenarbeiten möchte (z. B. wegen Kundenunzufriedenheit).

6.1.1 Kundenmanagementziele

Systematisches Kundenmanagement als CRM verfolgt u. a. folgende Ziele/Aufgaben:

Aufgaben des CRM

- Stärken-Schwächen-Analysen in der Kommunikation mit dem Kunden und dessen Betreuung während des gesamten Kaufprozesses
- Neukunden zu Bestandkunden mit hoher Lieferantentreue machen (z. B. durch verbessertes Qualitätsmanagement oder den Einsatz von Kundenbindungssystemen und -programmen)
- zufriedene Kunden zu möglichst begeisterten Kunden machen (z. B. durch „Rund-um-sorglos-Pakete" inkl. Services in Notfällen)
- Interessenten betreuen und den Verkauf unterstützen, damit neue Kunden gewonnen werden (z. B. durch AIDA-gesteuertes Multi-Channel-Marketing)
- ehemalige Kunden wieder zurückgewinnen (CRM-Unterstützung der sog. Reaktivierungsprogramme im Verkauf)
- Steigerung der Kauffrequenz bei Bestandskunden (z. B. Aktionen aus dem Kundenbindungsprogramm als Kaufanreize für zusätzliches Up- und Cross-Selling) u. v. m.

Von den genannten Handlungszielen hat im B2B-Geschäft die Kundenbindung – speziell bei A-Kunden und wichtigen B-Kunden – eine besondere Bedeutung, da hier die **Neukundengewinnung das Fünffache an Zeit- und Arbeitsaufwand** verursachen kann, als Bestandskunden zu Wieder- oder Zusatzkäufen zu veranlassen. Außerdem haben Kunden, die sich geschätzt und gut betreut fühlen, eine hohe Kundenzufriedenheit mit relativ geringer Wechselneigung. In der Praxis trifft daher der Slogan „Zufriedene Kunden danken es Ihnen – mit weiteren Aufträgen" sehr häufig zu.

Neukundengewinnung

CRM setzt eine genaue Kenntnis des Kauf-, Informations- und Kommunikationsverhaltens der Kunden und Interessenten voraus. CRM sieht bei Einzelentscheidungen aufseiten von Käufern und Verkäufern ganz anders aus als bei Vorliegen von Teamentscheidungen, wo unterschiedliche Rollenträger mitwirken. CRM muss differenziert erfolgen; ausgerichtet an den Eigenschaften, Besonderheiten und Wünschen von Einzelkunden und/oder Kundengruppen. Daher bedarf systematisches Kundenmanagement stets einer **Kundensegmentierung als Basis.**

6.1.2 Kundensegmentierung

Direkt personenbezogene CRM-Maßnahmen zu planen, durchzuführen, zu überwachen, zu steuern, zu kontrollieren und den Erfolg/Nichterfolg zu bewerten, all das erfordert ein immens hohes Datenvolumen und viele/zahlreiche Kundeninformationen. Dieses Datenvolumen erfolgversprechend zu verarbeiten ist ohne **elektronische**

Kundendatenbank nicht sehr zielführend. Mittlerweile gibt es am Markt ein umfangreiches Angebot an CRM-Softwareprogrammen.

Diese **Segmentierungskriterien** (siehe Kapitel 1.5.5.2 „Marktsegmentierung und Potenzialanalyse") werden differenziert und kombiniert eingesetzt, um eine möglichst differenzierte Datenbasis für CRM-Aktivitäten zu erhalten.

Kundentypen

Praxisbeispiel

Bei einer Kundenbefragung für einen Optiker wurden fünf kaufauslösende Kundenvorteile herausgefunden: Sortiment, Service, Ambiente, Beratung und Preis. Da diese für die einzelnen Kundengruppen unterschiedlich wertvoll waren, wurden fünf Kundengruppen identifiziert. Deren Verteilung zeigt die nachfolgende Abbildung.

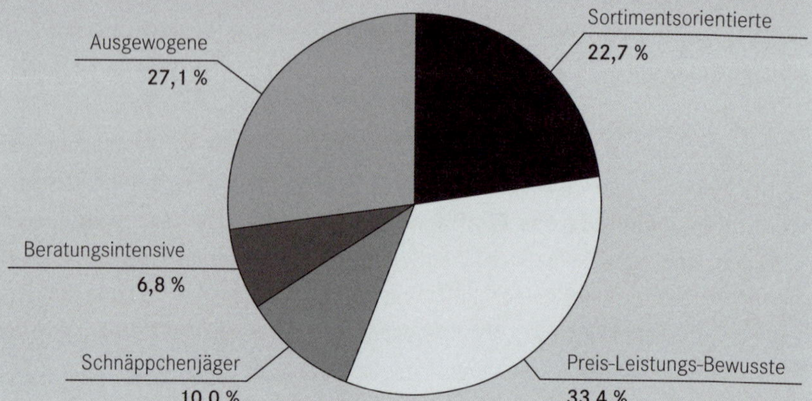

Solche im Paxisbeispiel erwähnten Kundenklassen finden sich bei Privatkunden in fast allen Branchen und Unternehmen. Solche oder ähnliche verhaltensbezogene Kundentypen können im Gespräch oder auf statistischem Weg durch Analyse von Kundendatenbanken gewonnen werden.

Dabei hat die Bereitstellung von sämtlichen kaufbeeinflussenden Kunden-, Markt- und Wettbewerberdaten in einer zentralen CRM-Datenbank u. a. folgende **Vorteile:**

Vorteile

- **geringere Kosten** als bei einer dezentralen Datenbereitstellung in den verschiedensten Abteilungen
- **einfache Erfassung und Auswertung** der Kundenreaktionen auf CRM-Maßnahmen
- **kürzere Handlungszeiten** bei Änderungen im Kunden- und Kaufverhalten des/der Kunden

- **kürzere Abstimmungs- und Entscheidungszeiten** bei CRM-Aktivitäten durch klare Zugriffsregelungen
- **höhere Transparenz** der CRM-Wirkungen, wenn mehr oder weniger regelmäßige Befragungen des Kunden erfolgen
- **frühzeitiges Erkennen und Reagieren** bei strategischen Veränderungen im Kunden- und Kaufverhalten
- **präzise und genaue Informationen** in der zentralen Kundendatenbank aufgrund der fortlaufenden Aktualisierung der Kundeninformationen.

Auf diesen Erkenntnissen aufbauend, lassen sich unternehmensspezifische CRM-Konzepte erarbeiten.

6.1.3 Aufbau eines CRM-Konzepts

Das Herzstück jedes CRM-Konzepts ist eine gut strukturierte und stets aktualisierte Kundendatenbank. Auf deren Daten basierend, lassen sich **drei Organisationsformen für CRM-Konzepte** unterscheiden. Sie haben unterschiedliche Aufgabenschwerpunkte und bilden zusammen die **Grundstruktur eines CRM-Konzepts.**

Grundstruktur CRM-Konzept

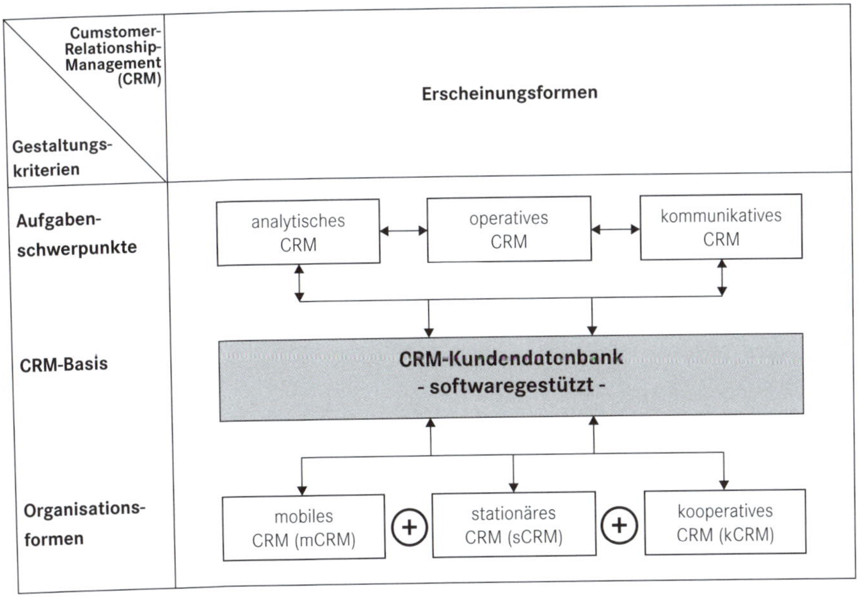

Grundstruktur eines CRM-Konzepts

Die folgenden Teilbereiche eines CRM-Konzepts mit ihren unterschiedlichen Aufgabenstellungen ergänzen sich gegenseitig. Sie sind von einem intensiven Informationsaustausch geprägt. Diese Verknüpfung der Daten und die damit gewonnene hohe Aktualität der Inhalte tragen entscheidend zur **Qualitätssicherung der Kundendatenbank** bei.

Analytisches CRM

1. **Analytisches CRM**

Durch Analysen von Kundenstrukturen, Kommunikations- und Kaufdaten im Zeitvergleich sollen **typische Kaufentscheidungsinformationen** gewonnen werden. Das betrifft u. a. Betriebs- oder Haushaltsgröße, Entscheidungsstrukturen (Einzel- oder Teamentscheidungen), Rollenträger (Status in der Organisation, Einfluss, Freizeitaktivitäten), Erwartungen bzgl. Mehrwertvorteilen (für die Organisation und für seine Person), Einstellungen zu Umweltentwicklungen (Nachhaltigkeit, Umweltschutz oder Regionalität der Versorgungsquellen), Finanzkraft und Kaufpotenzial, Bereitschaft für Wieder- und Zusatzkäufe, Kaufzeiten u. a. m. Werden diese Daten noch ergänzt mit externen Informationen (Branchen-, Wettbewerbs- und Konjunkturdaten), dann ergibt sich eine hohe und komplexe Informationsdichte als Basis für das operative CRM.

Operatives CRM

2. **Operatives CRM**

Die analysierten und kombinierten Daten aus der Kundendatenbank (z. B. Klassifikation in ABC-Kunden, ABC-Aufträge, Marktsegmente, Teilmarktstrukturen, Kaufanlässe) werden hier umgesetzt in konkrete, auf Zielgruppen und Zielpersonen ausgerichtete CRM-Aktivitäten. Solche verkaufsunterstützenden Maßnahmen sind z. B. personalisierter oder elektronischer Versand von Newslettern, postalischer Versand von Kundenzeitschriften, Nachfassaktionen bei Direktmarketings, das Einrichten von Service-Hotlines u. v. m. Die aus dem Kundenfeedback gewonnenen neuen Informationen verbessern die Aktualität und den Umfang des Datenbestands. Damit entsteht ein qualitätssteigernder **Informationsring** zwischen analytischem und operativem CRM; beide sind aufeinander angewiesen.

Interessant ist noch, dass CRM-Softwareanbieter um bis zu 40 % bessere Ergebnisse bei der Bearbeitung/Erledigung offener Angebote, hohe Produktivitätssteigerungen bei den Mitarbeitern sowie verbesserte Werte bei Kundenzufriedenheit und Kundenbindung „versprechen“.

Kommunikatives CRM

3. **Kommunikatives CRM**

Hier geht es um das Festlegen der Informationsempfänger, der Kommunikationsinhalte und der Kommunikationswege für kommunikationsbezogene CRM-Aktivitäten: „Wer soll mit welchen Informationen auf welchen Wegen versorgt werden, um bestimmte Verhaltensweisen zu erreichen?“ Da hier alle Kommunikationskanäle eingesetzt werden können und wegen des veränderten Kommunikationsverhaltens der Kunden auch eingesetzt werden sollten, ist diese Art des CRM als **„Multi-Channel-CRM“** zu konzipieren und umzusetzen (Näheres hierzu siehe Abschnitt 3.3.2 „Multi-Channel-Marketing entwickeln“). Besonderes Gewicht hat hierbei die Direktkommunikation über Telefon (fest oder mobil),

Fax, E-Mails oder Nutzung der Social-Media-Kanäle. Wichtig ist die persönliche Ansprache mit den Informationen, die für den Empfänger einen persönlichen Mehrwertvorteil haben. Das muss nicht immer einen Bezug zu den angebotenen Haupt- und Nebenleistungen des Anbieters haben. Manchmal erzielt man eine bessere (psychologische) Wirkung, wenn man z. B. Informationen zum Hobby des Empfängers sendet, die er sonst nicht erhalten hätte.

4. **Stationäres CRM (sCRM)**

Stationäres CRM

Diese Organisationsform besagt, dass die **CRM-Aktivitäten zentral** am Firmensitz des Unternehmens geplant und umgesetzt werden. Etwaige Außenstellen, wie Filialen, Niederlassungen, Verkaufsbüros oder Außendienst, können keine CRM-Maßnahmen durchführen. Sie verfügen nicht über die Berechtigung, obwohl deren (bessere) Kundenkenntnisse vor Ort manchmal zu anderen CRM-Aktivitäten führen würden als die von der Zentrale beschlossenen. Oftmals verfügen die Außenstellen nicht einmal über die Information, mit welcher Maßnahme der Kunde gerade aktiviert oder gepflegt wird. Diese „Besonderheit“ macht stationäres CRM nicht kundenorientiert und nicht besonders motivierend für die Mitarbeiter; es ist letztlich ineffizient. Heute ist mCRM die zeitgemäße Lösung.

5. **Mobiles CRM (mCRM)**

Mobiles CRM

Darunter versteht man, dass **operatives und kommunikatives CRM** über den **Einsatz mobiler digitaler Medien** wie Notebooks, Tablets und Smartphones durchgeführt wird. Das ermöglicht auch die Nutzung der Social-Media-Kanäle für CRM-Aktivitäten. Durch Vernetzung der Medien untereinander entsteht eine hohe Informationsdichte direkt beim Kunden vor Ort. Infolge der heute möglichen **Multi-Channel-Kommunikation** kann der Kunde entscheiden, wann er sich mit welchen CRM-Informationen befasst. Auch dieser Service erhöht die Kundenzufriedenheit.

Mobiles CRM ermöglicht ein **aktuelles und aktives CRM** mit situativ gebotenen Mehrwertvorteilen für den Kunden. Eine **dezentrale Umsetzung** von analytischen Ergebnissen aus einer **zentraler Datenbank** ist äußerst kundenfreundlich, höchst effizient und höchst motivierend für die Kunden und die eigenen Mitarbeiter.

CRM ist in der Ausprägung als mobiles CRM ein **hoch effizientes Instrument** zur Umsetzung der **„Strategie der sachlichen, räumlichen, zeitlichen und persönlichen Kundennähe“** (siehe Kapitel 1.5.3.2 „Profilierung über Kundennähe“).

Eine aktuelle Studie bei mittelständischen Unternehmen hat ergeben, dass diese beim Einsatz von mobilem CRM einen Nachholbedarf haben. Die großen industriellen Unternehmen und die besten mittelständischen Unternehmen setzen mobiles CRM in den Bereichen Vertrieb (63 %), Kundenservice (60 %) und bei Außendienstmitarbeitern (51 %) mit großem Erfolg ein. So haben und erwarten die befragten Unternehmen (in %) weitere **Vorteile** in Form von

Vorteile von mobilem CRM

- erhöhter Produktivität des persönlichen Verkaufs (77 %),
- verbesserten Kundenerlebnissen (74 %),
- gesteigerter Kundenzufriedenheit (73 %),
- kundenorientiert optimierten Prozessabläufe (73 %) sowie
- reduzierten CRM-Kosten (68 %).

Der Einsatz von mobilem CRM bringt echte Wettbewerbsvorteile, denn man kann auf Basis aktueller Datenbankinformationen direkt beim Kunden vor Ort aktive Überzeugungs- und Akquisitionsarbeit leisten.

Kooperatives CRM

6. Kooperatives CRM (kCRM)

Diese Organisationsform ist eine Weiterentwicklung des mobilen CRM. Hier sind Partner bei **gemeinsamen CRM-Maßnahmen** aktiv. Dies ist der Fall, wenn z. B. bei einem Exklusiv-Vertrieb oder bei einer Vertragswerkstätte der (Marken-) Hersteller sich an den CRM-Maßnahmen des Vertriebs- oder Servicepartners beteiligt (z. B. im Kfz- oder Steuerungsbereich). So könnte der Hersteller spezielle Maßnahmen zur Steigerung der Kundenzufriedenheit und der Kundenbindung für die Endkunden der Werkstätte bereitstellen und zusammen mit der Werkstätte umsetzen. Auch gemeinsame Aktionen zur Anregung von Wieder- oder Zusatzkäufen sind denkbar.

Kooperatives CRM bewirkt durch die Imagewirkung des (Marken-)Partners eine höhere Attraktivität bei den Endkunden und Motivationssteigerung bei den Mitarbeitern. Als weiterer Vorteil kommt die Kostenteilung hinzu.

6.2 Kundenzufriedenheit erreichen

6.2.1 Bedeutung und Ziele

Kundenzufriedenheit

Kundenzufriedenheit, Ziele

Kundenzufriedenheit ist der vom Kunden wahrgenommene Erfüllungsgrad seiner Erwartungen und Anforderungen in Relation zu den Zusagen und erhaltenen Leistungen und des Verhaltens des Unternehmens. Kundenzufriedenheit ist subjektiv und beeinflusst das Verhalten des Kunden gegenüber dem Unternehmen (einmaliger oder Wiederkauf) und gegenüber der Umwelt des Unternehmens (Empfehlungen oder Kritik in der Öffentlichkeit, bei Interessenten und potenzielle Kunden, z. B. in Social-Media-Plattformen und Foren). Kundenzufriedenheit verfolgt als **Ziele,**

- bei Kunden und Mitarbeitern Vertrauen in die Zuverlässigkeit des Unternehmens aufzubauen,
- Kunden in ihrer Kaufentscheidung zu bestätigen,
- Mitarbeiter für ihr kundenbezogenes Verhalten zu „belohnen“,
- positive Imagewirkung in der Öffentlichkeit zu bewirken,
- Kundentreue zu erhöhen,
- Kundenabwanderung zu verringern und nicht zuletzt
- Kundenbindung auszulösen.

> Kundenzufriedenheit ist ein strategischer Erfolgsfaktor!

Zufriedene Kunden

Vorteile

- **kaufen häufiger** und in größeren Mengen,
- **reagieren** auf Preiserhöhungen weniger sensibel,
- **können** leichter für Zusatzkäufe anderer Leistungen gewonnen werden,
- **zeigen** Begeisterungsfähigkeit für das Unternehmen,
- **wirken** als positive Imageträger,
- **lassen sich** für Empfehlungsmarketing **motivieren**,
- **erschweren** Mitbewerbern den Marktzutritt und das Wachstum,
- **verursachen** weniger Aufwand bei der Auftragsgewinnung,
- **reduzieren** die (hohen) Kosten der Neukundengewinnung und
- **signalisieren** langfristig ein hohes Markt- und Gewinnpotenzial für angepasste Unternehmensleistungen.

Dabei setzt sich Kundenzufriedenheit sowohl im B2C- als auch im B2B-Geschäft aus zwei **Komponenten** zusammen:

Komponenten

- **Erfüllungsgrad der sachlich Kundenanforderungen** an Leistungen und Service (fachliche Dimension; dominiert im B2B-Geschäft)
- **Engagement und Freundlichkeit** der Führungskräfte und Mitarbeiter im Verhalten gegenüber dem Kunden (psychologische Dimension; dominiert im B2C-Geschäft). Diese Komponente kann durch zusätzliche, einzigartige oder nicht erwartete Leistungen oder Services und persönliche Anteilnahme in ihrer Wirkung verstärkt werden.

Die „Zwei-Komponenten-Struktur“ gilt es bei der Bewertung und Messung der Kundenzufriedenheit zu beachten, wobei **Kundenzufriedenheitsmessungen**

Anforderungen an Zufriedenheitsmessungen

- **systematisch** (nicht zufällig spontane Befragung, sondern als Pflichtbestandteil der Steuerung und Kontrolle),
- **regelmäßig** (nicht einmalig, denn es sollen Veränderungen ermittelt werden),

- **inhaltlich umfassend** (nicht einzelne Bereiche, sondern der Eindruck von allen wesentlichen Leistungsbereichen ist gefragt),
- **differenziert nach Marktsegmenten** (Auswertung nicht für alle insgesamt, sondern z. B. nach Kundengruppen, Kundenbedeutung, Regionen o. Ä.),
- **bei Geschäftskunden differenziert nach Funktionen** (nicht nur Einkäufer, sondern z. B. zusätzlich Entwickler, Qualitätsbeauftragter oder Produktionsleiter, soweit stark kaufbeeinflussend),
- **mit Angabe der Bedeutung** (sehr wichtig, wichtig, weniger wichtig) des befragten Sachverhalts (z. B. Sauberkeit, Freundlichkeit, Kompetenz) für den Befragten

vorgenommen werden sollten, um brauchbare Informationen für spätere Maßnahmen zu erhalten. Denn je wichtiger der/die Kunden für die strategische Entwicklung des Unternehmens, desto differenzierter sollten die Ermittlungen und Bewertungen durchgeführt, ausgewertet und in zufriedenheitsbezogene Maßnahmen umgesetzt werden.

Eine einfache Checkliste zur Ermittlung der **Kundenzufriedenheitsmessung bei Privatkunden** zeigt die nachfolgende Abbildung:

Checkliste „Kundenzufriedenheitsermittlung bei Privatkunden“

7 Fragen zur Kundenzufriedenheit				
Dies interessiert uns: (bitte ankreuzen!)	☺ sehr zufrieden	😐 zufrieden	😐 weniger zufrieden	☹ gar nicht zufrieden
– Sie waren mit der Beratung vor der Auftragsvergabe ...				
– Sie waren mit der Zeitdauer bis zum Angebotserhalt ...				
– Sie waren mit der Qualität (Ergebnis) der erbrachten Leistung ...				
– Sie waren mit der Sauberkeit und Pünktlichkeit bei der Leistungserbringung ...				
– Sie waren mit der Betreuung (z.B. Information bei Terminproblemen) ...				
– Sie sind mit unseren Leistungen insgesamt ...				
– Was sollten wir verbessern? Vielen Dank für Ihre Unterstützung! ☺				

Ermittlung von Kundenzufriedenheit bei Privatkunden

Kundenzufriedenheit

Die **Kundenzufriedenheitsmessung bei Geschäftskunden** sollte wesentlich differenzierter erfolgen. Dies gilt besonders, wenn es sich um komplexe Leistungen (z. B. Zulieferung im Systemgeschäft) handelt, bei denen vom Lieferanten hoher Sachverstand und Engagement gefordert werden. Nachfolgend ein Beispiel für eine mögliche Gestaltung.

Checkliste „Kundenzufriedenheitsermittlung bei Geschäftskunden“

Fragebogen Kundenzufriedenheit

Kunde: ____________ Name der/s Befragten ____________ Produkt/Dienstleistung: ____________

	Wichtigkeit				Zufriedenheit			
	--	-	+	++	--	-	+	++
1. Preis/Leistung								
1.1 Preisgefüge								
1.2 Komplett-Angebot								
2. Qualität								
2.1 Produkt frei von Beanstandungen								
2.2 Funktionsfähigkeit								
2.3 Nutzen des Produkts								
2.4. Qualität								
3. Qualität des Service								
3.1 Erreichbarkeit der Mitarbeiter								
3.2 Regelmäßige Information über neue Produkte								
3.3 Zufriedenheit mit der Serviceleistung								
4. Beratung/Betreuung								
4.1 Fachwissen der Mitarbeiter								
4.2 Aufzeigen der Chancen								
4.3 Bestmögliche Betreuung								
5. Innovationsfähigkeit								
5.1 Innovationen beim Produktionsprogramm								
5.2 Innovationen bei Gerätefamilien								
5.3 Innovationen bei Multimedia								
6. Zusatznutzen								
6.1 Wettbewerbsvorteile gegenüber Konkurrenzfabrikaten								
6.2 Bessere Kundenbindung								
6.3 Unterstützung bei der Verbesserung des Betriebsergebnisses des Kunden								
7. Kompetente, motivierte Mitarbeiter								
7.1 Engagement der Mitarbeiter								
7.2 Flexibilität der Mitarbeiter								
7.3 Reaktionszeit bei Kundenanforderungen								

7.4 Verhalten bei Konflikten/Beschwerden								
7.5 Zusammenarbeit Kunden/Mitarbeiter								
8. Infrastruktur								
8.1 Wir erleben insgesamt eine gute Partnerschaft								
8.2 Wir erleben insgesamt eine gute Kundenorientierung								
Kritik/Anregungen/Empfehlungen:								

Bewertung von Kundenzufriedenheit bei wichtigen Geschäftskunden

Ergebnisdarstellung

Die Ergebnisse von **Kundenzufriedenheitsmessungen** können zusammengefasst werden zu generellen oder gegliederten, kommentierten oder unkommentierten

- Kundenzufriedenheitskennziffern,
- Kundenzufriedenheitsindex oder -indices,
- Kundenzufriedenheitsprofilen.

Um Kundenzufriedenheit zu erreichen und sicherzustellen, sind folgende strategisch bedeutsame Managementmaßnahmen einzusetzen.

6.2.2 Instrumente

- **Qualitätsmanagement**

Kundenzufriedenheit und CRM

Die Beurteilung von **Qualität im Sinne von „Null-Fehler“** bei Leistungen, Geschäftsprozessen und Verhalten von Führungskräften und Mitarbeitern eines Unternehmens spielt bei den **Bewertungen der Kundenzufriedenheit** eine zentrale Rolle. Dabei wird Qualität verstanden als „den Erwartungen des Kunden entsprechend“; ein höchst subjektiver, kein objektiver Begriff. Bei technischen Leistungen ist Qualität im Vergleich mit (DIN-)Normen oder Planvorgaben objektiv messbar. Bei den Geschäftsprozessen werden die Abläufe standardisiert und mit Prüfsiegel (z. B. „TÜV Rheinland geprüft“) versehen, sodass eine stets gleiche **„Null-Fehler“-Qualität der Abläufe** und der Ergebnisse erzielt werden sollte. Das „sollte“ zeigt an, dass **technische und vor allem menschliche Störfaktoren** wirken können, die zu Qualitätseinbußen und somit zu Defiziten bei der Kundenzufriedenheit führen. Diese durch permanente Überwachung zu verhindern ist **Aufgabe des Qualitätsmanagements.** Der Kunde beurteilt im Rahmen seiner Kunden-Lieferanten-Beziehung nicht einzelne Leistungen und Prozesse, sondern die Erfüllung der Gesamtheit seiner Erwartungen aus dieser Beziehung. Damit die vom Kunden gewünschte **„Null-**

Fehler"-Kundenbeziehung erreicht wird, sollte die gesamte Unternehmensorganisation im Aufbau und in den Geschäftsprozessen kundenorientiert ausgerichtet und „gelebt" werden:

> „Der Kunde mit seinen Bedürfnissen und Wünschen bestimmt das Denken und Handeln aller Führungskräfte und Mitarbeiter des Unternehmens."

Totales Qualitätsmanagement (TQM)

Zur Sicherstellung einer Null-Fehler-Kundenbeziehung ist daher ein umfassend **kundenorientiertes Qualitätssicherungs- und Qualitätsüberwachungssystem,** ein sog. „Totales Qualitätsmanagement" (TQM), erforderlich. Ein solches **kundenorientiertes TQM** bedeutet.

- **„T" = Total:** Umfassende Einbeziehung der Führungskräfte, der Mitarbeiter und der Geschäftsprozesse des eigenen Unternehmens, beim Kunden und bei den Lieferanten zur Sicherstellung einer kundenbezogenen „Null-Fehler"-Gesamtqualität in der Kundenbeziehung.
- **„Q" = Qualität:** „Null-Fehler"-Erfüllung der Anforderungen und Erwartungen des/der Kunden während der gesamten Geschäftsbeziehung, bis hin zum Wiederkauf.
- **„M" = Management:** Funktionsübergreifende Planungs- und Steuerungsaufgabe zum Erreichen, Sichern und Verbessern der kundenorientierten Qualitäten in den Prozessen sowie kundenbezogenes Teamdenken und Teamhandeln von Führungskräften und Mitarbeitern fordern und fördern.

Aufgaben TQM

Für die Kundenzufriedenheit sind die wichtigsten **Aufgaben des TQM** hinsichtlich Marktleistungen, Marketingaktivitäten, Marketingprozessen und kundenbezogenem Verhalten der Mitarbeiter:

- **Qualitätsverbesserung:** Unter Einbeziehung der Mitarbeiter soll mithilfe von betrieblichem Vorschlagswesen (BVW), kontinuierlichen Verbesserungsprozessen (KVP) oder speziellen Qualitätszirkeln eine Optimierung bei kundenbezogenen Leistungen, Prozessen und Verhalten erreicht werden.
- **Qualitätssicherung:** Mit Steuerungsmaßnahmen zur Sicherstellung der kundenbezogenen Qualität bei Leistungen, Prozessen und Verhalten (z. B. „Null-Fehler-Programme im Marketing") soll bei Kunden und Mitarbeitern Vertrauen, Identifikation und Loyalität geschaffen werden.

Qualitätsverlust

Jeder **Qualitätsverlust** ist eine **reale Belastung** (Mehrkosten zur Ersatzbeschaffung und zur künftigen Qualitätssicherung). Es ist auch eine **psychologische Belastung** der bisherigen Kundenbeziehungen (Vertrauen- und Imageverlust beim Kunden). Außerdem belasten Qualitätsdefizite die Kundenzufriedenheit und können

gefährdete Geschäftsbeziehungen auslösen. **Frühindikatoren** liefert das analytische CRM mit folgenden Alarmsignalen für das operative CRM:

Frühindikatoren

- Bestellrhythmus verändert sich,
- Auftragsvolumen stagniert oder geht zurück,
- Kunde reagiert nicht auf Kontakte (telefonisch, elektronisch oder persönliche Anschreiben),
- Kunde sagt Termine mehrfach ab oder nimmt sie nicht wahr,
- Anfragen oder Angebote bleiben ohne Reaktion/unbeantwortet,
- Kunde verleugnet sich bei Kundenbesuch oder
- Kunde lässt nachgeordnete Mitarbeiter ohne Kompetenz agieren.

Die hier in der Kundenbeziehung aufgetretenen Störungen zeigen, dass das TQM nicht funktioniert hat. Hier müssen Reklamations- und Beschwerdemanagement aktiv eingreifen, um den Abbruch der Geschäftsverbindung zu verhindern.

Jede Störung in der Kundenbeziehung zeigt dem Kunden, dass man keinen „guten Job“ gemacht hat. Die Folgen sind Reklamationen und Beschwerden, was nicht nur zu höheren Kosten und Imageverlust führt. Das gilt es dann durch verstärkte CRM-Aktivitäten zu korrigieren; es entstehen erhöhte „Reparaturkosten“.

- **Reklamationsmanagement**

Reklamationsmanagement

Auch im betrieblichen Alltag gilt: „Nobody is perfect“, überall können Fehler passieren. Wichtig ist, dass diese Qualitätsmängel umgehend und möglichst vollständig beseitigt werden, bevor sie zu einer tiefgreifenden Kundenunzufriedenheit führen. Dies zu verhindern ist Aufgabe des **Reklamationsmanagements.** Es plant, realisiert und überwacht alle Maßnahmen, die zu einer raschen und den Kunden zufriedenstellenden Beseitigung des Mangels führen. Dabei spielt es keine Rolle, ob die Ansprüche auf Fehlerbeseitigung auf einer gesetzlichen oder vertraglichen **Garantiezusage** basieren oder aus **Kulanz** erfolgen.

Wichtig ist, dass Kunden voll und ganz zufrieden sind und es zu keiner Beschwerde kommt, die zu strategisch wirkenden Imageverlusten (z. B. durch negative Äußerungen auf Social-Media-Plattformen), Kundenverlust und auch zum Verlust von potenziellen Kunden führen kann.

Die **Organisation** des Reklamationsmanagements sollte folgenden Anforderungen gerecht werden:

- ein Ansprechpartner für den Kunden (One-to-one-Kontakt),
- permanente Erreichbarkeit (während der Geschäftszeiten auf allen Kommunikationskanälen),
- zeitnahe Reaktion und Erledigung (Kunde erwartet rasche Antwort),

- umfassende Erläuterung und Beratung mit dem Kunden (Ursachenanalyse),
- Einhaltung des Zeitpunkts/Zeitraums zur Mängelbeseitigung,
- keine neuen Probleme für den Kunden bei der Mängelbeseitigung,
- problemlose Rückabwicklung, falls erforderlich,
- Qualitätssicherung bei der Reklamationsbearbeitung eingebaut,
- Verknüpfung mit dem Marketingreporting sicherstellen,
- Abschlussgespräch des Ansprechpartners mit dem Kunden,
- Kundenzufriedenheit erfragen und auswerten,
- kleine Zugaben als Belohnung für die erlittenen Unannehmlichkeiten.

Reklamationen sind die sachlich-fachliche Seite von Qualitätsmängeln. Beschwerden sind die eher psychologisch begründeten Komponenten einer Kundenunzufriedenheit.

Beschwerdemanagement

- **Beschwerdemanagement**

Kundenbeschwerden ergeben sich aus dem psychologischen Erleben von (1) Qualitätsmängeln bei Leistungen, Prozessen oder Verhalten von Mitarbeitern oder Führungskräften und (2) einem meist sehr gravierenden, negativen Erleben der Mängelbeseitigung. Beschwerden sind Ausdruck großer Verärgerung und können bei starker Kommunikation in der Öffentlichkeit (z. B. über Social Media) sehr schnell strategische Negativwirkungen auslösen. Dagegen ist operativ mit einem gut organisierten **Beschwerdemanagement** vorzugehen. Wichtige **Ziele** sind

Ziele

- Verbesserung des Kundenservice (zeitnahes Befassen mit der Beschwerde),
- Beruhigen und emotionale Positivstimmung beim Kunden erzeugen,
- Minimierung der Negativwirkungen durch unzufriedene Kunden,
- Vermeiden und Reduzieren von Fehlverhalten und weiteren Kosten,
- Nutzung der Beschwerdeinformationen zur Qualitätsverbesserung und Qualitätssicherung generell und im Marketing speziell.

Gezieltes Beschwerdemanagement hat stark emotionale Wirkung bei betroffenen Kunden. Es stärkt das Gefühl der Verbundenheit mit dem Unternehmen („Da werde ich ernst genommen. Da kümmert man sich um mich!"). Kunden, deren Beschwerden zu ihrer Zufriedenheit gelöst wurden, sind - so die Erfahrungen - dauerhaft loyaler als solche, die nie Anlass zu einer Beschwerde sahen oder hatten.

Die 10 „goldenen Regeln" bei der Behandlung von Beschwerden

1. Bewahren Sie Ruhe!
2. Hören Sie erst einmal nur zu!
3. Lassen Sie den Kunden ausreden!
4. Zeigen Sie Verständnis!
5. Bleiben Sie stets sachlich!
6. Fühlen Sie sich nicht persönlich angegriffen!
7. Seien Sie freundlich!
8. Machen Sie sich Notizen!
9. Bieten Sie eine angemessene Entschuldigung an!
10. Melden Sie den Vorfall intern, damit Maßnahmen eingeleitet werden können!

Goldene „Regeln" des Beschwerdemanagements

Die 10 „goldenen Regeln" für erfolgreiches Beschwerdemanagement

Kunden, deren Beschwerden gut gelöst wurden, zeigen danach eine größere Bereitschaft zur Kundenbindung und zur positiven Kommunikation über das Unternehmen in der Öffentlichkeit. Deshalb sollte die **Organisation** des Beschwerdemanagements folgenden **Anforderungen** gerecht werden:

Anforderungen/Organisation

- Eine Kontaktstelle (Verantwortliche/r) für Beschwerden deutlich machen.
- Freundliche, höfliche Annahme und Dokumentation der Beschwerde.
- Kompetentes Zuhören und Fragen macht den Beschwerdegrund erkennbar.
- Zeitnahe Bearbeitung und Rückfragen bei betroffenen Personen.
- Kundengerechte Lösung des Beschwerdeproblems.
- Verknüpfung mit dem Marketingreporting herstellen.
- Gespräch des Verantwortlichen oder des Chefs mit dem Kunden über die Problemlösung.
- Nutzung der Beschwerdeinformation zur Qualitätsverbesserung.
- Anerkennung des Kundenengagements durch „Zugaben".

Beschwerden sind **Ausdruck einer persönlichen und psychologischen Unzufriedenheit** des Kunden. Aber nicht jede Unzufriedenheit wird zur Beschwerde; meist kommt es zu einer vom Kunden nicht angekündigten Abwanderung. Das lässt dem Unternehmen keine Chance, sich zu dem Vorfall zu erklären und den (Image-)Schaden zu beheben. Um das zu vermeiden, sind Kunden ausdrücklich zur **Beschwerdeführung** aufzufordern. Ohne Kenntnis eines Beschwerdegrunds wird

Beschwerdewege

meist auch nichts am Qualitätsmanagement verbessert, obwohl dies erforderlich wäre. Mögliche **Beschwerdewege** sind:

- persönliche, schriftliche oder elektronische Information eines persönlichen Ansprechpartners mit Entscheidungskompetenz
- Hotlines als Free-Call-Einrichtungen (z. B. 0180-/0190er-Telefonnummern) mit direktem Anschluss zum Ansprechpartner
- Call-Center-Lösungen (problematisch bei mangelnder Entscheidungskompetenz des Ansprechpartners)
- schriftliche Meldung über Homepage/E-Mail
- Nutzung einer auf der Homepage genannten Beschwerdehotline.

Egal welchen Weg man wählt, wichtig ist die Herbeiführung einer raschen und kompetenten, den Kunden zufriedenstellenden Lösung. Bei sehr gravierenden Fällen oder bei strategisch wichtigen Kunden haben Zugaben (soweit steuerlich zulässig), z. B. in Form von Blumengebinden, Kino-, Theater- oder Konzertkarten emotional positive Wirkungen. Diese wird noch verstärkt, wenn sich der Chef persönlich um eine kundenorientierte Regulierung kümmert. Dieses **„Kümmern“ und „Versprechen“**, die Schwachstelle zu beseitigen, werden kundenseitig erwartet.

Ein gut organisiertes und gut praktiziertes Beschwerdemanagement kann durch die damit ausgelösten positiven Impulse durchaus ein wirksames Instrument zur Kundenbindung werden.

6.3 Kundenbindung anstreben

6.3.1 Anlässe und Ziele

Kundenbindung durch CRM

Durch Kundenbindung soll bei zufriedenen Kunden eine weiterreichende **psychologische Bindung** an das Unternehmen aufgebaut werden. Kunden sollen zu **begeisterten Kunden** werden, die nicht nur Gutes über das Unternehmen sagen, sondern darüber hinaus aus Überzeugung meist auch potenzielle Kunden für das Unternehmen zu gewinnen versuchen. Zur Aktivierung der Kunden in dieser Richtung gibt es dazu im operativen CRM spezielle Aktionen wie das **„Empfehlungsmarketing“** – Kunden werben Kunden! Dieses Ziel ist in sozialen Medien relativ leicht zu erreichen, denn dort glaubt man Aussagen (und Empfehlungen) von vertrauenswürdigen Kommunikationspartnern mehr als den Werbeaussagen der Unternehmen.

Empfehlungsmarketing

Um das Ziel langfristiger **Kundentreue** zu erreichen, erhalten diese Kunden viele und vielfältige „Zuwendungen“ mit hohen emotionalen Mehrwertvorteilen. Es sind oftmals Leistungen, die in dieser Art nicht auf dem Markt erhältlich sind. Sie sind einzigartig und erhöhen somit die Attraktivität dieser Geschäftsbeziehung für den/

die Kunden. Das sicherzustellen ist eine der Hauptaufgaben des operativen CRM, das auch für die quantitative Entwicklung dieser speziellen Kundengruppe verantwortlich ist.

Da die zur Kundenbindung erforderlichen Maßnahmen ebenfalls mit Kosten verbunden sind, sollte man sich nicht um alle Kunden und auch nicht um Kundenbindung „um jeden Preis" bemühen. Als **Stammkunden** sind **„gute Kunden"** von besonderem Interesse, denn sie

Stammkunden

- sind auftragsbezogen rentabel,
- geben sich loyal und wenig(er) preissensibel,
- haben für das Unternehmen Umsatz-, Wachstums- und Gewinnpotenzial,
- besitzen Innovationspotenzial - auch für ihre Lieferanten,
- eignen sich als Referenzkunden,
- harmonieren mit den betrieblichen strategischen Zielsetzungen,
- pflegen eine offene, vertrauensvolle Kommunikation,
- zeigen eine geringe Wechselneigung,
- möchten eine beidseitige Mehrwert-Geschäftsbeziehung.

Solche „guten Kunden" sollen durch bewusstes **Beziehungsmanagement**, auch **Customer Relationship Management (CRM)** genannt, zu einer Bindung an das Unternehmen veranlasst werden. CRM integriert und optimiert alle kundenbezogenen Leistungs- und Kommunikationsprozesse zwischen Unternehmen und Kunde. Hierzu werden alle Daten über den Kunden (Marktforschung) und aus den bisherigen Geschäftsbeziehungen (Marketingreporting) gesammelt, aktualisiert und ausgewertet. Es werden Kundenprofile erarbeitet, um entscheidungsrelevante Verhaltensmuster, Kundenpräferenzen und kundenspezifische Möglichkeiten der Beeinflussung zu erkennen.

Beziehungsmanagement (CRM)

Checkliste „Strategische Kundenbindung schaffen“

Strategische Kundenbindung			
Prozesse und Maßnahmenbündel entwickeln	Erfüllung		
	ja	teilweise	nein
	3	2	1
1. Unsere Ziele und Strategien stimmen wir gemeinsam mit unseren Kunden ab.			
2. Die langfristige Bindung unserer Kunden an unser Unternehmen ist uns wichtig.			
3. Allianzen und Kooperationen mit Kunden aufbauen – das ist ein zentrales Element des Unternehmens.			
4. Kunden sind die besten Verkäufer, das nutzen wir.			
5. Außergewöhnlichen Nutzen zu stiften ist unser erklärtes Motto.			
6. Der höchste Grad an Kundenorientierung ist unser Ziel.			
7. Der Grundsatz „Kein alter Kunde darf verloren gehen“ ist unser Leitmotiv.			
8. Permanentes Vorausdenken für unsere Kunden ist uns selbstverständlich.			
9. Sehr hohe Austrittsbarrieren für Kunden zeichnen unser Unternehmen aus.			
10. Und auch sehr hohe Eintrittsbarrieren für Mitbewerber charakterisieren unser Unternehmen.			
Gesamtpunktzahl (max. 30 P.):			
Eigene Anmerkungen:			

Checkliste „Strategische Kundenbindung bei komplexen Leistungen“

6.3.2 Bindungsmaßnahmen

Maßnahmen zur Kundenbindung

Zum Aufbau einer Kundenbindung sind besonders geeignete **Maßnahmenbündel:**

- Sicherung der Kundenzufriedenheit (TQM),
- wertvolle Kundenvorteile (sog. „Mehrwert-Services“),
- Festigung von persönlich geprägten Geschäftsbeziehungen,
- wirtschaftliche und soziale Vorteile für treue Kunden,
- Aufbau von Wechselbarrieren für Kunden.

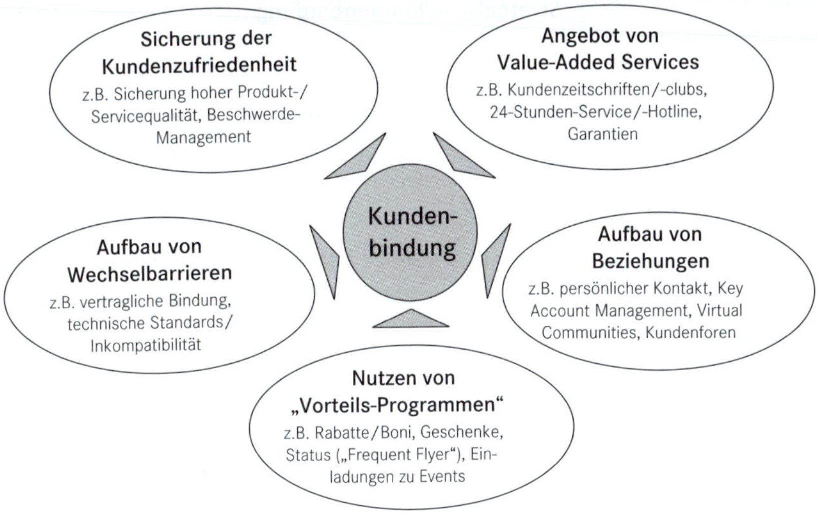

Maßnahmen zum Erreichen von Kundenbindung

Diese Maßnahmen müssen geeignet sein, folgende **Ziele** zu erfüllen:

Kundenbindung - Ziele

- Gewährleistung eines permanenten Kontakts zum Unternehmen,
- Steigerung der Identifikation des Kunden mit dem Unternehmen und dessen Leistungen,
- Erhöhung der Kundenmotivation zu fortdauernden Wieder-, Ersatz- und Zusatzkäufen bei gleichen und anderen Leistungen des Unternehmens.

Aus der Vielzahl der möglichen Maßnahmen zur Kundenbindung werden folgende Instrumente als **besonders wirksam** eingesetzt:

Kundenzeitschriften

- **Kundenzeitschriften**

Durch spezielle Informationen über neue Leistungen, neue oder verbesserte Einsatzmöglichkeiten und Trendinformationen über die Branche sind Kundenzeitschriften für Kunden leistungsbezogen wertvoll. Sie werden heute in **Papierform** und **vermehrt online** (Internet, E-Mail) bereitgestellt. Ziel ist es, über Fachbeiträge mit Anfragekarten, sonstige attraktive Beiträge (Reisen, Mode, Kultur) mit Kontaktadressen, Hotline-Nummern oder E-Mail-Adressen den Kunden einen fortlaufenden Dialog mit den Experten zu ermöglichen.

- **Kundenhobby-Newsletter**

Newsletter, die sich mit den Hobbys der Kunden befassen, können rein informativer Art mit umfangreichen Background-Informationen sein, die nicht auf dem Markt erhältlich sind. Auch Videos oder Videoclips können z. B. als Podcast durch das Unternehmen im Internet bereitgestellt und mit einem Zugangscode vom Kunden jederzeit abgerufen werden. Ein Service mit sehr hohem persönlichem Mehrwertvorteil.

- **Kundenkarten**

Kundenkarten sind im Privatkundengeschäft sehr verbreitet. Sie bieten einen hohen „Mehrwert-Service“. Dieses Instrument ist durch seine Anreizfunktion als **Zahlungsinstrument** (Bank- oder Kreditkarte), als **Rabatt- oder Bonuskarte** (Preisnachlass- oder Rabattsammelkarte) oder als **Berechtigungskarte** (Mitgliedskarte) für den Kunden bequem, wirtschaftlich und sozial vorteilhaft wie auch wertvoll.

- **Kundenklubs**

Hierbei handelt es sich um eine ganz spezielle, aber sehr wirksame Kundenbindungsmaßnahme im Privatkundengeschäft. Als Klubmitglied wird eine sehr persönliche Bindung zum Unternehmen aufgebaut. Man könnte fast sagen, der Kunde gibt sich als „Fan“ des Unternehmens zu erkennen, für den die emotionalen und ökonomischen Vorteile aus dieser Geschäftsbeziehung sehr wertvoll sind. Für die Zielgruppe werden u. a. kulturelle Events (z. B. Konzerte, Musicalbesuche, Opernaufführungen o. Ä.) angeboten.

Solche Kundenklubs werden auch zunehmend für ausgewählte Geschäftskunden eingerichtet, um eine Plattform für die Diskussion künftiger technischer Entwicklungen und Anwendungen zu schaffen (z. B. als **„Techno Circle“**). Diese Klubmitglieder sind in aller Regel auch die Erstkäufer von Innovationen, da sie mitunter in die Entstehung eingebunden waren und von der Leistungsfähigkeit des Geschäftspartners überzeugt sind. Klubmitglieder sind begeisterte Kunden, die sich durch hohe Identifikation mit dem Unternehmen und dessen Leistungen auszeichnen. Diese Exklusivität erhöht den sozialen Status der Klubmitglieder und ist auch daher sehr wertvoll für den Kunden.

> Nachhaltiges CRM sichert den Kundenbestand und damit langfristig Umsatz, Gewinn und Weiterentwicklung des Unternehmens.

Welche zentrale Position „Kundenbindung“ in einem Marketingkonzept einnehmen kann, zeigt folgendes Beispiel von FESTO:

Beispiel:
„Die FESTO AG & Co. KG, Esslingen, weltweit führender Hersteller in pneumatischen Produkten und Steuerungen, sieht **Service und direkten Kundenkontakt als die zentralen Elemente für Kundenbindung:** Persönlicher Kontakt findet bei FESTO nicht nur während der kontinuierlichen Kundenbetreuung statt, sondern auch im Rahmen des Angebots an Training & Consulting. Darüber hinaus stellt ein länderspezifisches Messe- und Veranstaltungsprogramm - bestehend aus Messen, themenbezogenen Fachtagungen und Kundenworkshops - eine effektive Art der Kundenbindung sicher. Wir versuchen unsere Kunden an den entscheidenden Kontaktpunkten mit unserem Produkt- und Serviceangebot zu begeistern - über die Begeisterung an den sogenannten ‚Moments of Truth‘ - den Momenten der Wahrheit - erreichen wir die langfristige Kundenbindung.“

Beispiel für eine Handlungssituation

Fallbeispiel „Kundenzufriedenheit verbessern“

Rollladenbauer Emil Schattig hat in seinem Betrieb zehn angestellte Mitarbeiter, davon sind acht im Außendienst als Monteure tätig. Bei Bedarf werden diese noch von drei bis vier Teilzeit-Beschäftigten unterstützt. Seine Leistungspalette umfasst Verkauf, Reparatur und Wartung von Rollläden, Markisen, Rollgitter- und Garagentoren bei Privatkunden (Umsatzanteil 70 %) und Geschäftskunden (30 %) aus Industrie, Handel und Gewerbe. Die Auftragslage ist gut, und - so sein Eindruck - die Kunden scheinen mit der gebotenen Qualität zufrieden zu sein; beschwert hat sich bei ihm noch niemand. Sein Stellvertreter (Leiter der Arbeitsvorbereitung) war beim letzten Gespräch sehr mürrisch.

Auf Nachfrage gab er an, dass er sich wegen immer mehr Beschwerden sehr geärgert hat, denn laut den Monteuren ist immer alles in Ordnung. Emil Schattig wusste davon nichts. Es wurde ihm auch nicht gemeldet, dass die Reklamationen in letzter Zeit ebenfalls zugenommen hatten. Man wollte ihn damit nicht belästigen. „Das lässt sich nicht vermeiden, das gehört zum Geschäft“, meinte sein Stellvertreter. Er hat keine Erklärung für die Zunahme, da in den Abschlussprotokollen zwar eine verbindlich auszufüllende Rubrik „Besonderheiten/Kundenverhalten“ vorhanden ist, er aber dort meist keine Vermerke findet.

Emil Schattig findet diese Informationen leicht alarmierend, denn zufriedene Kunden melden keine Reklamationen und führen auch keine Beschwerden. Er fürchtet um das Qualitätsimage seiner Firma und entschließt sich zu einer Ursachenanalyse, um Informationen für Verbesserungen im Kundenmanagement zu bekommen. Emil Schattig will von Ihnen Antworten und Vorschläge auf folgende Fragen:

Situationsbezogene Fragen:

- Wie können Reklamationen und Beschwerden so aussagekräftig erfasst und bewertet werden, dass sie als Informations- und Steuerungsinstrument taugen?
- Ist eine weitergehende Kundensegmentierung unter diesen und Marketinggesichtspunkten sinnvoll? Wie könnte diese aussehen?
- Wie könnte die Kundenzufriedenheit ohne großen Aufwand ermittelt und gemessen werden?
- Was könnte/sollte Emil Schattig tun, um die Kundenzufriedenheit wieder zu festigen und weiter zu erhöhen?
- Worauf sollte Emil Schattig bei „Verbesserung der Geschäftsprozesse und der Ergebnisse" besonderes Gewicht legen?
- Wie könnte das Reporting im neuen Kundenmanagement aufgebaut und praktikabel organisiert werden?

7. Verkaufsgespräche zielführend gestalten

Lernziele und Kompetenzen

Die folgenden Ausführungen sollen Sie befähigen, strategisch bedeutsame Verkaufsgespräche zielführend zu gestalten. Dabei geht es sowohl um Einkaufs- wie auch Verkaufsgespräche im B2B- und im B2C-Bereich. Es betrifft die Gesprächsvorbereitung, die Gesprächsführung und die Gesprächsnachbereitung. Sie erwerben die Kompetenz,

- Einzel- und Gruppengespräche im B2C- und B2B-Geschäft zu gestalten,
- die Rollen im Kaufprozess zu erkennen und zu berücksichtigen,
- Instrumente zur Gesprächsgestaltung zielgerecht einzusetzen und
- die wichtigsten Gesprächs- und Verhandlungstechniken erfolgreich anzuwenden.

Handlungssituation

Fallbeispiel „Verkaufsgespräch gestalten"

Fliesenlegermeister Peter Schön hatte vor ca. einer Woche ein Verkaufsgespräch bei einem neuen (Privat-)Kunden, dem ein Bekannter die Fa. Schön empfohlen hat. Es ging um neue Fliesen für zwei Bäder, zwei WC, Küche und Waschraum im UG eines Einfamilienhauses (Altbau); ein volumenmäßig interessanter Auftrag.

Der Kunde hat bei der telefonischen Terminvereinbarung auf einen raschen Besuchstermin gedrängt und gleich angesprochen, dass er am liebsten großflächige Fliesen aus Italien, wo er jedes Jahr seinen Urlaub verbringt, verlegt haben möchte. Um dem Kundenwunsch zu entsprechen, hat Peter Schön den Besuch auf den nächsten Tag, 12.00 Uhr (in seiner Mittagspause) zugesagt, was der Kunde sehr begrüßte.

Zum Gespräch kam er direkt von der Arbeitsstelle in seiner Arbeitskleidung (strapaziert und „etwas" verschmutzt), zum Umziehen hatte er keine Zeit. Seine Gesprächsvorbereitung bestand darin, dass er seine „5 Sinne", Meterstab, Notizblock, Visitenkarten und Flyer als ausreichende Verkaufsunterlagen mitgenommen hatte. Nach der Begrüßung wurden sofort die Räume besichtigt, aber keine Maße aufgenommen. Es zeigte sich, dass das Eltern-Bad, Küche und Waschraum großräumiger und hochwertig ausgestattet waren. Die anderen Räume waren kleiner.

Der Kunde wollte das anschließende Gespräch in Ruhe führen (auf einer Sitzgruppe), was Peter Schön sofort – mit Hinweis auf seine knappe Zeit – ablehnte. Also fragte der Kunde stehend nach der Meinung von Peter Schön zu den Räumen und seinem Wunsch nach italienischen Fliesen. Schön erklärt, dass solche Fliesen hochwertig und hochpreisig seien und wegen ihrer Größe nicht leicht zu verarbeiten sind. Kleinere Maße seien da besser, aber ... „wenn Sie das wünschen, dann machen wir das!" Anschließend wollte der Kunde weitere Details wissen, u. a. Abmessungen, Farben, Pflegeleichtigkeit der Fliesen, deren Lieferzeiten sowie Beginn und Ausführungszeit durch die Fa. Schön. Peter Schön blickte auf seine Uhr. Er beantwortete die Fragen nicht unhöflich, aber allgemein und kurz; musste er doch so schnell wie möglich wieder auf die Baustelle. Leicht nervös beendete Peter Schön das Gespräch mit einer Einladung in sein Fliesenstudio und zu einem Abschlussgespräch. Zu einer Terminvereinbarung würde er sich rasch wieder melden. Gestern hat Peter Schön beim Kunden angerufen. Dessen leicht säuerliche Reaktion war: „Danke, das hat sich für Sie erledigt!"

Den ganzen Vorgang hat Ihnen nun Peter Schön erzählt. Er ist enttäuscht. Er weiß, dass das Gespräch nicht optimal gelaufen ist, aber der Kunde hätte ja auch etwas mehr Verständnis für seine Situation zeigen können. Er ist ja sofort zum Gespräch gekommen; er hätte den Termin ja auch auf später oder auf Samstagmittag legen können. Schade ...

Peter Schön will aus Fehlern lernen und bittet Sie um eine Gesprächsanalyse. Welche Verbesserungen schlagen Sie vor, damit Peter Schön seine Kundengespräche künftig mit Aussicht auf bessere Ergebnisse führen kann?

Situationsbezogene Fragen

- Wie legen Sie die Gesprächsanalyse an? In welche Teile würden Sie ein Verkaufsgespräch (Erstkontakt bis Rechnungsstellung) gliedern?
- Peter Schöns Gesprächsunterlagen waren doch ausreichend, oder?
- Was ist beim Gespräch im Haus des Kunden falschgelaufen?
- Lief der Gesprächsteil von Peter Schön entsprechend der AIDA-Formel?
- Hat Schön die „Techniken der Gesprächsführung" verwendet?
- Wurden die Instrumente zur Gesprächsgestaltung richtig eingesetzt?
- Ist an der Gesprächsnachbereitung etwas zu bemängeln? Was sollte hier geändert werden?
- Wie könnte eine Checkliste „Null Fehler im Verkaufsgespräch" als Planungs- und Steuerungsinstrument für Peter Schön aussehen?

7.1 Verkaufsgespräche vorbereiten

7.1.1 Begriffe

Unter Verkaufsgespräch wird im Folgenden nicht ein einzelnes Gespräch verstanden. **Verkaufsgespräch** wird hier als **Sammelbezeichnung** verwendet für alle Gesprächsarten (z. B. Informations-, Beratungs-, Abschluss- und Betreuungsgespräche), die ein Verkäufer im persönlichen Verkauf mit seinen Kunden führt.

Verkäufer und Kunde stehen stellvertretend für **Einzelpersonen** wie auch für **Personengruppen** (z. B. Verkaufs-, Einkaufs-, Entwicklungs- oder Service- oder gemischte Teams).

Persönlicher Verkauf

Persönlicher Verkauf bezeichnet „Face-to-face-Situationen" zwischen Verkäufer und Kunde (Teil des Direktmarketings).

Gespräche sind in aller Regel **Verhandlungen auf Dialogbasis,** bei denen durch überzeugende, emotional unterstützte Einwandbeseitigung versucht wird, in einem (mehreren) Gespräch(en) das gesteckte Gesprächsziel zu erreichen. Falls nicht, sollten für beide Seiten tragbare Kompromisse erzielt werden.

Die Gestaltung/Ausprägung der jeweiligen „Verkaufsgespräche" nach Form und Inhalt erfolgt nach den Gesprächszielen von Kunde und Verkäufer, dem Rollenverständnis, den Persönlichkeitsstrukturen und sozialen Kompetenzen der beteiligten Personen sowie den situativen Rahmenbedingungen.

Phasenaufbau eines Verkaufsgesprächs

Erfolge im persönlichen Verkauf sind das Ergebnis intensiver gegenseitiger Beeinflussung und Willensbildung in Verhandlungen. Dabei ist organisatorisch ein **3-Phasen-Aufbau der Verkaufsgespräche** sinnvoll.

Organisatorischer Gesprächsaufbau in 3 Prozessphasen

(1) Gv = Gesprächsvorbereitung

Gesprächspartner analysieren; Ziele und Inhalte festlegen; Unterlagen bereitstellen; Kundenvorteile zusammenstellen; Argumente für kundenspezifischen Mehrwert herausarbeiten.

(2) Gf = Gesprächsführung

Kundenpersönlichkeit und fachliche und soziale Kompetenz erkennen; Rolle des Gesprächspartners im Kaufprozess herausfinden; gezielter Einsatz der Instrumente sprachlicher und nicht sprachlicher Kommunikation.

(3) Gn = Gesprächsnachbearbeitung

Ergebnis- und Ablaufanalyse des Gesprächs durchführen; Gründe für Erreichen und Nichterreichen des Gesprächsziels dokumentieren; Besonderheiten im Gespräch bewerten; schriftlichen Bericht erstellen und weiteres Vorgehen vorschlagen.

Für die Gestaltung und Organisation der Gesprächsvorbereitung können die Tipps der Unternehmensberaterin Dr. Unkel, Schweiz, sehr hilfreich sein:

Vermeiden Sie typische Fehler:

- Oft werden nur Termine geplant, nicht aber die Vor- und Nachbereitung dafür. Auch Zeit zum Nachdenken wird selten berücksichtigt. Dabei kommen Gründlichkeit und Kreativität unter die Räder.
- Vergessen Sie nicht, dass auch für die Abstimmung mit Kollegen, für Management- und Steuerungsaufgaben Zeit eingeplant werden muss.
- Es ist ein Fehler, Telefonate nicht zu notieren und nicht gebündelt abzuarbeiten.
- Verwechseln Sie eine To-do-Liste nicht mit echter Planung. Das ist sie nur dann, wenn darauf Deadline und Zeitaufwand vermerkt sind.
- Verkehrt ist es auch, den Tagesplan erst morgens im Büro zu erstellen. Besser ist es, schon am Vorabend den nächsten Arbeitstag zu planen – dann können Sie danach auch beruhigt abschalten. Falls es eng wird, ist es ratsam, eine Stunde früher ins Büro zu gehen, als am Morgen sofort in den Krisenzustand versetzt zu werden.

Die weiteren Ausführungen sind nach dem organisatorischen Ablauf eines Verkaufsgesprächs gegliedert.

7.1.2 Situationsanalyse

- **Komplexität des Verkaufsgesprächs**

Komplexität von Verkaufsgesprächen

Die Struktur eines Verkaufsgesprächs wird zunächst durch die **Komplexität des Verkaufsobjekts** bestimmt. Hier sind einfache Leistungen (Verbrauchsgüter oder Dienstleistungen), komplexe Leistungen (Gebrauchs- oder Investitionsgüter mit Serviceleistungen) oder hochkomplexe Leistungen (Sach-Dienstleistungs-Systeme oder Projekte) zu nennen. An deren Verkauf sind Käufer und Verkäufer als Einzelpersonen oder in Form von Kauf- und Verkaufsteams beteiligt. Daraus ergibt sich eine unterschiedliche **Komplexität der Verkaufsgespräche**, wie folgende Darstellung zeigt:

Leistungstyp und Komplexität des Verkaufsgesprächs (Gesprächshäufigkeit)	**Anzahl der Gesprächspartner beim ...**	
	Verkäufer	**Käufer**
einfache Leistung: einfache Gespräche (oft einmalig)	1 Person	1 Person
komplexe Leistung: komplexe Gespräche (mehrere)	1 Person Verkaufsteam	Kaufteam 1 Person
hochkomplexe Leistung: hochkomplexe Gespräche (sehr oft)	Verkaufsteam	Kaufteam

Dies prägt den Inhalt und Aufbau des Verkaufsgespräches oder der zu führenden Teilgespräche. Sind mehrere Personen/Teams beteiligt, ist es zur Koordination der internen und externen Kommunikationsbeziehungen vorteilhaft, **auf beiden Seiten** einen **verantwortlichen Verhandlungsführer** (z. B. als Projektleiter) zu benennen.

- **Verkaufssituationen**

Verkaufssituationen

Einen weiteren hohen Einfluss auf die Gestaltung und die inhaltlichen **Schwerpunkte im Verkaufsgespräch** hat die Verkaufssituation. Sie wird von zwei Faktoren bestimmt:

(1) Erwartungen des Kunden und des Verkäufers

Bei einem Routinekauf oder Wiederkauf erwartet der Kunde keine Informations- oder Beratungsleistungen. Der Verkäufer kann Anregungen für Zusatzleistungen beisteuern. Bei einem komplexen Problem erwartet der Kunde allerdings umfassende Informationen und hohe fachliche Beratungskompetenz.

(2) Art der Beziehungen zwischen Kunde und Verkäufer

Hier liegt die Spanne von keinen Kontakten zum potenziellen Kunden („Man kennt sich nicht") über relativ geringe Kontakte („Man kennt sich") bis hin zum intensiven Kontakt aus einer längeren Geschäftsbeziehung, die auf persönlichem Vertrauen basiert („Man kennt sich, man vertraut sich").

Kombiniert man diese Gegebenheiten im Verkauf, dann lassen sich (nach Dannenberg/Zupancic) folgende **vier typische Verkaufssituationen** unterscheiden:

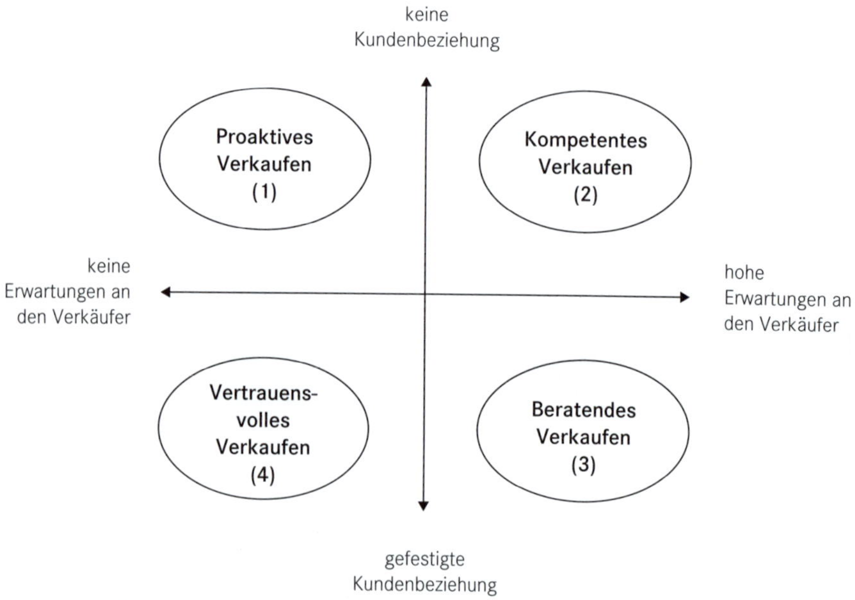

Typische Verkaufssituationen

Diese Verkaufssituationen zeichnen sich durch folgende Besonderheiten aus:

Proaktives Verkaufen

1. **Proaktives Verkaufen**
   Verkäufer treffen auf Kunden, die keinen Bedarf an Leistungen erkennen lassen. Kontaktherstellung meist über telefonische „Kalt-Akquise". Die Gesprächspartner kennen sich nicht oder nicht gut. Für den Verkäufer ist problematisch, dass ohne Bedarf auch keine Beratung oder Empfehlung benötigt wird.

   Gesprächsziele sind: Herstellen des Kontakts; Bedarf herausfinden; Kaufwunsch aktivieren; den Kunden durch eine kundengerechte Vorteilsargumentation zum Abschluss bewegen. Eine typische proaktive Verkaufssituation, die vom Verkäufer viel persönliche Ausstrahlungskraft, Argumentations- und Durchsetzungsvermögen erfordert.

Kompetentes Verkaufen

2. **Kompetentes Verkaufen**
   Der Kunde hat einen Bedarf nach einer mehr oder weniger komplexen Sach- oder Dienstleistung. Er ist an alternativen Angeboten interessiert. Eine Geschäftsbeziehung besteht nicht. Eine klassische Verkaufssituation, zu der auch das Geschäft mit Ausschreibungen gehört. Hier sind Verkäufer mit guter Kenntnis der

Produkte/Leistungsfähigkeit der Mitbewerber und bester Kenntnis des eigenen Leistungsprogramms sowie der technisch-kaufmännischen Möglichkeiten des eigenen Unternehmens gefragt, um passgenaue Lösungen (Produkte und Dienstleistungen) anbieten zu können.

3. Beratendes Verkaufen

Beratendes Verkaufen

Im B2B- und auch vermehrt im B2C-Geschäft möchten Kunden immer häufiger Mehrwert-Vorteile durch kundenspezifische Lösungen. Sie wollen keine Standardleistungen, sondern nutzen verstärkt Problemlösungs-Know-how ihrer Lieferanten. Im B2B-Geschäft werden Lieferanten immer stärker und sehr frühzeitig in die Leistungsentwicklung beim Kunden eingebunden. Häufig liegt beim Gespräch weder ein konkreter Bedarf noch eine Spezifikation für die spätere Leistung vor.

Der Verkäufer braucht hier sehr gutes technisches Wissen über die Leistungsfähigkeit seines Unternehmens, muss über fundiertes Wissen hinsichtlich der Leistungsfähigkeit der Mitbewerber verfügen und sollte Problemlösungen der Mitbewerber kennen. Für den Gesprächserfolg ist eine möglichst detaillierte Kenntnis der technischen und kaufmännischen Entscheidungsprozesse und der Rollen der beteiligten Personen enorm wichtig. Nur so kann er bei der Bedarfsfestlegung konzeptionell beratend und unterstützend mitwirken.

4. Vertrauensvolles Verkaufen

Vertrauensvolles Verkaufen

Hier muss keine Geschäftsbeziehung aufgebaut werden. Diese liegt aus früheren Geschäften bereits vor. Es handelt sich meist um Aufträge (Bestellungen), die nicht neu zu verhandeln sind, oder um Aufträge über andere Leistungen des Anbieters. Letztere werden aufgrund der meist langjährigen Geschäftsbeziehung ebenfalls nicht intensiv verhandelt. Man vertraut darauf, dass das Angebot für beide Partner eine „Win-win-Situation“ darstellt.

Der Verkäufer muss sich in diesem Fall durch große zwischenmenschliche und soziale Kompetenz auszeichnen. Hier stehen die subjektive Zufriedenheit und das Wohlgefühl des Kunden im Vordergrund der Verkäuferbemühungen. Es soll über Aufbau und Pflege des gegenseitigen Vertrauens ein günstiges Klima für Folgegeschäfte geschaffen und Kundenbindung erreicht werden.

Im **B2C-Geschäft** treten die Situationen (2) und (3) als beratendes und kompetentes Verkaufen sehr häufig als Mischform auf. Kunden möchten immer weniger Standardleistungen, dafür zusehends individuelle, emotional ansprechende Lösungen. Darauf muss sich das Handwerk – auch im Marketing – einstellen.

Als Anregung für das eigene Verkaufsverhalten im **B2B-Geschäft** hat die Studie „Spitzenleistungen im Vertrieb" folgende Erkenntnis geliefert: „Erfolgreiche Unternehmen konzentrieren sich offensichtlich stärker auf potenzielle Kunden, die noch keinen speziellen Bedarf artikuliert haben. Zusätzlich verstehen sie sich häufiger als Wertschöpfungspartner, die ihre Kunden beraten und sich in Kundenstrategien hineindenken können, anstatt nur geforderte Leistungen zu liefern."

Das gilt auch im B2C-Geschäft bei hochwertigen Gebrauchsgütern oder komplexen Dienstleistungen.

7.2 Verkaufsgespräche gestalten

7.2.1 Gesprächsplanung

Gesprächsplanung

Für einen kostenoptimalen Gesprächserfolg ist daher in allen Verkaufssituationen eine geplante, intensive **Gesprächsplanung** unerlässlich. Eine Analyse nach der bereits beschriebenen AIDA-Formel und weitere Checklisten können hierbei helfen.

Folgender Katalog der **„7 W-Fragen bei Verkaufsgesprächen"** kann auch als Checkliste zur praktischen Planung künftiger Verkaufsgespräche dienen.

Checkliste „Planung von Verkaufsgespräche“

7 W-Fragen zur Strukturierung von Verkaufsgesprächen		
Wer?	→ Verkäufer	Mitarbeiter? Führungskraft? Verkaufsteam?
	spricht mit	
Wem?	→ Kunde	Mitarbeiter? Führungskraft? Kaufteam?
Warum?	→ Anlass	Eigener Wunsch? Kundenwunsch? Routinebesuch?
Was?	→ Inhalt	Beratung? Verkauf? Beziehungspflege?
Wie viel?	→ Dauer	Kurzes Gespräch? Ausführliches Gespräch? Zeitlich begrenzt?
Wie?	→ Form	Freies Gespräch? Diskussion? Verhandlung?
Wo?	→ Ort	Kunde? Verkäufer? Verwendungsort?
Wann?	→ Zeitpunkt	Vor dem Kauf? Zum Kaufabschluss? Nach dem Kauf?

Checkliste zur Planung künftiger Verkaufsgespräche

Diese W-Fragen gilt es, leistungsbezogen (einfache oder komplexe Marktleistungen) und **nach B2C- oder B2B-Geschäft differenziert** zu klären.

Für ein komplexes B2B-Geschäft gilt es beispielsweise, für die **Gesprächsplanung** nachfolgende, in der Checkliste dargestellte Aufgaben zu erledigen.

Checkliste „Klärungen zur Gesprächsvorbereitung bei Geschäftskunden“ (B2B-Geschäft)

Positionen zur Gesprächsvorbereitung	erledigt ja	erledigt nein	wer bis wann
Klassifizierung des Verkaufsgesprächs			
• Routine-Besuch bei A-, B- oder C-Kunde	☐	☐	------------
• Besuch aus besonderem Anlass			
- rückläufige Umsätze	☐	☐	------------
- Reklamation	☐	☐	------------
- Beschwerde	☐	☐	------------
• Einbindung in Entwicklungsprojekt			
- Neukunde	☐	☐	------------
- Altkunde	☐	☐	------------
Bereitstellung von Informationen			
• Kundendaten			
- Umsatz-, Ertragskennzahlen	☐	☐	------------
- Potenzial für Zusatzgeschäft	☐	☐	------------
• Berichte von früheren Besuchen (Auffälligkeiten beachten)	☐	☐	------------
• Gesprächspartner beim Kunden			
- Name, Position, Funktion im Kaufteam, Sekretärin	☐	☐	------------
• Zusätzliche Gesprächspartner im Kaufteam (Dritte)			
- Name, Position, Funktion, Sekretärin	☐	☐	------------
• Gesprächspartner im eigenen Haus			
- Name, Position, Funktion im Verkaufsteam	☐	☐	------------
• Gesprächspartner von Kooperationspartnern			
- Name, Position, Funktion im Verkaufsteam	☐	☐	------------
• Mitwirkung von Absatzhelfern (Architekten, techn. Berater, Experten)			
- Name, Position, Funktion im Verkaufsteam	☐	☐	------------
• Gesprächsziele bei Gesprächspartnern			
- Erstkontakt festigen, Verkauf tätigen, Vertrauen aufbauen	☐	☐	------------
• Gesprächsinhalte			
- Angebot und Alternativen	☐	☐	------------
- Kundenbezogene Leistungen	☐	☐	------------
• kundenbezogene Nutzen-Argumentation			
- spezielle Vorteile (bei Leistung und Kosten)	☐	☐	------------
- Kundennutzen (subjektiver Mehrwert)	☐	☐	------------
Zusammenstellen der Gesprächsunterlagen			
• Kundendaten auf Laptop oder Tablet zum Mitnehmen	☐	☐	------------
• Technische Dokumente			
- Prospekte und Zeichnungen	☐	☐	------------
- Muster oder ähnliche Lösungen	☐	☐	------------
• Präsentationsunterlagen			
- Referenzteile, Video oder	☐	☐	------------
- interaktive Online-Power-Point-Präsentationen	☐	☐	------------

Festlegen des Gesprächstimings			
• Gesprächstermin (Kundenwunsch)	☐	☐	------------
• Gesprächsdauer			
- eigene Planung	☐	☐	------------
- vom Kunden vorgegeben	☐	☐	------------
• Folgetermin geplant	☐	☐	------------
Abstimmung mit der Geschäftsleitung			
• Rücksprachen erforderlich	☐	☐	------------
• Termin vereinbart	☐	☐	------------
Sonstiges (im Gespräch zu beachtende Besonderheiten):			
Persönliche Notizen: (z. B. persönliche Informationen über wichtige Gesprächspartner wie Geburtstag, kulturelle und sportliche Interessen, Mitgliedschaft oder Fan von Sportarten und Sportvereinen u. a.)			

Checkliste zur Gesprächsvorbereitung bei komplexen B2B-Geschäften

> Verkaufsgespräche sollten nie unvorbereitet geführt werden. Kunden verzeihen das häufig nicht und reagieren als Folge mit Entzug des Vertrauens.

7.2.2 Gesprächsführung

Gesprächsführung nach der AIDA-Formel

- **Zielsetzungen und Aufgabenfelder**

Jedes Gespräch sollte – unabhängig vom Gesprächsinhalt – eine **Gesprächsstruktur** nach der Zielsetzung der AIDA-Formel aufweisen:

A = Aufmerksamkeit
Neue Produkte, Services oder vorteilhafte Änderungen mit Muster emotional ansprechend präsentieren.

I = Interesse wecken
Generelle und spezielle Vorteile aufzeigen; kundenspezifischen Mehrwert herausarbeiten.

D = Kaufwusch aktivieren
Vorteile der Leistungen als Wettbewerbsvorteile für den Kunden interpretieren; sozio-psychologische Vorteile für den Gesprächspartner bei positivem Entscheid ansprechen.

A = Abschluss/Entscheidung auslösen
Gesprächsziel realisiert; entweder Kaufentscheid direkt oder weiterführende

Vorentscheidungen erreicht. **Wichtig**: Kunde in der Richtigkeit seiner Entscheidung bestätigen!

Phasen eines Verkaufsgesprächs

Der **formale Gesprächsablauf** zeigt folgende **Abschnitte eines Verkaufsgesprächs** (Prozessphasen):

- **Gesprächseröffnung**
  (freundliche Begrüßung, Neues attraktiv präsentieren)
- **Bedarfsermittlung**
  (Wünsche erfragen, Probleme herausarbeiten, Wichtigkeit und Dringlichkeit erkennen, Lösung vorschlagen)
- **kundenbezogene Vorteils- und Nutzen-Argumentation**
  (technisch-wirtschaftliche Vorteile aufzeigen, Wettbewerbsvorteil herausstellen, Kundennutzen überzeugend darstellen)
- **Einwandbehandlung**
  (der Nichtakzeptanz von Argumenten entgegenwirken, beseitigen)
- **Vorwandbehandlung**
  (Verschieben einer Entscheidung widersprechen und verhindern)
- **Abschluss mit Preisdurchsetzung oder weitere Gespräche**
  (Dialog mit Bestätigung der Kaufentscheidung oder Terminvereinbarung für nächstes Gespräch)

> Erläuterung von Kundennutzen als wettbewerbswirksamer Mehrwert (Nutzen) ist kaufentscheidend, eine Präsentation von Leistungsmerkmalen ist es nicht!

Instrumente aktiver Gesprächsführung

- **Instrumente der Gesprächsführung**

Ein gutes Verkaufsgespräch wird über den gezielten und dominanten Einsatz von **drei Instrumenten der aktiven Gesprächsführung** gesteuert:

- Fragen,
- aktives Zuhören und
- partnerbezogene Argumentation.

Ihre Wirkung wird durch zusätzliche Gestaltungselemente optimiert. Nur über **häufiges Fragen und geduldiges Zuhören** lernt man den Kunden, seine Persönlichkeit, seine Besonderheiten, seine Erwartungen und Präferenzen kennen.

> Wer den Kunden nicht kennt, kann keine wertvollen und gewinnbringenden Verkaufsgespräche führen.

Frage- und Argumentationstechniken

Mit dem Einsatz von **Frage- und Argumentationstechniken** will man den Dialog in den Abschnitten eines Verkaufsgespräch gestalten und so führen, dass ein optimaler Ablauf nach der AIDA-Formel (siehe oben) erreicht wird. Hierzu werden folgende **Fragentypen zur aktiven Gesprächsführung** angewandt:

- **offene Fragen**
  (z. B. „Was meinen Sie zu dieser Farbkombination?“ → weiterführende Informationen, die zu Folgefragen anregen; den Dialog fördern)
- **geschlossene Fragen**
  (z. B. „Haben Sie den Prospekt schon angeschaut? Konnten Sie unser Produkt schon testen?“ → Ja/Nein unterbricht den Dialog.)
- **Rückkopplungsfragen**
- (z. B. „Sie haben vorhin ‚blau‘ abgelehnt. Warum?“ → Informationen zur Bestätigung von Kundenmeinungen)
- **Gegenfragen**
  (z. B. „Was schlagen Sie vor?“ → Informationen, um Kunden zu aktivieren und Dialog anzuregen)
- **Kontrollfragen**
  (z. B. „Wieso sagt Ihnen die Materialart nicht zu?“ → Informationen zur Klärung/Verstärkung einer Aussage des Kunden)
- **Alternativfragen**
  (z. B. „Würde Ihrem Kunden die geschweißte oder die geklebte Lösung besser gefallen?“ → Kunden zum Abschluss führen)
- **Abschlussfragen**
  (z. B. „Gut, wir liefern die Teile in geklebter Ausführung.
  Wann sollen die ___ Stück geliefert werden?“ → Ergebnis steht fest.)
- **Bestätigungsfragen**
  (z. B. „Was hat den Ausschlag für Ihre Entscheidung gegeben? Welche Vorteile waren es?“ → Hinweise für künftige Gespräche einholen)

Bei den **Argumentationstechniken** kommen zum Einsatz:

- **nutzenbezogene** Argumentation
  Herausstellen der Eigenschaften/Verbesserungen/des technischen Fortschritts – absolut und in Relation zu anderen Produkten/Lösungen – und Aufzeigen (auch in Zahlen) der kundenspezifischen Vorteile/Nutzen
- **abschlussbezogene** Argumentation
  konzentrierte Zusammenfassung der Gesprächsergebnisse mit Betonung und Bewertung (!) der im Gespräch als kaufentscheidend erkannten wirtschaftlichen und persönlichen Vorteile/Nutzen für den Kunden

> Nur wer fragt, führt das Gespräch! Nur wer zuhören kann, kann den wahren Kundenwunsch erkennen.

Die Wirkung der Fragen und Argumentationen bei dem (den) Gesprächspartner(n) wird durch personenbezogenen Einsatz der Gestaltungselemente noch weiter verstärkt.

7.2.3 Gestaltungselemente

Gestaltungselemente eines Verkaufsgesprächs

Die folgenden **personenbezogenen Rahmenbedingungen** sind **Gestaltungselemente des Verkaufsgesprächs.** Sie müssen bewusst auf den/die Gesprächspartner ausgerichtet und abgestimmt werden, denn sie **beeinflussen auf emotionaler Ebene** das Verhalten der Gesprächspartner:

- gute, freundliche Gesprächsatmosphäre
- sprachliche Elemente
- nicht sprachliche Elemente
- Leistungspräsentationen.

Die Zuordnung der einzelnen Gestaltungselemente eines Verkaufsgesprächs zeigt die nachfolgende Abbildung im Detail.

Wirkungsfaktoren eines Verkaufsgesprächs

Nicht sprachliche Kommunikation

- Blickkontakt
- Mimik
- Körperhaltung
- Gestik
- Kleidung

Sprachliche Kommunikation

- **Sprache**
  - Einfachheit von Satzbau und Wortwahl
  - Kürze der Sätze
  - Gliederung
  - Prägnanz durch Veränderung des Tonfalls bzw. Betonung der Sachverhalte
- **Technik des Fragens**
- **Technik des Zuhörens**

Gestaltungselemente eines Verkaufsgesprächs

Sprachliche Wirkfaktoren

Bei den **sprachlichen Gestaltungselementen** sind Wortwahl (guter Wortschatz, bildhafte Sprache), Satzbau (einfach, kurz und klare Aussage), Sprache (dem Kunden angepasst, Schriftsprache, wenig/kein Dialekt), Rhetorik (klare Aussprache, fesselnder, überzeugender Redestil, dynamischer Gesprächsverlauf) wichtige Elemente.

Nicht sprachliche Wirkfaktoren

Bei den **nicht sprachlichen Gestaltungselementen** geht es um **Unterstützung und Verstärkung der Sprachwirkung** beim Gesprächspartner. Es gilt vor allem Vertrauen aufzubauen. Das erfolgt zum einen über die **äußere Erscheinung** (gepflegtes Aussehen, saubere Kleidung) und die **Körperhaltung** (offenes, sicheres, überzeugendes Auftreten). Zum anderen kommen weitere aktive Gestaltungselemente als Wirkungsverstärker hinzu, so z. B. **Gestik** (gezielter, aktiver Einsatz der Hände zur Verstärkung oder Ablehnung von Inhalten und Argumenten) und **Mimik** (Einsatz von Mund und Augen zum Ausdruck von freundlicher Zuwendung, Begeisterung, Zustimmung, Ablehnung). Ein **Gespräch mit interaktiven Produkt- oder Lösungspräsentationen** – möglichst in den Räumen des Kunden (Wohn- oder Geschäftsräume) - vervielfacht die positiven Gesprächseffekte. Denn durch dieses Gestaltungselement werden beim Kunden durch **Sehen, Fühlen, Riechen, Schmecken und Selbst-Tun** emotional wirkende **sensorische Effekte** ausgelöst, die seinen Kaufwunsch zusätzlich stimulieren und festigen.

> Ein emotional gesteuertes persönliches Verkaufsgespräch ist die erfolgreichste Verkaufsförderung.

Emotionen verbinden und helfen dem Kunden, Vertrauen in die Leistung, den Verkäufer und das Unternehmen im Sinne einer Win-win-Situation aufzubauen.

7.3 Verkaufsgespräche nachbereiten

Gesprächs-analyse

7.3.1 Gesprächsanalyse

- **Ergebnisanalyse**

Hier geht es zunächst um die Feststellung, in welchem Umfang das Gesprächsziel erreicht wurde und aus welchen Gründen.

Ursachen-analyse

Die **Gründe für eine vollständige Zielerreichung** sind fast noch wichtiger als die, warum das Gesprächsziel nicht erreicht wurde **(Ursachenanalyse)**. Sie sind **Erfolgsfaktoren** für künftige Verkaufsgespräche bei ähnlichen Kunden und Gesprächsstrukturen.

Stärken-Schwächen-Analyse

Gründe für unvollständige Zielerreichung sind durch eine differenzierte **Abweichungsanalyse** zu ermitteln, um Verbesserungen für künftige Gespräche ergreifen zu können. Bei einer **Stärken-Schwächen-Analyse** des Gesprächs sind z. B. folgende Fragen zu beantworten:

- Was war in der Gesprächsvorbereitung falsch, ungenau, unvollständig?
- War der Gesprächsaufbau nach der AIDA-Formel richtig vorbereitet?
- Wurde der Kunde zu wenig gefragt?
- Wurde zu wenig zugehört, wurden dafür mehr technische Eigenschaften präsentiert?
- Wurden die Rollen der Gesprächspartner im Verkaufsgespräch erkannt?
- Wurde zu wenig mit spezifischen Kundennutzen (Vorteile) argumentiert?
- Wirkten sich Mängel in der Rhetorik negativ auf den Gesprächsverlauf aus?
- War die nicht sprachliche Kommunikation unterstützend oder mangelhaft?

- **Verbesserungsmaßnahmen**

Hierbei geht es um **Qualitätsverbesserung im Kundengespräch** bei der

Gesprächsvorbereitung:

- Maßnahmen zur Verbesserung der Prozesse und Daten in der Informationsbereitstellung durch **gezieltes Qualitätsmanagement.**

Qualitätsverbesserungen im Verkaufsgespräch

Gesprächsführung:

- Maßnahmen zur Beseitigung sprachlicher und nicht sprachlicher Schwachstellen durch **Rhetorik-Schulung;**
- Maßnahmen zur Verbesserung der Informationsverarbeitung im Gespräch durch **Verkaufstraining;**
- Maßnahmen zur Stärkung der Verkäuferpersönlichkeit, der sozialen Kompetenz durch **Verkäuferschulung.**

Gesprächskontrolle:

- Maßnahmen zur Verbesserung der Gesprächsauswertung durch schriftliche **Gesprächsanalysen.**

Gesprächsanalysen

Checkliste „Elemente für erfolgreiche Verkaufsgespräche“

Handlungssituation

Überprüfen Sie anhand folgender Checkliste Ihr letztes Verkaufsgespräch, um Defizite und Verbesserungspotenzial zu erkennen.

13 gute Gründe für ein erfolgreiches Verkaufsgespräch	**Tun Sie das?** ja	nein
1. Begrüßen Sie jeden Kunden/Gesprächspartner sofort mit Blickkontakt und Namen, selbst wenn Sie z. Zt. beschäftigt sind?	☐	☐
2. Sind Sie stets freundlich, höflich und emotional präsent, selbst in schwierigen Situationen wie Beschwerden, heftiger Ablehnung?	☐	☐
3. Stellen Sie viele offene Fragen, um die Probleme des Kunden und deren Wichtigkeit (Stellenwert) für den Kunden zu erkennen?	☐	☐
4. Hören Sie dem Kunden aktiv und intensiv mit Blickkontakt zu?	☐	☐
5. Beachten Sie die nicht sprachlichen Signale bei sich und dem Kunden?	☐	☐
6. Unterstützen Sie die Vertrauensbildung beim Kunden durch engagierte, emotional ansprechende Präsentationen von Mustern, Proben und Referenzen?	☐	☐
7. Argumentieren Sie mit kundenbezogenen Vorteilen?	☐	☐
8. Nennen Sie Preise stets mit dem Nutzen (Mehrwert), den der Kunde erwirbt?	☐	☐
9. Benutzen Sie Einwendungen des Kunden als Hinweis für Ihr weiteres Vorgehen im Gespräch?	☐	☐
10. Übersehen Sie keine Kaufsignale beim Kunden?	☐	☐
11. Setzen Sie gezielt Abschlusstechniken ein?		
12. Bestätigen Sie dem Kunden, dass seine Kaufentscheidung eine gute Entscheidung mit großem Nutzen für ihn war?	☐	☐
13. Fragen Sie ihn stets nach seiner Zufriedenheit mit den Leistungen und Ihrer Kompetenz während des Verkaufs?	☐	☐
Verbesserungsmaßnahmen:		

Checkliste „So gut ist mein Verkaufsgespräch“

Situationsbezogene Frage

Je mehr Positionen Sie mit „Nein“ angekreuzt haben, desto größer ist Ihr **Verbesserungspotenzial**. An welche Verbesserungsmaßnahmen denken Sie?

7.3.2 Gesprächsdokumentation

Die Gesprächsdokumentation ist Teil des **Marketingreportings** und liegt bei einfachen Verkaufsgesprächen im B2C- und B2B-Geschäft am Ende als **spezifizierter Auftrag** vor. Bei A- und B-Kunden (mit Potenzial) sollten unten genannte Positionen **ergänzend dokumentiert** werden. Das erleichtert Anschlussgeschäfte.

Gesprächsdokumentation

Bei komplexen und hochkomplexen B2B-Geschäften (z. B. bei kundenspezifischen Neuentwicklungen im Zuliefergeschäft oder bei gemeinsamen Projekten) sind während und am Schluss des gesamten Verkaufsprozesses **schriftliche Gesprächsprotokolle** mit Soll-Ist-Vergleich von Gesprächszielen und Gespächsergebnissen zu erstellen. Dabei sollten **unbedingt dokumentiert** werden:

Gesprächsprotokolle

- Gründe für das Erreichen des Gesprächsziels (Erkennen von Stärken und Erfolgsfaktoren im Gespräch)
- Gründe für das Nicht-Erreichen (Schwächen erkennen)
- getroffene Vereinbarungen (weiteres Vorgehen; Termin für nächstes Treffen)
- erkanntes Verhaltensmuster der Beteiligten (innovativ, konservativ, unternehmerisch, risikoscheu, prestigeorientiert, eitel)
- Rollen der beteiligten Personen im Kaufteam und im Verkaufsteam,
- persönliche Beziehungen im Kaufteam („Wer kann mit wem gut/nicht gut?“)
- Was kam beim Kunden besonders gut an? (Muster, Interaktion?)
- Verbesserungspotenzial (Stärken-Schwächen-Analyse nach Inhalt, Gesprächsführung, Präsentation, Argumentation und persönlichem Auftritt).

> Kundenindividuelle Gesprächsvorbereitung, personenbezogene Gesprächsführung und differenzierte Gesprächsdokumentation sind die Säulen erfolgreicher Verkaufsgespräche.

Fallbeispiel zur Kompetenzüberprüfung

Fallbeispiel „Vorbereitung auf multipersonale Verkaufsgespräche“

Schreinermeister Reiner Kleiner (siehe S. 108, 109) hat eine Anfrage zur Ausstattung eines neuen 5-Sterne-Hotels in seiner Stadt erhalten. Er sieht das Hotel als Referenzobjekt und möchte sich um den Auftrag bemühen. Er ist aber sehr eingespannt und hat keine Zeit, sich darum zu kümmern. Bei den entscheidenden Gesprächen wird er dabei sein, aber das Projekt soll der bei ihm beschäftigte junge Innenarchitekt Hans Meier leiten und verantworten. Fachliche und persönliche Unterstützung erhält der junge Projektleiter vom Chef selbst, dem Produktionschef, dem Chefmonteur und einem selbstständigen Elektromeister, der als Kooperationspartner für integrierte Schaltungen und Beleuchtungen für die Schreinerei Kleiner tätig ist.

Hotelseitig wurden Sie informiert, dass dort das Projekt von Frau Luisa Hübsch geleitet wird. Sie ist verantwortlich für die CI-Ausrichtung der Möblierung in der Hotelkette. Sie wird unterstützt durch den zuständigen Zentraleinkäufer für Hotelausstattungen, den Facheinkäufer Innenausbau für das neue Hotel sowie einen beratenden freien Architekten, der für die Ablauforganisation und das Timing bei der Montage zuständig ist. Also auch hier sind jede Menge Leute im Einsatz.

Hans Meier, der noch wenig Erfahrung als Projektleiter und Verhandlungsführer hat, sieht darin eine persönliche Chance und möchte sich der Aufgabe stellen. Sein Chef Reiner Kleiner wird ihn in schwierigen Fragen und Gesprächen unterstützen. In zwei Wochen ist ein erstes Koordinierungsgespräch mit Frau Luisa Hübsch angesetzt.

Situationsbezogene Fragen

Zur Vorbereitung des Gesprächs sollen Sie Hans Meier bei der Beantwortung folgender Fragen behilflich sein:

- Was sollte Hans Meier vor dem ersten Gespräch für die Planung künftiger Gespräche klären? Auf welche Verkaufssituation muss sich Hans Meier einstellen?
- Welche Informationen aus dem eigenen Hause (und seinem Team) sollte sich Hans Meier beschaffen und für das erste Gespräch bereitstellen?
- Welche Kundeninformationen braucht Meier für seine Vorbereitung auf dieses erste und die folgenden Gespräche?
- Was sind die Gesprächsziele bei diesem ersten Treffen?
- Was sollte Herr Meier im ersten Gespräch erfragen bzw. bezüglich des Kaufteams herausfinden?
- Welche Techniken der Gesprächsführung sollte Hans Meier im ersten Gespräch bevorzugt anwenden, um die gewünschten Informationen zu erhalten?
- Auf welche nicht sprachlichen Gestaltungselemente eines Gesprächs sollte Hans Meier im ersten Gespräch besonders achten und diese gezielt einsetzen? Warum sollte er dies tun?
- Was darf Hans Meier nach dem Gespräch auf keinen Fall vergessen?

Der Autor

Dr. Heinz Stark, promoviert mit der Arbeit „Beschaffungs-Marketing“, arbeitete von 1966 bis 1993 im Bereich Investitionsgüter-Marketing an der Universität Stuttgart und war seit Gründung der Akademie des Handwerks Baden-Württemberg bis 1994 dort als Dozent für Handwerks-Marketing aktiv.

Seit 1993 ist er als selbstständiger Unternehmensberater tätig, wobei er in der Zeit von 1994 bis 2000 eine größere mittelständische Holding in Baden-Württemberg als alleiniger Geschäftsführer leitete. Die Kompetenzen in den Gebieten Consulting, Coaching und Training erstrecken sich auf die Bereiche ganzheitliche Unternehmensberatung sowie auf Absatz- und Beschaffungsmarketing in mittelständischen und handwerklichen Unternehmen.

Heinz Stark ist Veranstalter und Dozent für Fachseminare und Verfasser zahlreicher betriebswirtschaftlicher Aufsätze, Buchbeiträge und Bücher.

Stichwortverzeichnis

Symbole

A

B

C

L

M

N

O

P

Q

R

S

T

U

V

W

Z